2.1.5 绘制简易插画

2.1.8 制作水果广告

2.5 课堂练习 绘制汉堡王海报

3.1.5 制作可爱棒冰

3.8 课后习题 制作奖牌

5.1.4 制作鸡尾酒标

5.6 课堂练习 制作代购券

6.3 课后习题 制作数码产品DM

7.3.2 制作工作证

7.6.2 制作电脑吊牌

8.3 绘制栏目图标

8.4 课后习题1 绘制钱币

8.5 课后习题2 绘制写实物品

8.7 课堂练习2 绘制郁金香

9.2 绘制时尚音乐插画

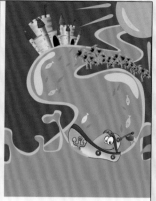

9.3 绘制时尚报纸插画　9.4 课后习题 1
绘制生态保护插画　9.5 课后习题 2
绘制猫咪插画　9.6 课堂练习 1
绘制水上派对插画

10.2 制作倍速学习法书籍封面　10.3 制作巴厘岛旅游攻略　10.4 课后习题 1 制作异域兵主书籍封面

10.5 课后习题 2 制作女性食物养生堂　10.6 课堂练习 1 制作古物鉴赏书籍封面

11.3 制作美容栏目插画　11.4 课后习题 1 制作科技栏目　11.5 课后习题 2 制作服饰栏目　11.6 课堂练习 1 制作美食栏目

11.7 课堂练习 2
制作旅游栏目

12.2 制作开业庆典海报

12.3 制作音乐会海报

12.5 课后习题 2
制作手机海报

12.6 课堂练习 1
制作比萨海报

12.7 课堂练习 2 制作夕阳百货宣传海报

13.2 制作西餐厅宣传单

13.3 制作我为歌声狂
宣传单

13.4 课后习题 1 制作房地产宣传单

13.6 课堂练习 1
制作咖啡宣传单

13.7 课堂练习 2 制作播放器宣传单

14.2 制作运动广告

14.3 制作手机广告

14.4 课后习题 1
制作红酒广告

14.5 课后习题 2 制作啤酒广告

14.6 课堂练习 1
制作化妆品广告

15.2 制作 MP3 包装

15.3 制作婴儿奶粉包装

15.4 课堂练习 1 制作饮料包装

15.5 课堂练习 2 制作午后甜点包装

15.6 课后习题 1 制作牙膏包装

15.7 制作茶叶包装展示效果

16.4 标志制图

16.5 标志组合规范

16.6 标准色

16.7 公司名片

工业和信息化人才培养规划教材　高职高专计算机系列

CorelDRAW X5
平面设计应用教程

（第2版）
Graphic Design Application

马丹 ◎ 主编

李森 王艳丽 夏祥红 ◎ 副主编

人民邮电出版社

北京

图书在版编目（C I P）数据

CorelDRAW X5平面设计应用教程 / 马丹主编. -- 2
版. -- 北京：人民邮电出版社，2013.6（2023.1重印）
工业和信息化人才培养规划教材. 高职高专计算机系
列
ISBN 978-7-115-31415-4

Ⅰ. ①C… Ⅱ. ①马… Ⅲ. ①图形软件—高等职业教
育—教材 Ⅳ. ①TP391.41

中国版本图书馆CIP数据核字(2013)第064387号

内 容 提 要

CorelDRAW是目前最强大的矢量图形设计软件之一。本书对CorelDRAW的基本操作方法、图形图像处理技巧及在各个领域中的应用进行了全面的讲解。全书共分上、下两篇。上篇基础技能篇介绍CorelDRAW X5的基本操作，包括CorelDRAW的功能特色、矢量图形的绘制和编辑、曲线的绘制和颜色填充、对象的排序和组合、文本的编辑、位图的编辑和图形的特殊效果。下篇案例实训篇介绍CorelDRAW在各个领域中的应用，包括实物的绘制、插画的绘制、书籍装帧设计、杂志设计、海报设计、宣传单设计、广告设计、包装设计和VI设计。

本书适合作为高等职业院校数字媒体艺术类专业"CorelDRAW"课程的教材，也可供相关人员自学参考。

◆ 主　　编　马　丹
　　副 主 编　李　森　　王艳丽　　夏祥红
　　责任编辑　王　平
　　责任印制　杨林杰

◆ 人民邮电出版社出版发行　　北京市崇文区夕照寺街 14 号
　　邮编　100061　　电子邮件　315@ptpress.com.cn
　　网址　http://www.ptpress.com.cn
　　北京天宇星印刷厂印刷

◆ 开本：787×1092　1/16　　　　彩插：2
　　印张：19.5　　　　　　　　　2013 年 6 月第 2 版
　　字数：476 千字　　　　　　　2023 年 1 月北京第 17 次印刷

定价：49.80 元（附光盘）

读者服务热线：(010)67170985　印装质量热线：(010)67129223
反盗版热线：(010)67171154

第 2 版前言

CorelDRAW 是矢量图形处理软件中功能最强大的软件之一。目前，我国很多高职院校的数字媒体艺术类专业，都将 CorelDRAW 作为一门重要的专业课程。为了帮助高职院校的教师全面、系统地讲授这门课程，使学生能够熟练地使用 CorelDRAW 来实现设计创意，我们几位长期在高职院校从事 CorelDRAW 教学的教师和专业平面设计公司经验丰富的设计师，共同编写了本书。

此次改版教材软件版本为 CorelDRAW X5。本书具有完善的知识结构体系。在基础技能篇中，按照"软件功能解析 – 课堂案例 – 课堂练习 – 课后习题"这一思路进行编排，通过软件功能解析，使学生快速熟悉软件功能和制作特色；通过课堂案例演练，使学生深入学习软件功能和开拓艺术设计思路；通过课堂练习和课后习题，拓展学生的实际应用能力。在案例实训篇中，根据 CorelDRAW 在设计中的各个应用领域，精心安排了专业设计公司的 57 个精彩实例，通过对这些案例全面的分析和详细的讲解，使学生在学习的过程中更加贴近实际工作，艺术创意思维更加开阔，实际设计制作水平进一步提升。本书在内容编写方面，力求细致全面、重点突出；在文字叙述方面，注意言简意赅、通俗易懂；在案例选取方面，强调案例的针对性和实用性。

本书配套光盘中包含了书中所有案例的素材及效果文件。另外，为方便教师教学，本书配备了详尽的课堂练习和课后习题的操作步骤视频以及 PPT 课件、教学大纲等丰富的教学资源，任课教师可到人民邮电出版社教学服务与资源网（www.ptpedu.com.cn）免费下载使用。本书的参考学时为 56 学时，其中实践环节为 20 学时，各章的参考学时参见下面的学时分配表。

章　　节	课　程　内　容	学　时　分　配	
		讲　　授	实　　训
第 1 章	CorelDRAW 的功能特色	1	
第 2 章	图形的绘制和编辑	2	1
第 3 章	曲线的绘制和颜色填充	3	1
第 4 章	对象的排序和组合	1	1
第 5 章	文本的编辑	3	1
第 6 章	位图的编辑	2	1
第 7 章	图形的特殊效果	4	1
第 8 章	实物的绘制	2	1
第 9 章	插画的绘制	2	2
第 10 章	书籍装帧设计	3	1
第 11 章	杂志设计	2	1
第 12 章	海报设计	2	1
第 13 章	宣传单设计	2	1
第 14 章	广告设计	2	2
第 15 章	包装设计	3	2
第 16 章	VI 设计	2	2
课 时 总 计		36	20

本书由马丹任主编，新疆石河子职业技术学院李森、商丘工学院王艳丽、郑州航院信息统计学院夏祥红任副主编，李森编写了第 1~3 章，王艳丽编写了第 4~6 章，夏祥红编写了第 7~9 章。由于编者水平有限，书中难免存在错误和不妥之处，敬请广大读者批评指正。

编 者

2013 年 1 月

CorelDRAW 教学辅助资源及配套教辅

素材类型	名称或数量	素材类型	名称或数量
教学大纲	1 套	课堂实例	41 个
电子教案	16 单元	课后实例	50 个
PPT 课件	16 个	课后答案	50 个
第 2 章 图形的绘制 和编辑	绘制简易插画	第 10 章 书籍装帧设计	制作倍速学习法书籍封面
	制作水果广告		制作巴厘岛旅游攻略
	快乐时光标志		制作古物鉴赏书籍封面
	绘制汉堡王海报		制作古城风景书籍封面
	制作酒店指示牌		制作异域兵卒书籍封面
第 3 章 曲线的绘制 和颜色填充	制作可爱棒冰		制作女性养生堂书籍封面
	制作卡通尺子	第 11 章 杂志设计	制作新娘杂志封面
	制作化妆品		制作美容栏目
	制作快乐小燕子		制作美食栏目
	制作网页广告		制作旅游栏目
	制作奖牌		制作科技栏目
第 4 章 对象的排序 和组合	方向导视牌		制作服饰栏目
	路口导视牌	第 12 章 海报设计	制作开业庆典海报
	绘制平面导视图		制作音乐会海报
	制作方向导视牌		制作比萨海报
第 5 章 文本的编辑	制作鸡尾酒标		制作夕阳百货
	制作摄影宣传卡片		制作影视海报
	制作旅游 DM		制作手机海报
	制作婚纱礼服杂志	第 13 章 宣传单设计	制作西餐厅宣传单
	制作车体广告		制作我为歌声狂宣传单
	制作代购券		制作咖啡宣传单
	制作广告展板		制作播放器宣传单
第 6 章 位图的编辑	制作心情卡		制作房地产宣传单
	制作楼房广告		制作商城宣传单
	制作数码广告 DM	第 14 章 广告设计	制作运动广告
第 7 章 图形的特殊效果	制作 X 展架		制作手机广告
	制作工作证		制作化妆品广告
	制作 POP 促销海报		制作香水广告
	制作招聘广告		制作红酒广告
	制作电脑吊牌		制作啤酒广告
	制作话筒贴	第 15 章 包装设计	制作 MP3 包装
	制作促销海报		制作婴儿奶粉包装
	制作促销价签		制作饮料包装
	制作抽奖招贴		制作午后甜点包装
第 8 章 实物的绘制	绘制笑脸图标		制作牙膏包装
	绘制栏目图标		制作茶叶包装
	绘制蜡烛	第 16 章 VI 设计	标志设计
	绘制郁金香		制作模板
	绘制钱币		标志制图
	绘制写实物品		标志组合规范
第 9 章 插画的绘制	绘制时尚音乐插画		标准色
	绘制时尚报纸插画		公司名片
	绘制水上派对插画		信封
	绘制乡村插画		纸杯
	绘制生态保护插画		文件夹
	绘制猫咪插画		

目 录

上 篇

基础技能篇

第1章

CorelDRAW 的功能特色

CorelDRAW X5 的基础知识和基本操作是软件学习的基础。本章主要讲解 CorelDRAW X5 的工作环境、文件的操作方法、版面的编辑方法和图形图像的基本知识，通过这些内容的学习，可以为后期的设计制作打下坚实的基础。

课堂学习目标

- 了解 CorelDRAW X5 中文版的工作界面
- 掌握文件的基本操作方法
- 掌握版面设置的方法和技巧
- 理解图形和图像的基础知识

1.1　CorelDRAW X5 中文版的工作界面

本节将简要介绍 CorelDRAW X5 中文版的工作界面，还将对 CorelDRAW X5 中文版的菜单、工具栏、工具箱及泊坞窗作简单介绍。

1.1.1　工作界面

CorelDRAW X5 中文版的工作界面主要由 "标题栏"、"菜单栏"、"标准工具栏"、"属性栏"、"工具箱"、"标尺"、"调色板"、"页面控制栏"、"状态栏"、"泊坞窗"、"绘图页面" 等部分组成，如图 1-1 所示。

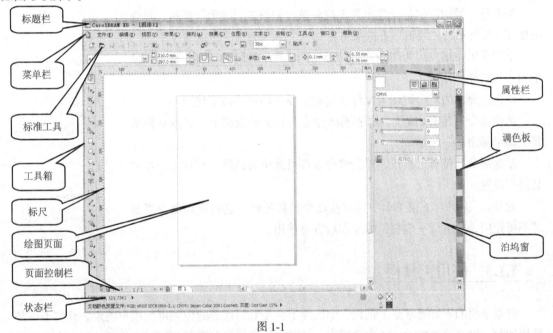

图 1-1

标题栏：用于显示软件和当前操作文件的文件名，还可以调整 CorelDRAW X5 中文版窗口的大小。

菜单栏：集合了 CorelDRAW X5 中文版中的所有命令，并分门别类地放置在不同的菜单中，供用户选择使用。执行 CorelDRAW X5 中文版菜单中的命令是最基本的操作方式。

标准工具栏：提供了最常用的几种操作按钮，可使用户轻松地完成最基本的操作任务。

工具箱：分类存放着 CorelDRAW X5 中文版中最常用的工具，这些工具可以帮助用户完成各种工作。使用工具箱可以大大简化操作步骤，提高工作效率。

标尺：用于度量图形的尺寸并对图形进行定位，是进行平面设计工作不可缺少的辅助工具。

绘图页面：指绘图窗口中带矩形边沿的区域，只有此区域内的图形才可被打印出来。

页面控制栏：可以创建新页面，并显示 CorelDRAW X5 中文版中文档各页面的内容。

状态栏：可以为用户提供有关当前操作的各种提示信息。

属性栏：显示了所绘制图形的信息，并提供了一系列可对图形进行相关修改操作的工具。

泊坞窗：这是 CorelDRAW X5 中文版中最具特色的窗口，因它可以放在绘图窗口边缘而得名。它提供了许多常用的功能，使用户在创作时更加得心应手。

调色板：可以直接对所选定的图形或图形边缘的轮廓线进行颜色填充。

1.1.2　使用菜单

CorelDRAW X5 中文版的菜单栏包含"文件"、"编辑"、"视图"、"布局"、"排列"、"效果"、"位图"、"文本"、"表格"、"工具"、"窗口"和"帮助"12 个大类，如图 1-2 所示。

📄 文件(F)　编辑(E)　视图(V)　布局(L)　排列(A)　效果(C)　位图(B)　文本(X)　表格(T)　工具(O)　窗口(W)　帮助(H)　_ ☐ ✕

图 1-2

单击每一类的按钮都将弹出其下拉菜单，如单击"编辑"按钮，将弹出如图 1-3 所示的"编辑"下拉菜单。

下拉菜单中最左边为图标，其功能和工具栏中相同的图标一致，以便于用户记忆和使用。

最右边显示的组合键则为操作快捷键，便于用户提高工作效率。

某些命令后带有▶按钮，这表明该命令还有下一级菜单，将鼠标停放其上即可弹出下一级菜单。

某些命令后带有...按钮，单击该命令即可弹出对话框，允许进一步对其进行设置。

此外，"编辑"下拉菜单中的有些命令呈灰色状，这表明该命令当前还不可使用，须进行一些相关的操作后方可使用。

图 1-3

1.1.3　使用工具栏

在菜单栏的下方通常是工具栏，但实际上，工具栏摆放的位置可由用户决定。其实不单是工具栏如此，在 CorelDRAW X5 中文版中，只要在各栏前端出现控制柄的，均可按用户自己的习惯进行拖曳摆放。

CorelDRAW X5 中文版的"标准"工具栏如图 1-4 所示。

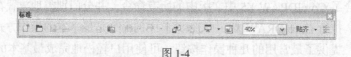

图 1-4

这里存放了几种最常用的命令按钮，如"新建"、"打开"、"保存"、"打印"、"剪切"、"复制"、"粘贴"、"撤销"、"重做"、"导入"、"导出"、"应用程序启动器"、"欢迎屏幕"、"贴齐"、"选项"等。它们可以使用户便捷地完成以上这些最基本的操作。

此外，CorelDRAW X5 中文版还提供了其他一些工具栏，用户可以在"选项"对话框中选择它们。选择"窗口 > 工具栏 > 文本"命令，则可显示"文本"工具栏，如图 1-5 所示。

图 1-5

选择"窗口 > 工具栏 > 变换"命令，则显示"变换"工具栏，如图 1-6 所示。

图 1-6

1.1.4　使用工具箱

CorelDRAW X5 中文版的工具箱中放置着在绘制图形时最常用到的一些工具，这些工具是每一个软件使用者必须掌握的。CorelDRAW X5 中文版的工具箱如图 1-7 所示。

图 1-7

在工具箱中，依次分类排放着"选择"工具、"形状"工具、"裁剪"工具、"缩放"工具、"手绘"工具、"智能填充"工具、"矩形"工具、"椭圆形"工具、"多边形"工具、"基本形状"工具、"文本"工具、"表格"工具、"平行度量"工具、"直线连接器"工具、"调和"工具和"颜色滴管工具"工具、"轮廓笔"工具、"填充"工具、"交互式填充"工具等几大类。

其中，有些带有小三角标记◢的工具按钮，表明其还有展开工具栏，用鼠标按住它即可展开。例如，按住"填充"工具 ，将展开其工具栏，如图 1-8 所示。此外，也可将其拖曳出来，变成固定工具栏，如图 1-9 所示。

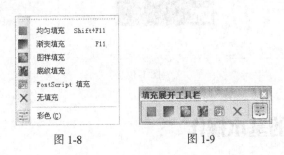

图 1-8　　　　　　　图 1-9

1.1.5　使用泊坞窗

CorelDRAW X5 中文版的泊坞窗，是一个十分有特色的窗口。当打开这一窗口时，它会停靠在绘图窗口的边缘，因此被称为"泊坞窗"。选择"窗口 > 泊坞窗 > 属性"命令，或按 Alt+Enter 组合键，弹出如图 1-10 所示的"对象属性"泊坞窗。

此外，还可将泊坞窗拖曳出来，放在任意的位置，并可通过单击窗口右上角的 或 按钮将窗口卷起或放下，如图 1-11 所示。因此，泊坞窗又被称为"卷帘工具"。

图 1-10

图 1-11

CorelDRAW X5 中文版泊坞窗的列表，位于"窗口 > 泊坞窗"子菜单中。可以选择"泊坞窗"下的各个命令，来打开相应的泊坞窗。用户可以打开一个或多个泊坞窗。当几个泊坞窗都打开时，除了活动的泊坞窗之外，其余的泊坞窗将沿着泊坞窗的边沿以标签形式显示，效果如图 1-12 所示。

图 1-12

1.2　文件的基本操作

掌握一些基本的文件操作，是开始设计和制作作品前所必需的。下面将介绍 CorelDRAW X5 中文件的一些基本操作。

1.2.1　新建和打开文件

启动 CorelDRAW X5 时的欢迎窗口如图 1-13 所示。单击"新建空白文档"图标，可以建立一个新的文档；单击"从模板新建"图标，可以使用系统默认的模板创建文件；单击"打开其他文档"按钮，弹出如图 1-14 所示的"打开绘图"对话框，可以从中选择要打开的图形文件；单击"打开其他文档"按钮上方的文件名，可以打开最近编辑过的图形文件，在左侧的"最近使用过的文件预览"框中显示选中文件的效果图，在"文件信息"框中显示文件名称、文件创建时间和位置、文件大小等信息。

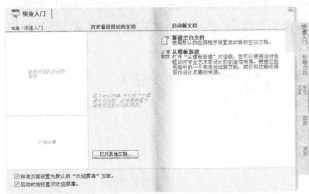

图 1-13　　　　　　　　　　　　　　　　图 1-14

　　选择"文件 > 新建"命令，或按 Ctrl+N 组合键，新建文件。选择"文件 > 从模板新建"或"打开"命令，或按 Ctrl+O 组合键，打开文件。

　　使用 CorelDRAW X5 标准工具栏中的"新建"按钮 和"打开"按钮 可新建和打开文件。

1.2.2　保存和关闭文件

　　选择"文件 > 保存"命令，或按 Ctrl+S 组合键，保存文件。选择"文件 > 另存为"命令，或按 Ctrl+Shift+S 组合键，可保存或更名保存文件。

　　如果是第一次保存文件，将弹出如图 1-15 所示的"保存绘形"对话框。在对话框中，可以设置"文件名"、"保存类型"和"版本"等选项。

　　使用 CorelDRAW X5 标准工具栏中的"保存"按钮 可保存文件。

　　选择"文件 > 关闭"命令，或单击绘图窗口右上角的"关闭"按钮 ，关闭文件。

　　此时，如果文件未存储，将弹出如图 1-16 所示的提示框，询问是否保存文件。单击"是"按钮，保存文件；单击"否"按钮，不保存文件；单击"取消"按钮，取消保存操作。

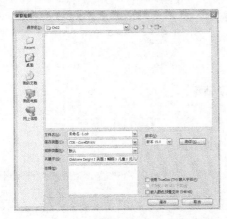

图 1-15　　　　　　　　　　　　图 1-16

1.2.3　导出文件

选择"文件 > 导出"命令，或按 Ctrl+E 组合键，弹出如图 1-17 所示的"导出"对话框。在对话框中，可以设置"文件名"、"保存类型"等选项。使用 CorelDRAW X5 标准工具栏中的"导出"按钮可以将文件导出。

图 1-17

1.3　设置版面

利用"选择"工具属性栏就可以轻松地进行 CorelDRAW 版面的设置。选择"选择"工具，选择"工具 > 选项"命令，或按 Ctrl+J 组合键，弹出"选项"对话框，单击"自定义 > 命令栏"选项，再勾选"属性栏"复选框，如图 1-18 所示，单击"确定"按钮，则可显示如图 1-19 所示的"选择"工具属性栏。在属性栏中，可以设置纸张的类型大小、高度宽度、放置方向等。

图 1-18

图 1-19

1.3.1 设置页面大小

利用"布局"菜单下的"页面设置"命令，可以进行更详细的设置。选择"布局 > 页面设置"命令，弹出"选项"对话框，如图 1-20 所示。

在"页面尺寸"选项栏中对版面纸张类型、大小和方向等进行设置，还可设置页面出血、分辨率等选项。

选择"布局"选项，则"选项"对话框显示如图 1-21 所示，可从中选择版面的样式。

图 1-20   图 1-21

1.3.2 设置页面标签

选择"标签"选项，则"选项"对话框显示如图 1-22 所示，这里汇集了由 40 多家标签制造商设计的 800 多种标签格式供用户选择。

图 1-22

1.3.3 设置页面背景

选择"背景"选项，则"选项"对话框显示如图 1-23 所示，可以从中选择单色或位图图像作为绘图页面的背景。

图 1-23

1.3.4　插入、删除与重命名页面

选择"布局 > 插入页"命令，弹出如图 1-24 所示的"插入页面"对话框。在对话框中，可以设置插入的页面数目、位置、页面大小、方向等选项。

在 CorelDRAW X5 状态栏的页面标签上单击鼠标右键，弹出如图 1-25 所示的快捷菜单，在菜单中选择插入页的相关命令，插入新页面。

图 1-24

图 1-25

选择"布局 > 删除页面"命令，弹出如图 1-26 所示的"删除页面"对话框。在对话框中，可以设置要删除的页面序号，另外还可以同时删除多个连续的页面。

选择"布局 > 重命名页面"命令，弹出如图 1-27 所示的"重命名页面"对话框。在对话框中的"页名"文本框中输入名称，单击"确定"按钮即可重命名页面。

图 1-26　　　　　　　图 1-27

1.4　图形和图像的基础知识

如果想要应用好 CorelDRAW，就需要对图像的种类、色彩模式及文件格式有所了解和掌握。下面进行详细的介绍。

1.4.1　位图与矢量图

在计算机中，图像大致可以分为两种：位图图像和矢量图像。位图图像效果如图 1-28 所示，矢量图像效果如图 1-29 所示。

图 1-28　　　　　　　　　　图 1-29

位图图像又称为点阵图，是由许多点组成的，这些点称为像素。许许多多不同色彩的像素组合在一起便构成了一幅图像。由于位图采取了点阵的方式，每个像素都能够记录图像的色彩信息，因而可以精确地表现色彩丰富的图像。但图像的色彩越丰富，图像的像素就越多（即分辨率越高），文件也就越大，因此处理位图图像时，对计算机硬盘和内存的要求也较高。同时，由于位图本身的特点，图像在缩放和旋转变形时会产生失真的现象。

矢量图像是相对位图图像而言的，也称为向量图像，它是以数学的矢量方式来记录图像内容的。矢量图像中的图形元素称为对象，每个对象都是独立的，具有各自的属性（如颜色、形状、轮廓、大小、位置等）。矢量图像在缩放时不会产生失真的现象，并且它的文件占用的内存空间较小。这种图像的缺点是不易制作色彩丰富的图像，无法像位图图像那样精确地描绘各种绚丽的色彩。

这两种类型的图像各具特色，也各有优缺点，并且两者之间具有良好的互补性。因此，在图像处理和绘制图形的过程中，如果将这两种图像交互使用，取长补短，一定能使创作出来的作品更加完美。

1.4.2　色彩模式

CorelDRAW X5 提供了多种色彩模式，这些色彩模式提供了把色彩协调一致地用数值表示的方法，是设计制作的作品能够在屏幕和印刷品上成功表现的重要保障。在这些色彩模式中，经常使用到的有 RGB 模式、CMYK 模式、Lab 模式、HSB 模式、灰度模式等。每种色彩模式都有不同的色域，读者可以根据需要选择合适的色彩模式，并且各个模式之间可以转换。

1. RGB 模式

RGB 模式是工作中使用最广泛的一种色彩模式。RGB 模式是一种加色模式，它通过将红、绿、蓝 3 种色光相叠加而形成更多的颜色。同时，RGB 也是色光的彩色模式，一幅 24 位的 RGB 图像有 3 个色彩信息的通道：红色（R）、绿色（G）和蓝色（B）。

每个通道都有 8 位的色彩信息———个 0～255 的亮度值色域。RGB 3 种色彩的数值越大，颜色就越浅，如 3 种色彩的数值都为 255 时，颜色被调整为白色。RGB 3 种色彩的数值越小，颜色就越深，如 3 种色彩的数值都为 0 时，颜色被调整为黑色。

3 种色彩的每一种色彩都有 256 个亮度水平级。3 种色彩相叠加，可以有 $256 \times 256 \times 256 = 1670$

万种可能的颜色。这 1670 万种颜色足以表现出这个绚丽多彩的世界。用户使用的显示器就是 RGB 模式的。

选择 RGB 模式的操作步骤为：选择"填充"工具展开工具栏中的"填充对话框"按钮，或按 Shift+F11 组合键，弹出"均匀填充"对话框，选择"RGB"颜色模式，如图 1-30 所示。在对话框中设置 RGB 颜色值。

在编辑图像时，RGB 色彩模式应是最佳的选择。因为它可以提供全屏幕的多达 24 位的色彩范围，一些计算机领域的色彩专家称之为"True Color"真彩显示。

图 1-30

2．CMYK 模式

CMYK 模式在印刷时应用了色彩学中的减法混合原理，它通过反射某些颜色的光并吸收另外一些颜色的光来产生不同的颜色，是一种减色色彩模式。CMYK 代表了印刷上用的 4 种油墨色：C 代表青色，M 代表洋红色，Y 代表黄色，K 代表黑色。CorelDRAW X5 默认状态下使用的就是 CMYK 模式。

CMYK 模式是图片和其他作品中最常用的一种印刷方式。这是因为在印刷中通常都要进行四色分色，出四色胶片，然后再进行印刷。

选择 CMYK 模式的操作步骤为：选择"填充"工具展开工具栏中的"填充对话框"按钮，弹出"均匀填充"对话框，选择"CMYK"颜色模式，如图 1-31 所示。在对话框中设置 CMYK 颜色值。

图 1-31

3．Lab 模式

Lab 是一种国际色彩标准模式，它由 3 个通道组成：一个通道是透明度，即 L；其他两个是色彩通道，即色相和饱和度，用 a 和 b 表示。a 通道包括的颜色值从深绿色到灰色，再到亮粉红色；b 通道是从亮蓝色到灰色，再到焦黄色。这些色彩混合后将产生明亮的色彩。

选择 Lab 模式的操作步骤为：选择"填充"工具展开工具栏中的"填充对话框"按钮，弹出"均匀填充"对话框，选择"Lab"颜色模式，如图 1-32 所示。在对话框中设置 Lab 颜色值。

Lab 模式在理论上包括了人眼可见的所有色彩，它弥补了 CMYK 模式和 RGB 模式的不足。在这种模式下，图像的处理速度比在 CMYK 模式下快数倍，与 RGB 模式的速度相仿，而且在把 Lab 模式转成 CMYK 模式的过程中，所有的色彩不会丢失或被替换。事实上，将 RGB 模式转换成 CMYK 模式时，Lab 模式一直扮演着中间者的角色。

图 1-32

也就是说，RGB 模式先转成 Lab 模式，然后再转成 CMYK 模式。

4．HSB 模式

HSB 模式是一种更直观的色彩模式，它的调色方法更接近人的视觉原理，在调色过程中更容易找到需要的颜色。

H 代表色相，S 代表饱和度，B 代表亮度。色相的意思是纯色，即组成可见光谱的单色。红色为 0 度，绿色为 120 度，蓝色为 240 度。饱和度代表色彩的纯度，饱和度为 0 时即为灰色，黑、白、灰 3 种色彩没有饱和度。亮度是色彩的明亮程度，最大亮度是色彩最鲜明的状态，黑色的亮度为 0。

进入 HSB 模式的操作步骤为：选择"填充"工具展开工具栏中的"填充对话框"按钮，弹出"均匀填充"对话框，选择"HSB"颜色模式，如图 1-33 所示。在对话框中设置 HSB 颜色值。

图 1-33

5．灰度模式

灰度模式，灰度图又叫 8 比特深度图。每个像素用 8 个二进制位表示，能产生 2 的 8 次方即 256 级灰色调。当一个彩色文件被转换为灰度模式文件时，所有的颜色信息都将从文件中丢失。尽管 CorelDRAW 允许将灰度文件转换为彩色模式文件，但不可能将原来的颜色完全还原。所以，当要转换灰度模式时，请先做好图像的备份。

像黑白照片一样，一个灰度模式的图像只有明暗值，没有色相和饱和度这两种颜色信息。0% 代表黑，100%代表白，其中的 K 值用于衡量黑色油墨用量。

将彩色模式转换为双色调模式时，必须先转换为灰度模式，然后由灰度模式转换为双色调模式。在制作黑白印刷品中会经常使用灰度模式。

进入灰度模式操作的步骤为：选择"填充"工具展开工具栏中的"填充对话框"按钮，弹出"均匀填充"对话框，选择"灰度"颜色模式，如图 1-34 所示。在对话框中设置灰度值。

图 1-34

第2章

图形的绘制和编辑

图形的绘制和编辑功能是绘制和组合复杂图形的基础。本章主要讲解 CorelDRAW X5 的绘图工具和编辑命令，通过多个绘图工具和编辑功能的使用，可以设计制作出丰富的图形效果，而丰富的图形效果是完美设计作品的重要组成元素。

课堂学习目标

- 掌握绘制几何图形的方法和技巧
- 掌握并灵活运用对象的编辑功能
- 掌握整形对象的方法和技巧

2.1　绘制几何图形

使用 CorelDRAW X5 的基本绘图工具可以绘制简单的几何图形。通过本节的讲解和练习，读者可以初步掌握 CorelDRAW X5 基本绘图工具的特性，为今后绘制更复杂、更优质的图形打下坚实的基础。

2.1.1　绘制矩形

1．绘制矩形

单击工具箱中的"矩形"工具，在绘图页面中按住鼠标左键不放，拖曳鼠标到需要的位置，松开鼠标左键，完成矩形的绘制，如图 2-1 所示。绘制矩形的属性栏如图 2-2 所示。

按 Esc 键，取消矩形的选取状态，效果如图 2-3 所示。选择"选择"工具，在矩形上单击，选择刚绘制好的矩形。

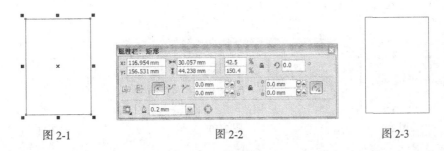

图 2-1　　　　　　　　　　图 2-2　　　　　　　　　　图 2-3

按 F6 键，快速选择"矩形"工具，在绘图页面中适当的位置绘制矩形。

按住 Ctrl 键，在绘图页面中绘制正方形。

按住 Shift 键，在绘图页面中以当前点为中心绘制矩形。

按住 Shift+Ctrl 组合键，在绘图页面中以当前点为中心绘制正方形。

> **提示**　双击工具箱中的"矩形"工具，可以绘制出一个和绘图页面大小一样的矩形。

2．使用"矩形"工具绘制圆角矩形

在绘图页面中绘制一个矩形，如图 2-4 所示。在绘制矩形的属性栏中，如果先将"圆角半径"后的小锁图标选定，则改变"圆角半径"时 4 个角的半径值将进行相同的改变。设定"圆角半径"，如图 2-5 所示。按 Enter 键，效果如图 2-6 所示。

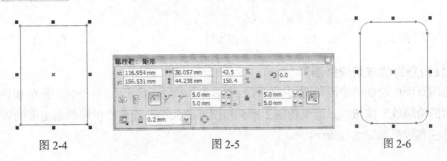

图 2-4　　　　　　　　　　图 2-5　　　　　　　　　　图 2-6

15

如果不选定小锁图标 🔒，则可以单独改变一个圆角的半径数值。在绘制矩形的属性栏中，分别设定"圆角半径"，如图 2-7 所示。按 Enter 键，效果如图 2-8 所示。如果要将圆角矩形还原为直角矩形，可以将圆角度数设定为"0"。

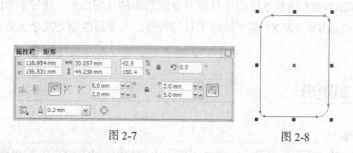

图 2-7　　　　　　　　　　　　　　　　图 2-8

3. 使用"矩形"工具绘制扇形角图形

在绘图页面中绘制一个矩形，如图 2-9 所示。在绘制矩形的属性栏中，单击"扇形角"按钮，在"圆角半径"框中设置值为 10，如图 2-10 所示。按 Enter 键，效果如图 2-11 所示。

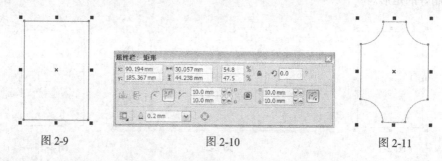

图 2-9　　　　　　　　　　图 2-10　　　　　　　　　　图 2-11

扇形角图形"圆角半径"的设置与圆角矩形相同，这里不再赘述。

4. 使用"矩形"工具绘制倒棱角图形

在绘图页面中绘制一个矩形，如图 2-12 所示。在绘制矩形的属性栏中，单击"倒棱角"按钮，在"圆角半径"框中设置值为 10，如图 2-13 所示。按 Enter 键，效果如图 2-14 所示。

倒棱角图形"圆角半径"的设置与圆角矩形相同，这里不再赘述。

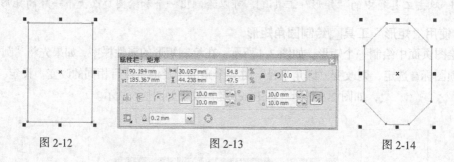

图 2-12　　　　　　　　　　图 2-13　　　　　　　　　　图 2-14

5. 使用角缩放按钮调整图形

在绘图页面中绘制一个圆角图形，属性栏和效果如图 2-15 所示。在绘制矩形的属性栏中，单击"相对的角缩放"按钮，拖曳控制手柄调整图形的大小，圆角的半径根据图形的调整进行改变，属性栏和效果如图 2-16 所示。

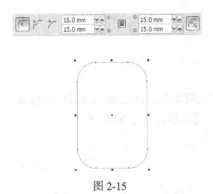 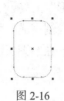

图 2-15 图 2-16

当图形为扇形角图形和倒棱角图形时,调整的效果与圆角矩形相同。

6. 拖曳矩形的节点来绘制圆角矩形

绘制一个矩形。按 F10 键,快速选择"形状"工具 ,选中矩形边角的节点,效果如图 2-17 所示。

按住鼠标左键拖曳矩形边角的节点,可以改变边角的圆角程度,如图 2-18 所示。松开鼠标左键,圆角矩形的效果如图 2-19 所示。

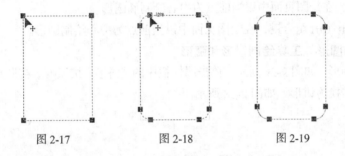

图 2-17 图 2-18 图 2-19

7. 绘制任何角度的矩形

选择"矩形"工具 展开工具栏中的"3 点矩形"工具 ,在绘图页面中按住鼠标左键不放,拖曳鼠标到需要的位置,可绘制出一条任意方向的线段作为矩形的一条边,如图 2-20 所示。

松开鼠标左键,再拖曳鼠标到需要的位置,即可确定矩形的另一条边,如图 2-21 所示。单击鼠标左键,有角度的矩形绘制完成,效果如图 2-22 所示。

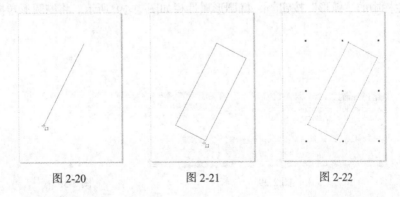

图 2-20 图 2-21 图 2-22

2.1.2 绘制椭圆形和圆形

1. 绘制椭圆形

单击"椭圆形"工具 ，在绘图页面中按住鼠标左键不放，拖曳鼠标到需要的位置，松开鼠标左键，椭圆形绘制完成，如图 2-23 所示。椭圆形的属性栏如图 2-24 所示。

按住 Ctrl 键，在绘图页面中可以绘制圆形，如图 2-25 所示。

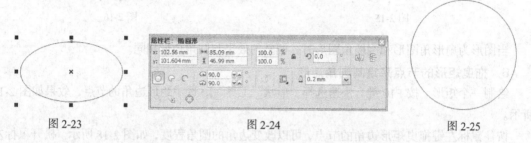

图 2-23   图 2-24   图 2-25

按 F7 键，快速选择"椭圆形"工具 ，在绘图页面中适当的位置绘制椭圆形。

按住 Shift 键，在绘图页面中以当前点为中心绘制椭圆形。

同时按住 Shift+Ctrl 组合键，在绘图页面中以当前点为中心绘制圆形。

2. 使用"椭圆形"工具绘制饼形和弧形

绘制一个椭圆形，如图 2-26 所示。单击属性栏中的"饼形"按钮 ，椭圆形属性栏如图 2-27 所示。将椭圆形转换为饼形，如图 2-28 所示。

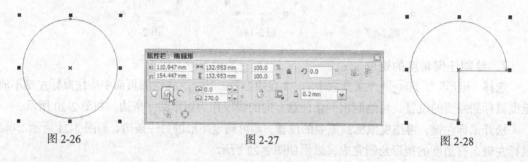

图 2-26   图 2-27   图 2-28

单击属性栏中的"弧形"按钮 ，椭圆形属性栏如图 2-29 所示。将椭圆形转换为弧形，如图 2-30 所示。

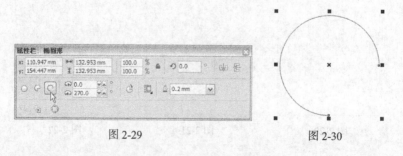

图 2-29   图 2-30

在"起始和结束角度" 中设置饼形和弧形起始角度和终止角度，按 Enter 键可以获得饼形和弧形角度的精确值，效果如图 2-31 所示。

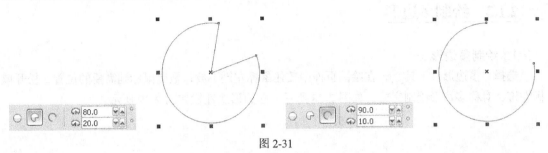

图 2-31

提示　在选中椭圆形的状态下，在椭圆形属性栏中，单击"饼形"按钮 🔘 或"弧形"按钮 🔘，可以使图形在饼形和弧形之间转换。单击属性栏中的 🔘 按钮，可以将饼形或弧形进行 180°的镜像。

3．拖曳椭圆形的节点来绘制饼形和弧形

单击"椭圆形"工具 🔘，绘制一个椭圆形。按 F10 键快速选择"形状"工具 🔘，单击轮廓线上的节点并按住鼠标左键不放，如图 2-32 所示。

向椭圆内拖曳节点，如图 2-33 所示。松开鼠标左键，椭圆变成饼形，效果如图 2-34 所示。向椭圆外拖曳轮廓线上的节点，可使椭圆形变成弧形。

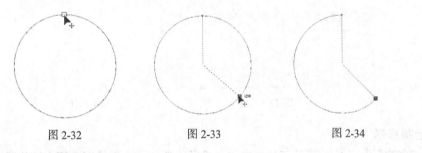

图 2-32　　　　　　　　　图 2-33　　　　　　　　　图 2-34

4．绘制任何角度的椭圆形

选择"椭圆形"工具 🔘 展开工具栏中的"3 点椭圆形"工具 🔘，在绘图页面中按住鼠标左键不放，拖曳鼠标到需要的位置，可绘制一条任意方向的线段作为椭圆形的一个轴，如图 2-35 所示。

松开鼠标左键，再拖曳鼠标到需要的位置，即可确定椭圆形的形状，如图 2-36 所示。单击鼠标左键，有角度的椭圆形绘制完成，如图 2-37 所示。

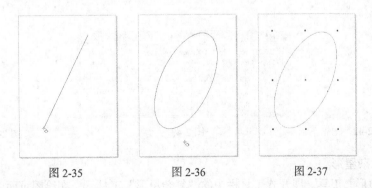

图 2-35　　　　　　　　　图 2-36　　　　　　　　　图 2-37

2.1.3 绘制多边形

1．绘制多边形

选择"多边形"工具 ⬡，在绘图页面中按住鼠标左键不放，拖曳鼠标到需要的位置，松开鼠标左键，对称多边形绘制完成，如图 2-38 所示。多边形属性栏如图 2-39 所示。

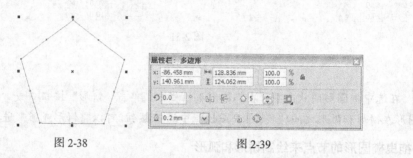

图 2-38   图 2-39

设置多边形属性栏中的"点数或边数" ⬡5 ⬘ 数值为 9，如图 2-40 所示。按 Enter 键，多边形效果如图 2-41 所示。

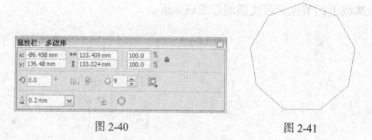

图 2-40   图 2-41

2．绘制星形

选择"多边形"工具 ⬡ 展开工具栏中的"星形"工具 ✶，在绘图页面中按住鼠标左键不放，拖曳鼠标到需要的位置，松开鼠标左键，星形绘制完成，如图 2-42 所示。星形属性栏如图 2-43 所示。

设置星形属性栏中的"点数或边数" ☆5 ⬘ 数值为 8，按 Enter 键，多边形效果如图 2-44 所示。

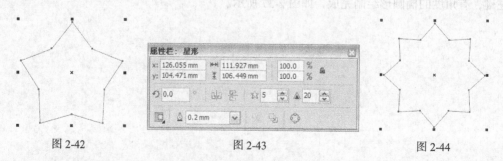

图 2-42   图 2-43   图 2-44

3．绘制复杂星形

选择"多边形"工具 ⬡ 展开式工具栏中的"复杂星形"工具 ✪，在绘图页面中按住鼠标左键不放，拖曳光标到需要的位置，松开鼠标左键，星形绘制完成，如图 2-45 所示。其属性栏如图 2-46 所示。设置"复杂星形"属性栏中的"点数或边数" 数值为 12，"锐度" 数值为 4，如图 2-47 所示。按 Enter 键，多边形效果如图 2-48 所示。

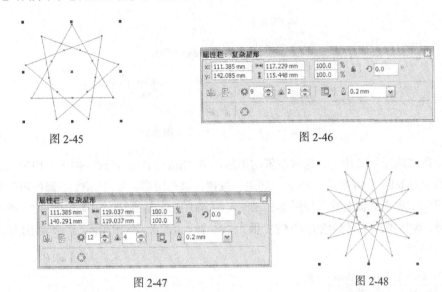

图 2-45

图 2-46

图 2-47

图 2-48

4. 使用鼠标拖曳多边形的节点来绘制星形

绘制一个多边形，如图 2-49 所示。选择"形状"工具，单击轮廓线上的节点并按住鼠标左键不放，如图 2-50 所示。向多边形内或外拖曳轮廓线上的节点，如图 2-51 所示，可以将多边形改变为星形，效果如图 2-52 所示。

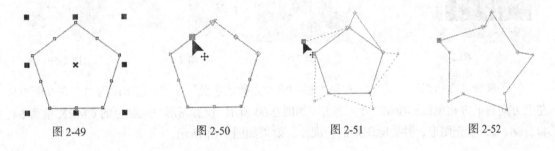

图 2-49

图 2-50

图 2-51

图 2-52

2.1.4 课堂案例——绘制简易插画

【案例学习目标】学习使用基本绘图工具绘制简易插画。

【案例知识要点】使用矩形工具和多边形工具绘制房屋的墙面和屋顶；使用矩形工具、椭圆形工具和图纸工具绘制房屋的门窗。简易插画效果如图 2-53 所示。

【效果所在位置】光盘/Ch02/效果/绘制简易插画.cdr。

（1）选择"文件 > 打开"命令，弹出"打开绘图"对话框。选择光盘中的"Ch02 > 素材 > 绘制简易插画 > 01"文件，单击"打开"按钮，如图

图 2-53

2-54 所示。选择"矩形"工具 ▢，在页面中绘制两个矩形，如图 2-55 所示。

图 2-54　　　　　　　　　　　图 2-55

（2）选择"选择"工具 ▨，选取左侧的矩形。按 Shift+F11 组合键，弹出"均匀填充"对话框，选项的设置如图 2-56 所示，单击"确定"按钮，填充图形。在"CMYK 调色板"中的"无填充"按钮 ⊠ 上单击鼠标右键，如图 2-57 所示，去除图形的轮廓线，效果如图 2-58 所示。选取右侧的矩形，设置图形填充颜色的 CMYK 值为 20、18、36、0，填充图形，并去除图形的轮廓线，效果如图 2-59 所示。

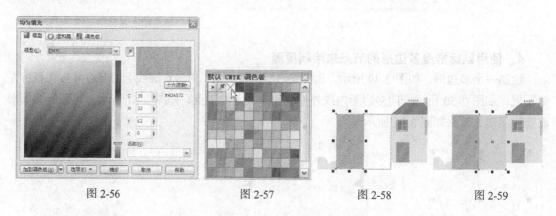

图 2-56　　　　　　　图 2-57　　　　　　　图 2-58　　　　　　　图 2-59

（3）选择"多边形"工具 ▨，在属性栏中将"点数或边数" ◇5 ▨ 选项设为 3，在页面中从左上方向右下方拖曳鼠标绘制一个三角形，如图 2-60 所示。设置图形填充颜色的 CMYK 值为 54、47、86、1，填充图形，并去除图形的轮廓线，效果如图 2-61 所示。

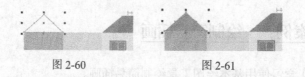

图 2-60　　　　　　　　　　　图 2-61

（4）选择"多边形"工具 ▨，在页面中从右下方向左上方拖曳鼠标绘制一个倒三角形，如图 2-62 所示。设置图形填充颜色的 CMYK 值为 40、38、85、0，填充图形，并去除图形的轮廓线，效果如图 2-63 所示。用相同的方法再绘制一个三角形，并填充适当的颜色，效果如图 2-64 所示。

图 2-62　　　　　　　图 2-63　　　　　　　图 2-64

（5）选择"箭头形状"工具，单击属性栏中的"完美形状"按钮，在弹出的下拉列表中
选择需要的形状，如图 2-65 所示。在页面中适当的位置拖曳鼠标绘制图形，如图 2-66 所示。选
择"形状"工具，选取红色菱角符号并将其拖曳到适当的位置，如图 2-67 所示，松开鼠标，
效果如图 2-68 所示。

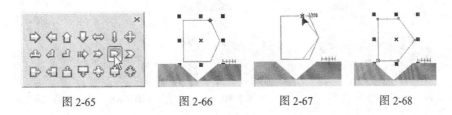

图 2-65   图 2-66   图 2-67   图 2-68

（6）选择"选择"工具，在属性栏中将"旋转角度" 选项设为 270，按 Enter 键，
效果如图 2-69 所示。拖曳到适当的位置，如图 2-70 所示。设置图形填充颜色的 CMYK 值为 0、
24、78、0，填充图形，并去除图形的轮廓线，效果如图 2-71 所示。

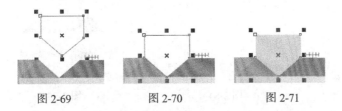

图 2-69   图 2-70   图 2-71

（7）选择"多边形"工具，在页面中绘制一个三角形，如图 2-72 所示。在"CMYK 调色
板"中的"黑"色块上单击鼠标，填充图形，并去除图形的轮廓线，效果如图 2-73 所示。用相同
的方法再绘制一个三角形，并填充相同的颜色，去除图形的轮廓线后，效果如图 2-74 所示。

图 2-72   图 2-73   图 2-74

（8）选择"矩形"工具，在页面中绘制一个矩形，如图 2-75 所示。设置图形填充颜色的
CMYK 值为 29、78、100、0，填充图形，并去除图形的轮廓线，效果如图 2-76 所示。

（9）选择"图纸"工具，在属性栏中进行设置，如图 2-77 所示。在页面中的适当位置拖
曳鼠标绘制图纸，在"CMYK 调色板"中的"白"色块上单击鼠标右键，填充图纸轮廓线，效果
如图 2-78 所示。

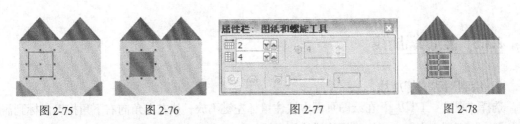

图 2-75   图 2-76   图 2-77   图 2-78

（10）用相同的方法绘制另一扇窗户，并填充轮廓线为白色，效果如图 2-79 所示。选择"矩

形"工具，在页面中绘制一个矩形，如图 2-80 所示。在"CMYK 调色板"中的"白"色块上单击鼠标，填充图形，并去除图形的轮廓线，效果如图 2-81 所示。用相同的方法再绘制三个矩形，并填充相同的颜色，去除图形的轮廓线后，效果如图 2-82 所示。

图 2-79   图 2-80   图 2-81   图 2-82

（11）选择"矩形"工具，绘制一个矩形，如图 2-83 所示。在属性栏中单击"圆角"按钮，其他选项的设置如图 2-84 所示。按 Enter 键，效果如图 2-85 所示。设置图形填充颜色的 CMYK 值为 13、50、100、0，填充图形，并去除图形的轮廓线，效果如图 2-86 所示。

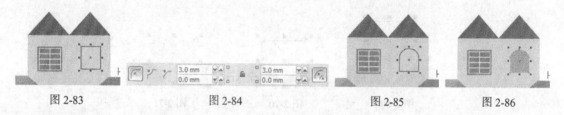

图 2-83   图 2-84   图 2-85   图 2-86

（12）用相同的方法绘制房屋的门，并填充为白色，效果如图 2-87 所示。选择"手绘"工具，按住 Shift 键的同时绘制一条直线，效果如图 2-88 所示。选择"文件 > 导入"命令，弹出"导入"对话框。选择光盘中的"Ch02 > 素材 > 制作简易插画 > 02"文件，单击"导入"按钮，在页面中单击导入图片，将其拖曳到适当的位置，效果如图 2-89 所示。简易插画制作完成。

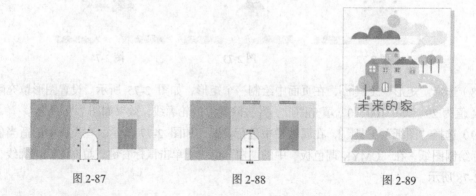

图 2-87   图 2-88   图 2-89

2.1.5   绘制螺旋线

1. 绘制对称式螺旋线

选择"螺纹"工具，在绘图页面中按住鼠标左键不放，从左上角向右下角拖曳鼠标到需要的位置，松开鼠标左键，对称式螺旋线绘制完成，如图 2-90 所示。属性栏如图 2-91 所示。

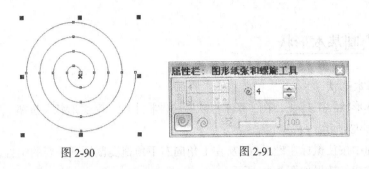

图 2-90　　　　　　　　　　　　　　　　　图 2-91

如果从右下角向左上角拖曳鼠标到需要的位置，可以绘制出反向的对称式螺旋线。在 ![图标] 框中可以重新设定螺旋线的圈数，以绘制需要的螺旋线效果。

2．绘制对数式螺旋线

选择"螺纹"工具 ![图标]，在"图形纸张和螺旋工具"属性栏中单击"对数螺纹"按钮 ![图标]，在绘图页面中按住鼠标左键不放，从左上角向右下角拖曳鼠标到需要的位置，松开鼠标左键，对数式螺旋线绘制完成，如图 2-92 所示。属性栏如图 2-93 所示。

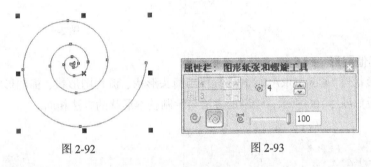

图 2-92　　　　　　　　　　　　　　　　　图 2-93

在 ![图标] 中可以重新设定螺旋线的扩展参数。将数值设定为 80，如图 2-94 所示，螺旋线向外扩展的幅度如图 2-95 所示。将数值设定为 20，如图 2-96 所示，螺旋线向外扩展的幅度会逐渐变小，如图 2-97 所示。当数值为 1 时，将绘制出对称式螺旋线。

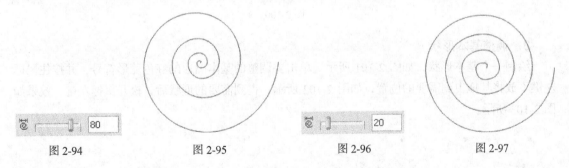

图 2-94　　　　　　　图 2-95　　　　　　　图 2-96　　　　　　　图 2-97

按 A 键，选择"螺纹"工具 ![图标]，在绘图页面中适当的位置绘制螺旋线。

按住 Ctrl 键，在绘图页面中可以绘制正圆螺旋线。

按住 Shift 键，在绘图页面中会以当前点为中心绘制螺旋线。

同时按下 Shift+Ctrl 组合键，在绘图页面中会以当前点为中心绘制正圆螺旋线。

2.1.6　绘制基本形状

1．绘制基本形状

单击"基本形状"工具，在"基本形状"属性栏中的"完美形状"按钮下选择需要的基本图形，如图 2-98 所示。

在绘图页面中按住鼠标左键不放，从左上角向右下角拖曳鼠标到需要的位置，松开鼠标左键，基本图形绘制完成，效果如图 2-99 所示。

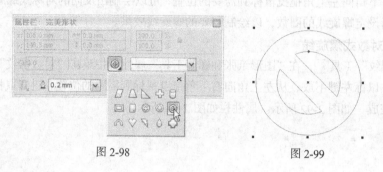

图 2-98　　　　　　图 2-99

2．绘制其他图形

除了基本形状外，CorelDRAW X5 还提供了箭头形状、流程图形状、标题形状和标注形状。各个形状的面板如图 2-100 所示，绘制的方法与绘制基本形状的方法相同。

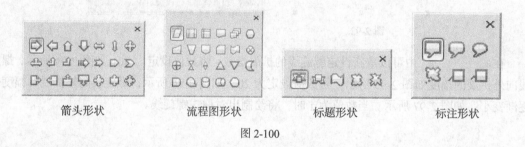

箭头形状　　　流程图形状　　　标题形状　　　标注形状

图 2-100

3．调整基本形状

绘制一个基本形状，如图 2-101 所示。单击要调整的基本图形的红色菱形符号，并按住鼠标左键不放将其拖曳到需要的位置，如图 2-102 所示。得到需要的形状后，松开鼠标左键，效果如图 2-103 所示。

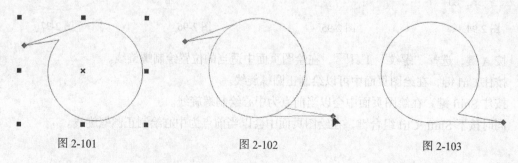

图 2-101　　　　　　图 2-102　　　　　　图 2-103

2.1.7　课堂案例——制作水果广告

【案例学习目标】学习使用螺纹工具制作装饰图形。

【案例知识要点】使用螺纹工具、贝塞尔工具和渐变命令制作螺纹图形；使用螺纹工具绘制装饰线；使用文本工具输入宣传语。水果广告效果如图 2-104 所示。

【效果所在位置】光盘/Ch02/效果/制作水果广告.cdr。

图 2-104

（1）按 Ctrl+N 组合键，新建一个页面。在属性栏的"页面度量"选项中分别设置宽度为 130mm、高度为 100mm，按 Enter 键，页面尺寸显示为设置的大小。

（2）选择"文件 > 导入"命令，弹出"导入"对话框。选择光盘中的"Ch02 > 素材 > 制作水果广告 > 01"文件，单击"导入"按钮。在页面中单击导入的图片，将其拖曳到适当的位置，如图 2-105 所示。

（3）选择"螺纹"工具，在属性栏中单击"对称式螺纹"按钮，其他选项的设置如图 2-106 所示。拖曳鼠标绘制图形，如图 2-107 所示。

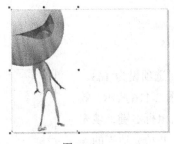

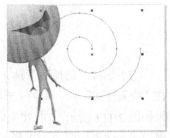

图 2-105　　　　　　　　　　图 2-106　　　　　　　　　　图 2-107

（4）选择"选择"工具，在属性栏中将"旋转角度"选项设为 149，"轮廓宽度"选项设为 0.5，在"线条样式"选项的下拉列表中选择需要的样式，如图 2-108 所示，效果如图 2-109 所示。在"CMYK 调色板"中的"橘红"色块上单击鼠标右键，填充螺旋线，效果如图 2-110 所示。

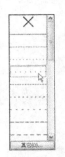
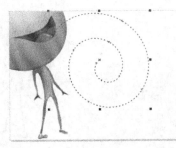

图 2-108　　　　　　　图 2-109　　　　　　　　　图 2-110

（5）选择"贝塞尔"工具，绘制一个图形，如图 2-111 所示。选择"渐变填充"工具，弹出"渐变填充"对话框，点选"双色"单选钮，将"从"选项颜色的 CMYK 值设置为 1、62、100、0，"到"选项颜色的 CMYK 值设置为 0、0、0、0，其他选项的设置如图 2-112 所示。单击"确定"按钮，效果如图 2-113 所示。

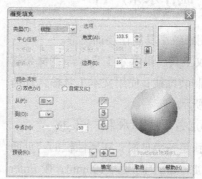

图 2-111　　　　　　　　图 2-112　　　　　　　　图 2-113

（6）选择"螺纹"工具，在属性栏中单击"对称式螺纹"按钮，其他选项的设置如图 2-114 所示。拖曳鼠标绘制图形，如图 2-115 所示。

图 2-114　　　　　　　　　　图 2-115

（7）选择"选择"工具，在属性栏中将"旋转角度"选项设为 163，在"线条样式"选项的下拉列表中选择需要的样式，如图 2-116 所示，效果如图 2-117 所示。在"CMYK 调色板"中的"橘红"色块上单击鼠标右键，填充螺旋线，效果如图 2-118 所示。用相同的方法再绘制两条螺旋线，并填充适当的颜色，效果如图 2-119 所示。

（8）选择"文件 > 导入"命令，弹出"导入"对话框。选择光盘中的"Ch02 > 素材 > 制作水果广告 > 02"文件，单击"导入"按钮。在页面中单击导入的图片，将其拖曳到适当的位置，效果如图 2-120 所示。水果广告制作完成。

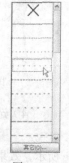

图 2-116

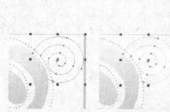

图 2-117　　　　图 2-118　　　　　　图 2-119　　　　　　　图 2-120

2.2　对象的编辑

在 CorelDRAW X5 中，可以使用强大的图形对象编辑功能对图形对象进行编辑，其中包括对象的多种选取方式，对象的缩放、移动、镜像、复制和删除以及对象的调整。本节将讲解多种编辑图形对象的方法和技巧。

2.2.1　对象的选取

在 CorelDRAW X5 中，新建一个图形对象时，一般图形对象呈选取状态，在对象的周围出现圈选框，圈选框是由 8 个控制手柄组成的，对象的中心有一个"X"形的中心标记。对象的选取状态如图 2-121 所示。

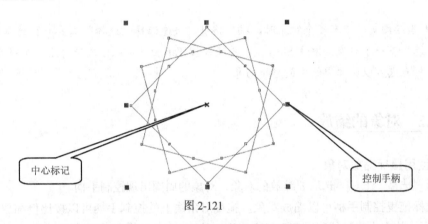

中心标记　　　　　　　　　　　　　　　　　控制手柄

图 2-121

> **提示**　在 CorelDRAW X5 中，如果要编辑一个对象，首先要选取这个对象。当选取多个图形对象时，多个图形对象共有一个圈选框。要取消对象的选取状态，只要在绘图页面中的其他位置单击或按 Esc 键即可。

1．用鼠标点选的方法选取对象

选择"选择"工具，在要选取的图形对象上单击，即可以选取该对象。

选取多个图形对象时，按住 Shift 键，在依次选取的对象上连续单击即可。同时选取的效果如图 2-122 所示。

2．用鼠标圈选的方法选取对象

选择"选择"工具，在绘图页面中要选取的图形对象外围单击鼠标并拖曳鼠标，拖曳后会出现一个蓝色的虚线圈选框，如图 2-123 所示。在圈选框完全圈选住对象后松开鼠标，被圈选的对象处于选取状态，如图 2-124 所示。用圈选的方法可以同时选取一个或多个对象。在圈选的同时按住 Alt 键，蓝色的虚线圈选框接触到的对象都将被选取，如图 2-125 所示。

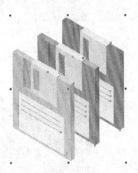

图 2-122

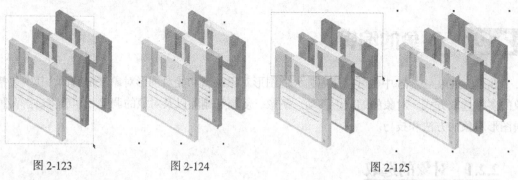

| 图 2-123 | 图 2-124 | 图 2-125 |

3．使用命令选取对象

选择"编辑 > 全选"子菜单下的各个命令来选取对象。按 Ctrl+A 组合键，可以选取绘图页面中的全部对象。

提示 当绘图页面中有多个对象时，按空格键，快速选择"选择"工具 ；连续按 Tab 键，可以依次选择下一个对象；按住 Shift 键，再连续按 Tab 键，可以依次选择上一个对象；按住 Ctrl 键，用鼠标点选可以选取群组中的单个对象。

2.2.2 对象的缩放

1．使用鼠标缩放对象

使用"选择"工具 选取要缩放的对象，对象的周围出现控制手柄。

用鼠标拖曳控制手柄可以缩放对象。拖曳对角线上的控制手柄可以按比例缩放对象，如图 2-126 所示。拖曳中间的控制手柄可以不规则地缩放对象，如图 2-127 所示。

图 2-126

图 2-127

拖曳对角线上的控制手柄时，按住 Ctrl 键，对象会以 100%的比例放大。同时按下 Shift+Ctrl

组合键，对象会以 100%的比例从中心放大。

2. 使用"自由变换"工具 属性栏缩放对象

选择"选择"工具 并选取要缩放的对象，对象的周围出现控制手柄。选择"形状"工具 展开工具栏中的"自由变换"工具 ，这时的属性栏如图 2-128 所示。

在"自由缩放"工具属性栏中的"对象的大小" 中，输入对象的宽度和高度。如果选择了"缩放因子" 中的锁按钮 ，则宽度和高度将按比例缩放，只要改变宽度和高度中的一个值，另一个值就会自动按比例调整。

在"自由缩放"工具属性栏中调整好宽度和高度后，按 Enter 键完成对象的缩放。缩放的效果如图 2-129 所示。

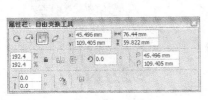

图 2-128

图 2-129

3. 使用"转换"泊坞窗缩放对象

使用"选择"工具 并选取要缩放的对象，如图 2-130 所示。选择"窗口 > 泊坞窗 > 变换 > 大小"命令，或按 Alt+F10 组合键，弹出"转换"泊坞窗，如图 2-131 所示。如选中 不按比例复选框，就可以不按比例缩放对象。

在"转换"泊坞窗中，如图 2-132 所示的是可供选择的圈选框控制手柄 8 个点的位置，单击一个按钮以定义一个在缩放对象时保持固定不动的点，缩放的对象将基于这个点缩放，这个点可以决定缩放后的图形与原图形的相对位置。

图 2-130

设置好需要的数值，如图 2-133 所示，单击"应用"按钮，对象的缩放完成，效果如图 2-134 所示。在"副本"选项中输入数值，可以复制生成多个缩放好的对象。

选择"窗口 > 泊坞窗 > 变换 > 比例"命令，或按 Alt+F9 组合键，在弹出的"转换"泊坞窗中可以对对象进行缩放。

图 2-131

图 2-132

图 2-133

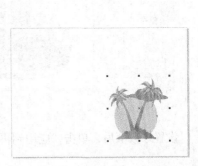

图 2-134

2.2.3　对象的移动

1．使用工具和键盘移动对象

使用"选择"工具，选取要移动的对象，如图 2-135 所示。使用"选择"工具或其他的绘图工具，将鼠标的光标移到对象的中心控制点，光标将变为十字箭头形，如图 2-136 所示。按住鼠标左键不放，将对象拖曳到需要的位置，松开鼠标，完成对象的移动，效果如图 2-137 所示。

图 2-135　　　　　　　　图 2-136　　　　　　　　图 2-137

选取要移动的对象，用键盘上的方向键可以微调对象的位置。系统使用默认值时，对象将以 0.1 英寸的增量移动。选择"选择"工具后不选取任何对象，在属性栏中的框中可以重新设定每次微调移动的距离。

2．使用属性栏移动对象

选取要移动的对象，在属性栏的"对象的位置"框中输入对象要移动到的新位置的横坐标和纵坐标，可移动对象。

3．使用变换泊坞窗移动对象

选取要移动的对象，选择"窗口 > 泊坞窗 > 变换 > 位置"命令，或按 Alt+F7 组合键，将弹出"转换"泊坞窗。如选中相对位置复选框，对象将相对于原位置的中心进行移动。设置好后，单击"应用"按钮或按 Enter 键，完成对象的移动。移动前后的位置如图 2-138 所示。

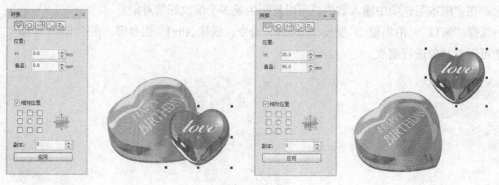

图 2-138

设置好数值后，单击"应用到再制"按钮，可以在移动的新位置复制出新的对象。

2.2.4 对象的镜像

镜像效果经常被应用到作品设计中。在 CorelDRAW X5 中，可以使用多种方法使对象沿水平、垂直或对角线的方向镜像翻转。

1．使用鼠标镜像对象

选取镜像对象，如图 2-139 所示。按住鼠标左键直接拖曳控制手柄到相对的边，直到显示对象的蓝色虚线框，如图 2-140 所示。松开鼠标左键就可以得到不规则的镜像对象，如图 2-141 所示。

图 2-139   图 2-140   图 2-141

按住 Ctrl 键，直接拖曳左边或右边中间的控制手柄到相对的边，可以完成保持原对象比例的水平镜像，如图 2-142 所示。按住 Ctrl 键，直接拖曳上边或下边中间的控制手柄到相对的边，可以完成保持原对象比例的垂直镜像，如图 2-143 所示。按住 Ctrl 键，直接拖曳边角上的控制手柄到相对的边，可以完成保持原对象比例的沿对角线方向的镜像，如图 2-144 所示。

图 2-142   图 2-143   图 2-144

注意 在镜像的过程中，只能使对象本身产生镜像。如果想产生图 2-142、图 2-143、图 2-144 的效果，就要在镜像的位置生成一个复制对象。方法很简单，在松开鼠标左键之前按下鼠标右键，就可以在镜像的位置生成一个复制对象。

2．使用属性栏镜像对象

选择"选择"工具 ，选取要镜像的对象，如图 2-145 所示，这时的属性栏如图 2-146 所示。

图 2-145

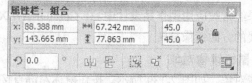

图 2-146

单击属性栏中的"水平镜像"按钮，可以使对象沿水平方向翻转镜像。单击"垂直镜像"按钮，可以使对象沿垂直方向翻转镜像。

3．使用"变换"泊坞窗镜像对象

选取要镜像的对象，选择"窗口 > 泊坞窗 > 变换 > 比例"命令，或按 Alt+F9 组合键，弹出"转换"泊坞窗。单击"水平镜像"按钮，可以使对象沿水平方向镜像翻转。单击"垂直镜像"按钮，可以使对象沿垂直方向镜像翻转。设置需要的数值，单击"应用"按钮即可看到镜像效果。

还可以设置产生一个变形的镜像对象。如图 2-147 所示对"变换"泊坞窗进行设定，设置好后，单击"应用到再制"按钮，产生一个变形的镜像对象，效果如图 2-148 所示。

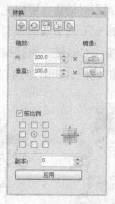

图 2-147

图 2-148

2.2.5　课堂案例——快乐时光标志

【案例学习目标】学习使用绘图工具和选取、移动、复制命令制作标志。

【案例知识要点】使用基本绘图工具绘制标志形状；使用 3 点椭圆形工具绘制笑脸的眼睛和嘴角；使用椭圆形工具绘制笑脸的嘴巴；使用复制和旋转命令添加其他笑脸；使用文本工具输入标志文字。快乐时光标志效果如图 2-149 所示。

图 2-149

【效果所在位置】光盘/Ch02/效果/制作快乐时光标志.cdr。

（1）按 Ctrl+N 组合键，新建一个 A4 页面，单击属性栏中的"横向"按钮，页面显示为横向。选择"椭圆形"工具 ，按住 Ctrl 键的同时，在页面中绘制一个圆形，如图 2-150 所示。单击属性栏中的"饼图"按钮 ，效果如图 2-151 所示，在属性栏中将"旋转角度" 选项设为 56，效果如图 2-152 所示。在"CMYK 调色板"中的"青"色块上单击鼠标，填充图形，并去除图形的轮廓线，效果如图 2-153 所示。

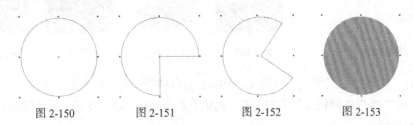

图 2-150　　　　图 2-151　　　　图 2-152　　　　图 2-153

（2）选择"3 点椭圆形"工具 ，在适当的位置绘制一个椭圆形，如图 2-154 所示。在"CMYK调色板"中的"黑"色块上单击鼠标，填充图形，并去除图形的轮廓线，效果如图 2-155 所示。选择"选择"工具 ，按数字键盘上的+键复制图形，并将复制的图形拖曳到适当的位置，效果如图 2-156 所示。

（3）选择"椭圆形"工具 ，在适当的位置绘制两个大小不同的椭圆形，如图 2-157 所示。选择"选择"工具 ，按住 Shift 键的同时，将两个圆形同时选取，单击属性栏中的"移除前面对象"按钮 ，将两个图形剪切为一个图形，效果如图 2-158 所示。在"CMYK 调色板"中的"黑"色块上单击鼠标，填充图形，并去除图形的轮廓线，效果如图 2-159 所示。

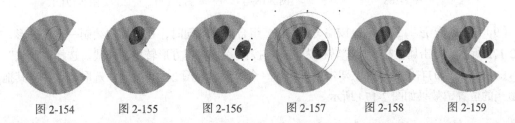

图 2-154　　　　图 2-155　　　　图 2-156　　　　图 2-157　　　　图 2-158　　　　图 2-159

（4）选择"3 点椭圆形"工具 ，在页面中的适当位置绘制两个椭圆形，如图 2-160 所示。用圈选的方法将两个椭圆形同时选取，如图 2-161 所示。在"CMYK 调色板"中的"黑"色块上单击鼠标，填充图形，并去除图形的轮廓线，效果如图 2-162 所示。

图 2-160　　　　　图 2-161　　　　　图 2-162

（5）选择"矩形"工具 ，按住 Ctrl+Shift 组合键的同时，在适当的位置绘制一个正方形，如图 2-163 所示。在"CMYK 调色板"中的"洋红"色块上单击鼠标，填充图形，并去除图形的轮廓线，效果如图 2-164 所示。

（6）选择"选择"工具 ，用圈选的方法将笑脸同时选取，如图 2-165 所示。按数字键盘上的+键复制图形，并将复制的图形拖曳到适当的位置，效果如图 2-166 所示。在属性栏中将"旋转角度" 〇 0.0 选项设为 315，按 Enter 键，效果如图 2-167 所示。

图 2-163　　　　图 2-164　　　　图 2-165　　　　图 2-166　　　　图 2-167

（7）选择"椭圆形"工具〇，按住 Ctrl+Shift 组合键的同时，在页面中绘制一个圆形，如图 2-168 所示。在"CMYK 调色板"中的"黄"色块上单击鼠标，填充图形，并去除图形的轮廓线，效果如图 2-169 所示。

（8）选择"选择"工具，用圈选的方法将笑脸同时选取。按数字键盘上的+键复制图形，并将复制的图形拖曳到适当的位置，效果如图 2-170 所示。在属性栏中将"旋转角度" 〇 0.0 选项设为 180，按 Enter 键，效果如图 2-171 所示。

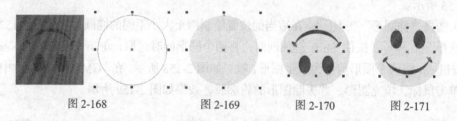

图 2-168　　　　　　图 2-169　　　　　　图 2-170　　　　　　图 2-171

（9）选择"矩形"工具〇，按住 Ctrl+Shift 组合键键的同时，在页面中绘制一个正方形，如图 2-172 所示。单击属性栏中的"转换为曲线"按钮〇，将正方形转换为曲线。选择"形状"工具，在正方形的右侧轮廓线上双击鼠标添加一个节点，如图 2-173 所示。选取节点并将其拖曳到适当的位置，效果如图 2-174 所示。

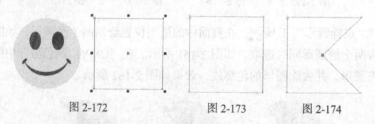

图 2-172　　　　　　　图 2-173　　　　　　图 2-174

（10）选择"选择"工具，在"CMYK 调色板"中的"酒绿"色块上单击鼠标，填充图形，并去除图形的轮廓线，效果如图 2-175 所示。用相同的方法复制笑脸并旋转到适当的角度，效果如图 2-176 所示。选择"文本"工具，输入需要的文字。选择"选择"工具，在属性栏中选择合适的字体并设置文字大小。快乐时光标志制作完成，效果如图 2-177 所示。

图 2-175　　　图 2-176　　　　　　　　图 2-177

2.2.6　对象的旋转

1. 用鼠标旋转对象

选择"选择"工具 ，选取要旋转的对象，对象的周围出现控制手柄。再次单击对象，这时对象的周围出现旋转 和倾斜 控制手柄，如图 2-178 所示。

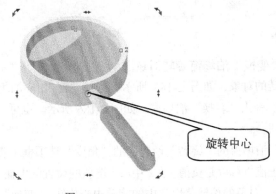

旋转中心

图 2-178

将鼠标的光标移动到旋转控制手柄上，这时光标变为旋转符号 ，如图 2-179 所示。按住鼠标左键，拖曳鼠标旋转对象，旋转时对象会出现蓝色的虚线框指示旋转方向和角度，如图 2-180 所示。旋转到需要的角度后，松开鼠标左键，完成对象的旋转，效果如图 2-181 所示。

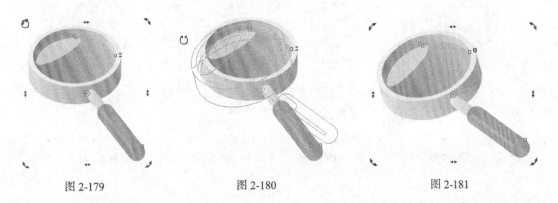

图 2-179　　　　　　　　　　图 2-180　　　　　　　　　　图 2-181

对象是围绕旋转中心 旋转的，默认的旋转中心 是对象的中心点，将鼠标光标移动到旋转中心上，按住鼠标左键拖曳旋转中心 到需要的位置，松开鼠标左键，完成对旋转中心的移动，然后可用新的旋转中心来旋转对象。

2. 使用属性栏旋转对象

选取要旋转的对象，效果如图 2-182 所示。选择"选择"工具 ，在属性栏中的"旋转角度" 文本框中输入旋转的角度数值为 40，如图 2-183 所示。按 Enter 键确认操作，效果如图 2-184 所示。

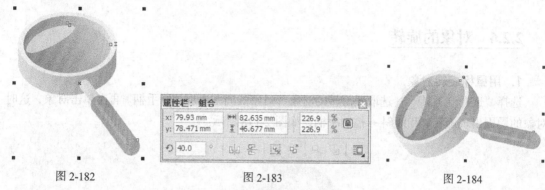

图 2-182 　　　　　　　　　　图 2-183 　　　　　　　　　　图 2-184

3. 使用"变换"泊坞窗旋转对象

选取要旋转的对象，如图 2-185 所示。选择"窗口 > 泊坞窗 > 变换 > 旋转"命令，或按 Alt+F8 组合键，弹出"转换"泊坞窗，如图 2-186 所示。也可以在已打开的"转换"泊坞窗中单击"旋转"按钮 。

在"转换"泊坞窗的"旋转"设置区的"角度"选项框中直接输入旋转的角度数值，旋转角度数值可以是正值也可以是负值。在"中心"选项的设置区中输入旋转中心的坐标位置。勾选"相对中心"复选框，对象的旋转将以选中的旋转中心旋转。"变换"泊坞窗如图 2-187 所示进行设定，设置完成后，单击"应用"按钮，对象旋转的效果如图 2-188 所示。

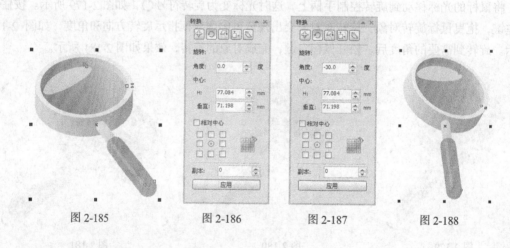

图 2-185 　　　　　图 2-186 　　　　　图 2-187 　　　　　图 2-188

2.2.7　对象的倾斜变形

1. 使用鼠标倾斜变形对象

选取要倾斜变形的对象，对象的周围出现控制手柄。再次单击对象，这时对象的周围出现旋转 和倾斜 控制手柄，如图 2-189 所示。

将鼠标的光标移动到倾斜控制手柄上，光标变为倾斜符号 ，如图 2-190 所示。按住鼠标左键，拖曳鼠标变形对象。倾斜变形时，对象会出现蓝色的虚线框指示倾斜变形的方向和角度，如图 2-191 所示。倾斜到需要的角度后，松开鼠标左键，对象倾斜变形的效果如图 2-192 所示。

| 图 2-189 | 图 2-190 | 图 2-191 | 图 2-192 |

2．使用"变换"泊坞窗倾斜变形对象

选取倾斜变形对象，如图 2-193 所示。选择"窗口 > 泊坞窗 > 变换 > 倾斜"命令，弹出"变换"泊坞窗，如图 2-194 所示。也可以在已打开的"转换"泊坞窗中单击"倾斜"按钮 🗊 。在"转换"泊坞窗中设定倾斜变形对象的数值，如图 2-195 所示。单击"应用"按钮，对象产生倾斜变形，效果如图 2-196 所示。

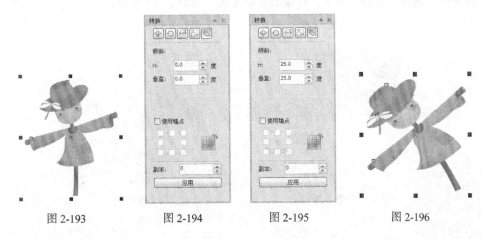

| 图 2-193 | 图 2-194 | 图 2-195 | 图 2-196 |

2.2.8　对象的复制

1．使用命令复制对象

选取要复制的对象，如图 2-197 所示。选择"编辑 > 复制"命令，或按 Ctrl+C 组合键，对象的副本将被放置在剪贴板中。选择"编辑 > 粘贴"命令，或按 Ctrl+V 组合键，对象的副本被粘贴到原对象的下面，位置和原对象是相同的。用鼠标移动对象，可以显示复制的对象，如图 2-198 所示。

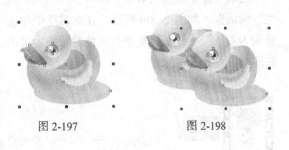

| 图 2-197 | 图 2-198 |

> **提示**　选择"编辑 > 剪切"命令，或按 Ctrl+X 组合键，对象将从绘图页面中删除并被放置在剪贴板上。

2．使用鼠标拖曳方式复制对象

选取要复制的对象，如图 2-199 所示。将鼠标光标移动到对象的中心点上，光标变为移动光标✛，如图 2-200 所示。按住鼠标左键拖曳对象到需要的位置，如图 2-201 所示。在位置合适后单击鼠标右键，对象的复制完成，效果如图 2-202 所示。

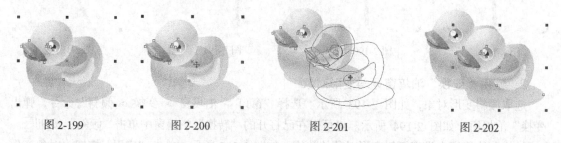

图 2-199   图 2-200   图 2-201   图 2-202

选取要复制的对象，用鼠标右键拖曳对象到需要的位置，松开鼠标右键后弹出如图 2-203 所示的快捷菜单，选择"复制"命令，对象的复制完成，如图 2-204 所示。

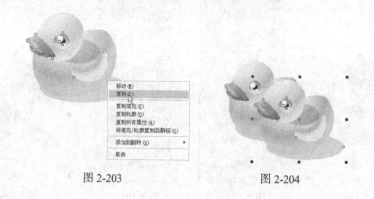

图 2-203   图 2-204

提示 使用"选择"工具选取要复制的对象，在数字键盘上按+键，可快速复制对象。

3．使用命令复制对象属性

选取要复制属性的对象，如图 2-205 所示。选择"编辑 > 复制属性自"命令，弹出"复制属性"对话框，如图 2-206 所示。在对话框中勾选"填充"复选框，单击"确定"按钮，鼠标光标显示为黑色箭头，在要复制其属性的对象上单击，如图 2-207 所示，对象的属性复制完成，效果如图 2-208 所示。

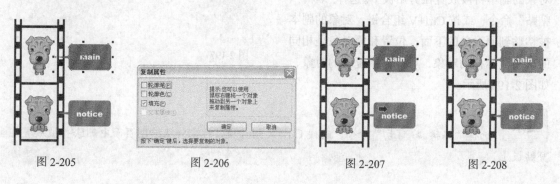

图 2-205   图 2-206   图 2-207   图 2-208

可以在两个不同的绘图页面中复制对象。使用鼠标左键拖曳其中一个绘图页面中的对象到另一个绘图页面中，在松开鼠标左键前单击右键即可复制对象。

2.2.9　对象的删除

在 CorelDRAW X5 中，可以方便快捷地删除对象。下面介绍如何删除不需要的对象。

选取要删除的对象，选择"编辑 > 删除"命令，或按 Delete 键，可以将选取的对象删除。

如果想删除多个或全部的对象，首先要选取这些对象，再执行"删除"命令或按 Delete 键。

2.2.10　撤销和恢复对象的操作

在进行设计制作的过程中，可能经常会出现错误的操作。下面介绍如何撤销和恢复对象的操作。

撤销对对象的操作：选择"编辑 > 撤销"命令，或按 Ctrl+Z 组合键，可以撤销上一次的操作。

单击"常用工具栏"中的"撤销"按钮，也可以撤销上一次的操作。单击"撤销"按钮右侧的按钮，在弹出的下拉列表中可以对多个操作步骤进行撤销。

恢复对对象的操作：选择"编辑 > 重做"命令，或按 Ctrl+Shift+Z 组合键，可以恢复上一次的操作，如图 2-209 所示。

单击"常用工具栏"中的"重做"按钮，也可以恢复上一次的操作。单击"重做"按钮右侧的按钮，在弹出的下拉列表中可以对多个操作步骤进行恢复。

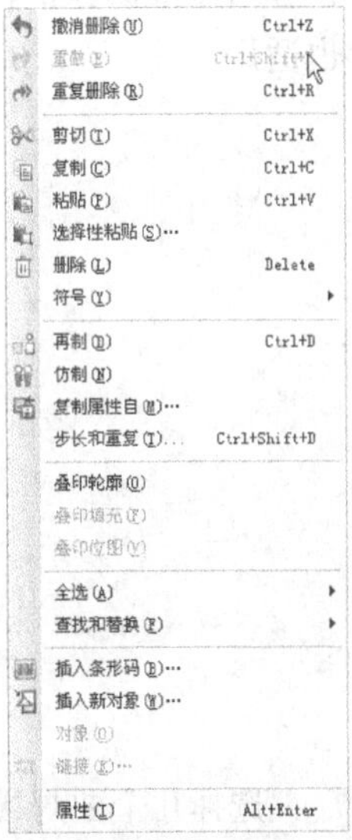

图 2-209

2.3　整形对象

在 CorelDRAW X5 中，修整功能是用于编辑图形对象的重要的手段。使用修整功能中的焊接、修剪、相交、简化等命令可以创建出复杂的全新图形。

2.3.1　焊接

焊接是将几个图形结合成一个图形，新的图形轮廓由被焊接的图形边界组成，被焊接图形的交叉线都将消失。

使用"选择"工具选中要焊接的图形，如图 2-210 所示。选择"窗口 > 泊坞窗 > 造形"命令，弹出如图 2-211 所示的"造形"泊坞窗。在"造形"泊坞窗中选择"焊接"选项，再单击

"焊接到"按钮，将鼠标的光标放到目标对象上单击，如图 2-212 所示。焊接后的效果如图 2-213 所示，新生成图形对象的边框和颜色填充与目标对象完全相同。

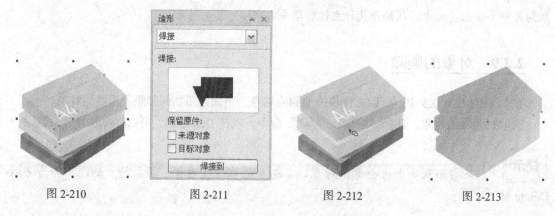

图 2-210   图 2-211   图 2-212   图 2-213

在进行焊接操作之前，可以在"造形"泊坞窗中设置是否保留"来源对象"和"目标对象"。选择保留"来源对象"和"目标对象"选项，如图 2-214 所示。再焊接图形对象时，来源对象和目标对象都被保留，效果如图 2-215 所示。保留来源对象和目标对象对"修剪"和"相交"功能也适用。

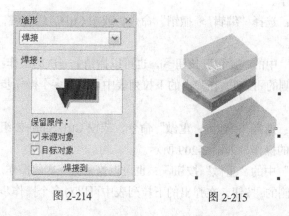

图 2-214   图 2-215

选择几个要焊接的图形后，选择"排列 > 造形 > 合并"命令，或单击属性栏中的"合并"按钮，可以完成多个对象的焊接。焊接前圈选多个图形时，在最底层的图形就是"目标对象"。按住 Shift 键选择多个图形时，最后选中的图形就是"目标对象"。

2.3.2　修剪

修剪是将目标对象与来源对象的相交部分裁掉，使目标对象的形状被更改。修剪后的目标对象保留其填充和轮廓属性。

使用"选择"工具选择其中的来源对象，如图 2-216 所示。在"造形"泊坞窗中选择"修剪"选项，如图 2-217 所示。单击"修剪"按钮，将鼠标的光标放到目标对象上单击，如图 2-218 所示。修剪后的效果如图 2-219 所示，修剪后的目标对象保留其填充和轮廓属性。

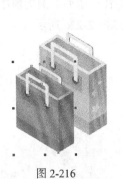
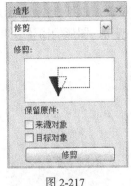
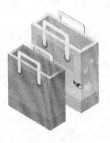

图 2-216   图 2-217   图 2-218   图 2-219

选择"排列 > 造形 > 修剪"命令，或单击属性栏中的"修剪"按钮，也可以完成修剪，来源对象和被修剪的目标对象会同时存在于绘图页面中。

注意 图选多个图形时，在最底层的图形对象就是目标对象。按住 Shift 键选择多个图形时，最后选中的图形就是目标对象。

2.3.3 相交

相交是将两个或两个以上对象的相交部分保留，使相交的部分成为一个新的图形对象。新创建图形对象的填充和轮廓属性将与目标对象相同。

使用"选择"工具选择其中的来源对象，如图 2-220 所示。在"造形"泊坞窗中选择"相交"选项，如图 2-221 所示。单击"相交对象"按钮，将鼠标的光标放到目标对象上单击，如图 2-222 所示。相交后的效果如图 2-223 所示，相交后图形对象将保留目标对象的填充和轮廓属性。

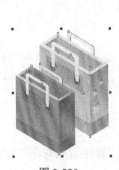

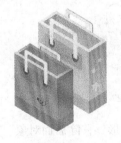

图 2-220   图 2-221   图 2-222   图 2-223

选择"排列 > 造形 > 相交"命令，或单击属性栏中的"相交"按钮，也可以完成相交裁切。来源对象和目标对象以及相交后的新图形对象同时存在于绘图页面中。

2.3.4 简化

简化是减去后面图形中和前面图形的重叠部分，并保留前面图形和后面图形的状态。

使用"选择"工具选中两个相交的图形对象，如图 2-224 所示。在"造形"泊坞窗中选择"简化"选项，如图 2-225 所示。单击"应用"按钮，图形的简化效果如图 2-226 所示。

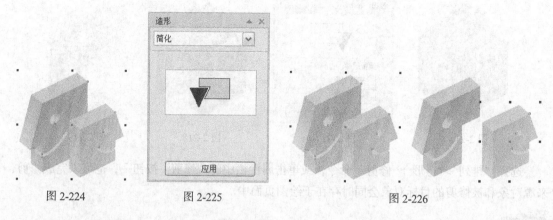

图 2-224　　　　　　　　　图 2-225　　　　　　　　　　　　　图 2-226

选择"排列 > 修整 > 简化"命令，或单击属性栏中的"简化"按钮，也可以完成图形的简化。

2.3.5　移除后面对象

移除后面对象是减去后面图形，并减去前后图形的重叠部分，保留前面图形的剩余部分。

使用"选择"工具选中两个相交的图形对象，如图 2-227 所示。在"造形"泊坞窗中选择"移除后面对象"选项，如图 2-228 所示。单击"应用"按钮，移除后面对象效果如图 2-229 所示。

图 2-227　　　　　　　　　图 2-228　　　　　　　　　图 2-229

选择"排列 > 造形 >移除后面对象"命令，或单击属性栏中的"移除后面对象"按钮，也可以完成图形前减后裁切的效果。

2.3.6　移除前面对象

移除前面对象是减去前面图形，并减去前后图形的重叠部分，保留后面图形的剩余部分。

使用"选择"工具选中两个相交的图形对象，如图 2-230 所示。在"造形"泊坞窗中选择"移除前面对象"选项，如图 2-231 所示。单击"应用"按钮，移除前面对象效果如图 2-232 所示。

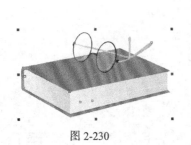

图 2-230

图 2-231

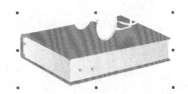

图 2-232

选择"排列 > 造形 >移除前面对象"命令，或单击属性栏中的"移除前面对象"按钮，
也可以完成图形后减前的效果。

课堂练习——绘制汉堡王海报

【练习知识要点】使用椭圆形工具、多边形工具和对齐与分布命令绘制
汉堡；使用椭圆形工具绘制装饰图形；使用文本工具制作标题文字。汉堡
王海报效果如图 2-233 所示。

【效果所在位置】光盘/Ch02/效果/绘制汉堡王海报.cdr。

图 2-233

课后习题——制作酒店指示牌

【习题知识要点】使用矩形和椭圆形工具绘制指示牌图形；使用矩形
工具、垂直镜像命令和合并命令绘制箭头符号；使用矩形工具、基本形状
工具和合并命令绘制标示图形；使用文字工具输入说明文字。酒店标识牌
效果如图 2-234 所示。

【效果所在位置】光盘/Ch02/效果/绘制酒店指示牌.cdr。

图 2-234

第3章

曲线的绘制和颜色填充

　　曲线的绘制和颜色填充是设计制作过程中必不可少的技能之一。本章主要讲解 CorelDRAW X5 中曲线的绘制和编辑方法、图形填充的多种方式和应用技巧。通过这些内容的学习，可以绘制出优美的曲线图形并填充丰富多彩的颜色和底纹，使设计作品更加富于变化、生动精彩。

课堂学习目标

- 掌握曲线的绘制方法和技巧
- 掌握曲线的编辑方法和技巧
- 掌握轮廓线的编辑方法
- 掌握标准填充的方法
- 掌握渐变填充的方法
- 掌握图样填充和底纹填充的方法
- 掌握"网状填充"工具的填充方法

3.1 曲线的绘制

在 CorelDRAW X5 中，绘制出的作品都是由几何对象构成的，而几何对象的构成元素是直线和曲线。通过学习绘制直线和曲线，可以进一步掌握 CorelDRAW X5 强大的绘图功能。

3.1.1 认识曲线

在 CorelDRAW X5 中，曲线是矢量图形的组成部分。可以使用绘图工具绘制曲线，也可以将任何矩形、多边形、椭圆形以及文本对象转换成曲线。下面先对曲线的节点、线段、控制线、控制点等概念进行讲解。

节点：构成曲线的基本要素，可以通过定位、调整节点、调整节点上的控制点来绘制和改变曲线的形状。通过在曲线上增加和删除节点可以使曲线的绘制更加简便。通过转换节点的性质，可以将直线和曲线的节点相互转换，使直线段转换为曲线段或曲线段转换为直线段。

线段：指两个节点之间的部分。线段包括直线段和曲线段，直线段在转换成曲线段后，可以进行曲线特性的操作，如图 3-1 所示。

控制线：在绘制曲线的过程中，节点的两端会出现蓝色的虚线。选择"形状"工具，在已经绘制好的曲线的节点上单击，节点的两端会出现控制线。

 提示

直线的节点没有控制线。直线段转换为曲线段后，节点上会出现控制线。

控制点：在绘制曲线的过程中，节点的两端会出现控制线，在控制线的两端是控制点。通过拖曳或移动控制点可以调整曲线的弯曲程度，如图 3-2 所示。

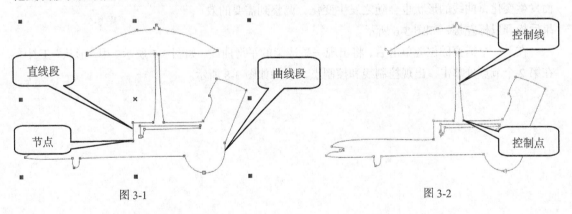

图 3-1   图 3-2

3.1.2 贝塞尔工具的使用

"贝塞尔"工具可以绘制平滑精确的曲线。可以通过确定节点和改变控制点的位置来控制曲线的弯曲度。可以使用节点和控制点对绘制完的直线和曲线进行精确的调整。

1．绘制直线和折线

选择"贝塞尔"工具，在绘图页面中单击鼠标左键以确定直线的起点，拖曳鼠标光标到需要的位置，再单击以确定直线的终点，绘制出一段直线。只要再继续确定下一个节点，就可以绘制出折线的效果，如果想绘制出多个折角的折线，只要继续确定节点即可，如图 3-3 所示。

如果双击折线上的节点，将删除这个节点，折线的另外两个节点将连接起来，效果如图 3-4 所示。

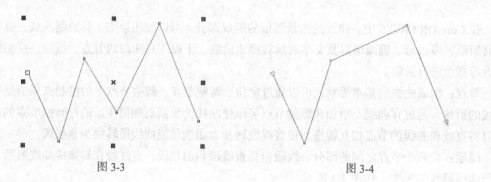

图 3-3　　　　　　　　　　　　　　　　　　图 3-4

2．绘制曲线

选择"贝塞尔"工具，在绘图页面中按住鼠标左键并拖曳鼠标以确定曲线的起点，松开鼠标左键，这时该节点的两边出现控制线和控制点，如图 3-5 所示。

将鼠标的光标移动到需要的位置单击并按住鼠标左键不动，在两个节点间出现一条曲线段，拖曳鼠标，第 2 个节点的两边出现控制线和控制点，控制线和控制点会随着鼠标的移动而发生变化，曲线的形状也会随之发生变化，调整到需要的效果后松开鼠标左键，如图 3-6 所示。

图 3-5

在下一个需要的位置单击后，将出现一条连续的平滑曲线，如图 3-7 所示。用"形状"工具在第 2 个节点处单击，出现控制线和控制点，效果如图 3-8 所示。

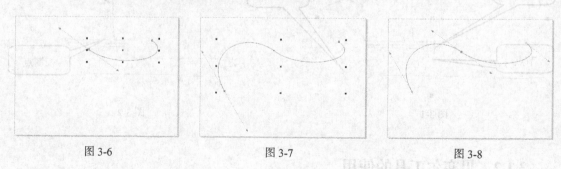

图 3-6　　　　　　　　　　图 3-7　　　　　　　　　　图 3-8

> **技巧**　当确定一个节点后，在这个节点上双击，再单击确定下一个节点后将出现直线。当确定一个节点后，在这个节点上双击，再单击确定下一个节点并拖曳这个节点后将出现曲线。

3.1.3　艺术笔工具的使用

在 CorelDRAW X5 中，使用"艺术笔"工具可以绘制出多种精美的线条和图形，可以模仿画笔的真实效果，在画面中产生丰富的变化。通过使用"艺术笔"工具可以绘制出不同风格的设计作品。

选择"艺术笔"工具，属性栏如图 3-9 所示，其中包含了 5 种模式，分别是"预设"模式、"笔刷"模式、"喷涂"模式、"书法"模式和"压力"模式。下面具体介绍这 5 种模式。

图 3-9

1．预设模式

该模式提供了多种线条类型，并且可以改变曲线的宽度。单击属性栏的"预设笔触"右侧的按钮，弹出其下拉列表，如图 3-10 所示。在线条列表框中单击选择需要的线条类型。

单击属性栏中的"手绘平滑"设置区，弹出滑动条，拖曳滑动条或输入数值可以调节绘图时线条的平滑程度。在"笔触宽度"中输入数值可以设置曲线的宽度。选择"预设"模式和线条类型后，鼠标的光标变为图标，在绘图页面中按住鼠标左键并拖曳鼠标，可以绘制出封闭的线条图形。

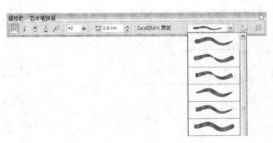

图 3-10

2．笔刷模式

该模式提供了多种颜色样式的笔刷，将笔刷运用在绘制的曲线上，可以绘制出漂亮的效果。

在属性栏中单击"笔刷"模式按钮，在"类别"选项中选择需要的笔刷类别，单击属性栏的"笔刷笔触"右侧的按钮，弹出其下拉列表，如图 3-11 所示。在列表框中单击选择需要的笔刷类型，在页面中按住鼠标左键并拖曳鼠标，绘制出需要的图形。

图 3-11

3．喷罐模式

该模式提供了多种有趣的图形对象，图形对象可以应用在绘制的曲线上。可以在属性栏的"喷射图样"下拉列表中选择喷雾的形状来绘制需要的图形。

在属性栏中单击"喷涂"模式按钮，属性栏如图 3-12 所示。在"类别"选项中选择需要的喷涂类别，单击属性栏中"喷射图样"右侧的按钮，弹出其下拉列表，如图 3-13 所示。在列表框中单击选择需要的喷涂类型。单击属性栏中"喷涂顺序" 随机 右侧的按钮，弹出下拉列表，可以选择喷出图形的顺序。选择"随机"选项，喷出的图形将会随机分布。选择"顺序"选项，喷出的图形将会以方形区域分布。选择"按方向"选项，喷出的图形将会随鼠标拖曳的路径分布。在页面中按住鼠标左键并拖曳鼠标，绘制出需要的图形。

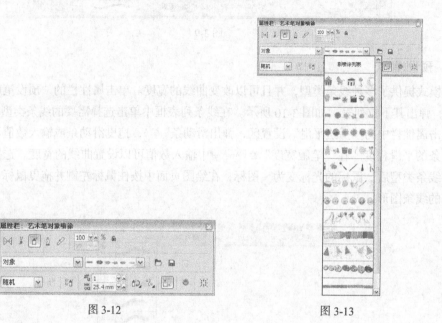

图 3-12

图 3-13

4．书法模式

该模式可以绘制出类似书法笔的效果，可以改变曲线的粗细。

在属性栏中单击"书法"模式按钮，属性栏如图 3-14 所示。在属性栏的"书法的角度" 中，可以设置"笔触"和"笔尖"的角度。如果角度值设为 0°，书法笔垂直方向画出的线条最粗，笔尖是水平的。如果角度值设置为 90°，书法笔水平方向画出的线条最粗，笔尖是垂直的。在绘图页面中按住鼠标左键并拖曳鼠标，绘制出需要的图形。

图 3-14

5．压力模式

该模式可以用压力感应笔或键盘输入的方式改变线条的粗细，应用好这个功能可以绘制出特殊的图形效果。

在属性栏的"预置笔触列表"模式中选择需要的笔刷，单击"压力"模式按钮，属性栏如

图 3-15 所示。在"压力"模式中设置好压力感应笔的平滑度和笔刷的宽度，在绘图页面中按住鼠标左键并拖曳鼠标，绘制出需要的图形。

图 3-15

3.1.4 钢笔工具的使用

钢笔工具可以绘制出多种精美的曲线和图形，还可以对已绘制的曲线和图形进行编辑和修改。在 CorelDRAW X5 中绘制的各种复杂图形都可以通过钢笔工具来完成。

1．绘制直线和折线

选择"钢笔"工具，单击以确定直线的起点，拖曳鼠标光标到需要的位置，再单击以确定直线的终点，绘制出一段直线，效果如图 3-16 所示。再继续单击确定下一个节点，就可以绘制出折线的效果。如果想绘制出多个折角的折线，只要继续单击以确定节点就可以了，折线的效果如图 3-17 所示。要结束绘制，按 Esc 键或单击"钢笔"工具即可。

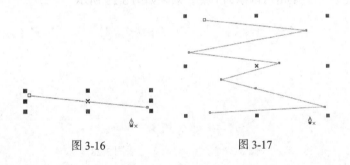

图 3-16   图 3-17

2．绘制曲线

选择"钢笔"工具，在绘图页面中单击以确定曲线的起点，松开鼠标左键，将鼠标的光标移动到需要的位置再单击并按住左键不动，在两个节点间出现一条直线段，如图 3-18 所示。拖曳鼠标，第 2 个节点的两边出现控制线和控制点，控制线和控制点会随着鼠标的移动而发生变化，直线段变为曲线的形状，如图 3-19 所示。调整到需要的效果后松开鼠标左键，曲线的效果如图 3-20 所示。

图 3-18   图 3-19   图 3-20

使用相同的方法可以对曲线继续绘制，效果如图 3-21、图 3-22 所示。绘制完成的曲线效果如

图 3-23 所示。

　　如果想在曲线后绘制出直线，按住 C 键，在要继续绘制出直线的节点上按住鼠标左键并拖曳鼠标，这时出现节点的控制点。松开 C 键，将控制点拖曳到下一个节点的位置，如图 3-24 所示。松开鼠标左键，再单击鼠标，可以绘制出一段直线，效果如图 3-25 所示。

图 3-21　　　　　　图 3-22　　　　　　图 3-23　　　　　　图 3-24　　　　　　图 3-25

3．编辑曲线

　　在"钢笔"工具属性栏中选择"自动添加或删除节点"按钮，曲线绘制的过程变为自动添加/删除节点模式。

　　将"钢笔"工具的光标移动到节点上，光标变为删除节点图标，效果如图 3-26 所示。单击可以删除节点，效果如图 3-27 所示。将"钢笔"工具的光标移动到曲线上，光标变为添加节点图标，如图 3-28 所示。单击可以添加节点，效果如图 3-29 所示。

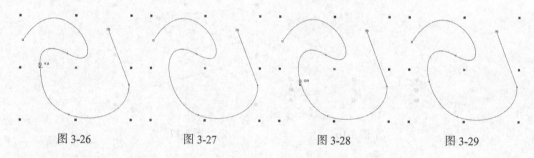

图 3-26　　　　　　图 3-27　　　　　　图 3-28　　　　　　图 3-29

　　将"钢笔"工具的光标移动到曲线的起始点，光标变为闭合曲线图标，如图 3-30 所示。单击可以闭合曲线，效果如图 3-31 所示。

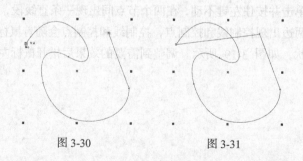

图 3-30　　　　　　图 3-31

技巧　在绘制曲线的过程中，按住 Alt 键，可编辑曲线段，进行节点的转换、移动、调整等操作，松开 Alt 键可继续进行绘制。

3.1.5 课堂案例——制作可爱棒冰

【案例学习目标】学习使用贝塞尔工具绘制棒冰笑脸。

【案例知识要点】使用贝塞尔工具绘制眼睛和嘴巴；使用椭圆形工具绘制棒冰的脸；使用填充工具为图形填充颜色。可爱棒冰效果如图 3-32 所示。

【效果所在位置】光盘/Ch03/效果/制作可爱棒冰.cdr。

（1）按 Ctrl+N 组合键，新建一个页面，在属性栏"页面度量"选项中分别设置宽度为 200mm、高度为 200mm，按 Enter 键，页面尺寸显示为设置的大小。

图 3-32

（2）选择"文件 > 导入"命令，弹出"导入"对话框。选择光盘中的"Ch03 > 素材 > 绘制可爱棒冰 > 01"文件，单击"导入"按钮。在页面中单击导入的图形，按 P 键，图片在页面中居中对齐，效果如图 3-33 所示。

（3）选择"贝塞尔"工具 ，在页面中适当的位置绘制一个图形，效果如图 3-34 所示。设置填充色的 CMYK 值为 67、80、100、60，填充图形，并去除图形的轮廓线，效果如图 3-35 所示。用相同的方法再绘制一只眼睛，并填充相同的颜色，效果如图 3-36 所示。

图 3-33   图 3-34   图 3-35   图 3-36

（4）选择"贝塞尔"工具 ，在适当的位置绘制一个图形，效果如图 3-37 所示。设置填充色的 CMYK 值为 67、80、100、60，填充图形，并去除图形的轮廓线，效果如图 3-38 所示。

图 3-37   图 3-38

（5）选择"贝塞尔"工具 ，在适当的位置绘制一个图形，效果如图 3-39 所示。设置填充色的 CMYK 值为 14、87、30、0，填充图形，并去除图形的轮廓线，效果如图 3-40 所示。

（6）选择"贝塞尔"工具，在适当的位置绘制一个图形，效果如图 3-41 所示。设置填充色的 CMYK 值为 0、51、0、0，填充图形，并去除图形的轮廓线，效果如图 3-42 所示。

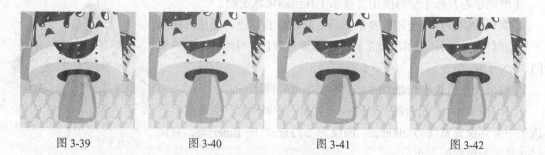

图 3-39   图 3-40   图 3-41   图 3-42

（7）选择"椭圆形"工具，按住 Ctrl 键的同时，拖曳鼠标绘制一个图形，效果如图 3-43 所示。设置填充色的 CMYK 值为 20、70、68、0，填充图形，并去除图形的轮廓线，效果如图 3-44 所示。用相同的方法再绘制一个圆形，并填充相同的颜色，效果如图 3-45 所示。可爱棒冰制作完成，效果如图 3-46 所示。

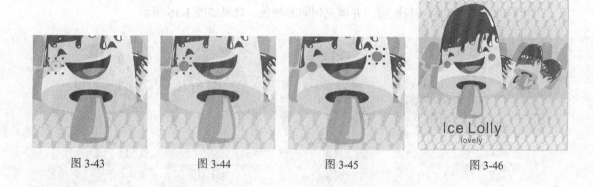

图 3-43   图 3-44   图 3-45   图 3-46

3.2　编辑曲线

在 CorelDRAW X5 中，完成曲线或图形的绘制后，可能还需要进一步地调整曲线或图形来达到设计方面的要求，这时就需要使用 CorelDRAW X5 的编辑曲线功能来进行更完善的编辑。

3.2.1　编辑曲线的节点

节点是构成图形对象的基本要素，用"形状"工具选择曲线或图形对象后，会显示曲线或图形的全部节点。通过移动节点和节点的控制点、控制线可以编辑曲线或图形的形状，还可以通过增加和删除节点来更好地编辑曲线或图形。

绘制一条曲线，如图 3-47 所示。使用"形状"工具，单击选中曲线上的节点，如图 3-48 所示。弹出的属性栏如图 3-49 所示。

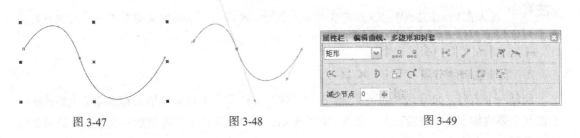

图 3-47   图 3-48   图 3-49

1．节点类型

在属性栏中有 3 种节点类型：尖突节点、平滑节点和对称节点。节点类型的不同决定了节点控制点的属性也不同，单击属性栏中的按钮可以转换 3 种节点的类型。

尖突节点：尖突节点的控制点是独立的，当移动一个控制点时，另外一个控制点并不移动，从而使得通过尖突节点的曲线能够尖突弯曲。

平滑节点：平滑节点的控制点之间是相关的，当移动一个控制点时，另外一个控制点也会随之移动，通过平滑节点连接的线段将产生平滑的过渡。

对称节点：对称节点的控制点不仅是相关的，而且控制点和控制线的长度是相等的，从而使得对称节点两边曲线的曲率也是相等的。

2．选取并移动节点

绘制一个图形，如图 3-50 所示。选择"形状"工具，单击选取节点，如图 3-51 所示。按住鼠标左键拖曳鼠标，节点被移动，如图 3-52 所示。松开鼠标，图形调整的效果如图 3-53 所示。

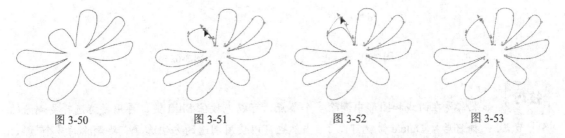

图 3-50   图 3-51   图 3-52   图 3-53

使用"形状"工具选中并拖曳节点上的控制点，如图 3-54 所示。松开鼠标，图形调整的效果如图 3-55 所示。

使用"形状"工具圈选图形上的部分节点，如图 3-56 所示。松开鼠标，图形被选中的部分节点如图 3-57 所示。拖曳任意一个被选中的节点，其他被选中的节点也会随着移动。

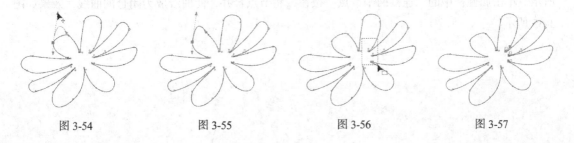

图 3-54   图 3-55   图 3-56   图 3-57

注意 因为在 CorelDRAW X5 中有 3 种节点类型，所以当移动不同类型节点上的控制点时，图形的形状也会有不同形式的变化。

3. 增加或删除节点

绘制一个图形，如图 3-58 所示。使用"形状"工具 ，选择需要增加和删除节点的曲线，在曲线上要增加节点的位置双击，如图 3-59 所示，则可以在这个位置增加一个节点，效果如图 3-60 所示。

单击属性栏中的"添加节点"按钮 ，也可以在曲线上增加节点。

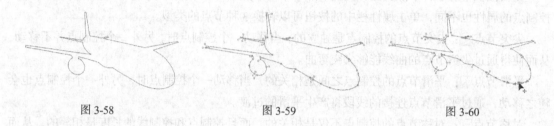

图 3-58　　　　　　　　　　图 3-59　　　　　　　　　　图 3-60

将鼠标的光标放在要删除的节点上双击，如图 3-61 所示，可以删除这个节点，效果如图 3-62 所示。选中要删除的节点，单击属性栏中的"删除节点"按钮 ，也可以在曲线上删除选中的节点。

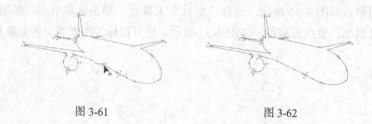

图 3-61　　　　　　　　　　图 3-62

技巧 如果需要在曲线和图形中删除多个节点，可以先按住 Shift 键，再用鼠标选择要删除的多个节点，选择好后按 Delete 键就可以了。当然也可以使用圈选的方法选择需要删除的多个节点，选择好后按 Delete 键即可。

4. 合并和连接节点

使用"形状"工具 圈选两个需要合并的节点，如图 3-63 所示。两个节点被选中，如图 3-64 所示。单击属性栏中的"连接两个节点"按钮 将节点合并，使曲线成为闭合的曲线，效果如图 3-65 所示。

图 3-63　　　　　　　　图 3-64　　　　　　　　图 3-65

使用"形状"工具圈选两个需要连接的节点，单击属性栏中的"自动闭和曲线"按钮，可以将两个节点以直线连接，使曲线成为闭合的曲线。

5．断开曲线的节点

在曲线中要断开的节点上单击，选中该节点，如图 3-66 所示。单击属性栏中的"断开曲线"按钮，断开节点。选择"选择"工具，曲线效果如图 3-67 所示。

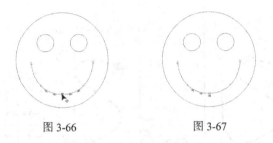

图 3-66　　　　　　　　图 3-67

技巧　在绘制图形的过程中有时需要将开放的路径闭合，选择"排列 > 闭合路径"下的各个菜单命令，可以以直线或曲线方式闭合路径。

3.2.2　编辑曲线的端点和轮廓

通过属性栏可以设置一条曲线的端点和轮廓的样式，这项功能可以帮助用户制作出非常实用的效果。

绘制一条曲线，再用"选择"工具选择曲线，如图 3-68 所示。这时的属性栏如图 3-69 所示。在属性栏中单击"轮廓宽度" 0.2 mm 右侧的按钮，弹出轮廓宽度的下拉列表，如图 3-70 所示。在其中进行选择，将曲线变宽，效果如图 3-71 所示。也可以在"轮廓宽度"中输入数值后，按 Enter 键，设置曲线宽度。

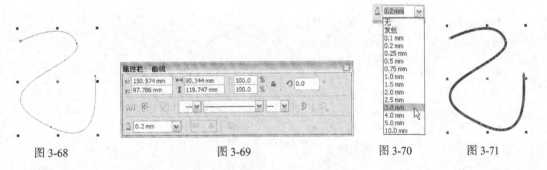

图 3-68　　　　　　图 3-69　　　　　　图 3-70　　　图 3-71

在属性栏中有 3 个可供选择的下拉列表按钮，按从左到右的顺序分别是"起始箭头"、"线条样式"和"终止箭头"。单击"起始箭头"右侧的按钮，弹出"起始箭头"下拉列表框，如图 3-72 所示。单击需要的箭头样式，在曲线的起始点会出现选择的箭头，效果如图 3-73 所示。单击"线条样式"右侧的按钮，弹出"线条样式"下拉列表框，如图 3-74 所示。单击需要的轮廓样式，曲线的样式被改变，效果如图 3-75 所示。单击"终止箭头"右侧的按钮，弹出"终止箭头"下拉列表框，如图 3-76 所示。单击需要的箭头样式，在曲线的终止点会出现选择的箭头，效果如图 3-77 所示。

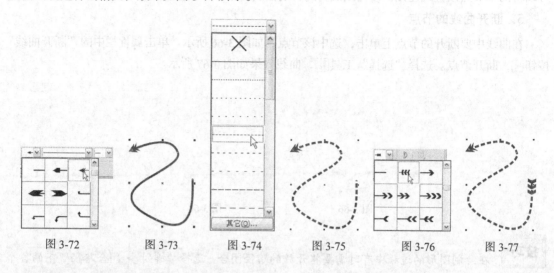

图 3-72   图 3-73   图 3-74   图 3-75   图 3-76   图 3-77

3.2.3   编辑和修改几何图形

使用矩形、椭圆和多边形工具绘制的图形都是简单的几何图形。这类图形有其特殊的属性，图形上的节点比较少，只能对其进行简单的编辑。如果想对其进行更复杂的编辑，就需要将简单的几何图形转换为曲线。

1. 使用"转换为曲线"按钮

使用"椭圆形"工具，绘制一个椭圆形，效果如图 3-78 所示。在属性栏中单击"转换成曲线"按钮，将椭圆图形转换成曲线图形，曲线图形上增加了多个节点，如图 3-79 所示。使用"形状"工具，拖曳椭圆形上的节点，如图 3-80 所示。松开鼠标，调整的图形效果如图 3-81 所示。

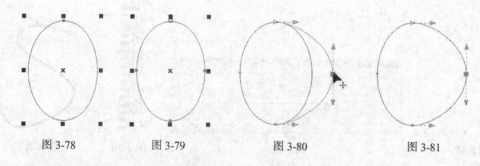

图 3-78   图 3-79   图 3-80   图 3-81

2. 使用"转换直线为曲线"按钮

使用"多边形"工具，绘制一个多边形，如图 3-82 所示。选择"形状"工具，单击需要选中的节点，如图 3-83 所示。单击属性栏中的"转换直线为曲线"按钮，将直线转换为曲线，曲线上出现节点，图形的对称性被保持，如图 3-84 所示。使用"形状"工具，拖曳节点调整图形，如图 3-85 所示。松开鼠标左键，图形效果如图 3-86 所示。

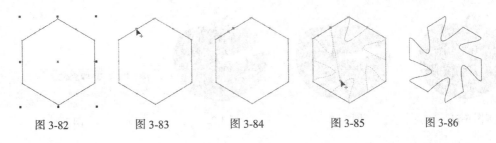

图 3-82   图 3-83   图 3-84   图 3-85   图 3-86

3．裁切图形

使用"刻刀"工具可以对单一的图形对象进行裁切，使一个图形被裁切成两个部分。

选择"刻刀"工具 ，鼠标的光标变为刻刀形状。将光标放到图形上准备裁切的起点位置，光标变为竖直形状后单击，如图 3-87 所示。移动鼠标会出现一条裁切线，将鼠标的光标放在裁切的终点位置后单击，如图 3-88 所示。图形裁切完成的效果如图 3-89 所示。使用"选择"工具 ，拖曳裁切后的图形，裁切的图形分成了两部分，如图 3-90 所示。

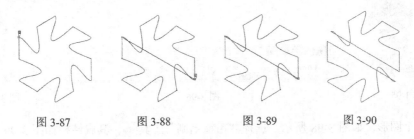

图 3-87   图 3-88   图 3-89   图 3-90

保留为一个对象 ：单击此按钮，在图形被裁切后，裁切的两部分还属于一个图形对象。若不单击此按钮，在裁切后可以得到两个相互独立的图形。按 Ctrl+K 组合键，拆分切割后的曲线。

剪切时自动闭合 ：单击此按钮，在图形被裁切后，裁切的两部分将自动生成闭合的曲线图形，并保留其填充的属性。若不单击此按钮，在图形被裁切后，裁切的两部分将不会自动闭合，同时图形会失去填充属性。

技巧　按住 Shift 键，使用的"刻刀"工具 将以贝塞尔曲线的方式裁切图形。已经经过渐变、群组及特殊效果处理的图形和位图都不能使用刻刀工具来裁切。

4．擦除图形

使用"橡皮擦"工具可以擦除图形的部分或全部，并可以将擦除后图形的剩余部分自动闭合。橡皮擦工具只能对单一的图形对象进行擦除。

绘制一个多边形，效果如图 3-91 所示。选择"橡皮擦"工具 ，鼠标的光标变为擦除工具图标，单击并按住鼠标左键，拖曳鼠标可以擦除图形，如图 3-92 所示。擦除后的图形效果如图 3-93 所示。

"橡皮擦"工具属性栏如图 3-94 所示。"橡皮擦厚度" 可以设置擦除的宽度。单击"减少节点"按钮 ，可以在擦除时自动平滑边缘。单击"橡皮擦形状"按钮 ，可以转换橡皮擦的形状。

图 3-91

图 3-92

图 3-93

图 3-94

5．修饰图形

使用"涂抹笔刷"工具 和"粗糙笔刷"工具 可以修饰已绘制的矢量图形。

绘制一个图形，如图 3-95 所示。选择"涂抹笔刷"工具，其属性栏如图 3-96 所示。在图上拖曳，制作出需要的涂抹效果，如图 3-97 所示。

图 3-95   图 3-96   图 3-97

绘制一个图形，如图 3-98 所示。选择"粗糙笔刷"工具，其属性栏如图 3-99 所示。在图形边缘拖曳，制作出需要的粗糙效果，如图 3-100 所示。

图 3-98   图 3-99   图 3-100

> **提示**　"涂抹笔刷"工具 和"粗糙笔刷"工具 可以应用的矢量对象有开放/闭合的路径、纯色和交互式渐变填充、透明度和阴影效果的对象。不可以应用的矢量对象有调和、立体化的对象和位图。

3.3　编辑轮廓线

轮廓线是指一个图形对象的边缘或路径。在系统默认的状态下，CorelDRAW X5 中绘制出的图形基本上已画出了细细的黑色轮廓线。通过调整轮廓线的宽度，可以绘制出不同宽度的轮廓线，如图 3-115 所示。还可以将轮廓线设置为无轮廓。

3.3.1　使用轮廓工具

单击"轮廓笔"工具，弹出"轮廓"工具的展开工具栏，如图 3-101 所示。

展开工具栏中的"轮廓笔"工具可以编辑图形对象的轮廓线。"轮廓色"工具可以编辑图形对象的轮廓线颜色。下面 11 个按钮用于设置图形对象的轮廓宽度，分别是无轮廓、细线轮廓、0.1mm、0.2mm、0.25mm、0.5mm、0.75mm、1mm、1.5mm、2mm、2.5mm；"彩色"工具可以对图形的轮廓线颜色进行编辑，如图 3-102 所示。

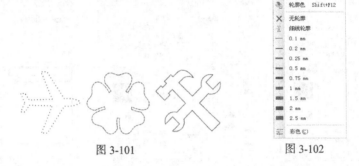

图 3-101　　　　　　　　　　　　　　　　图 3-102

3.3.2　设置轮廓线的颜色

绘制一个图形对象，并使图形对象处于选取状态，单击"轮廓笔"工具，弹出"轮廓笔"对话框，如图 3-103 所示。在"轮廓笔"对话框中，"颜色"选项可以设置轮廓线的颜色。在 CorelDRAW X5 的默认状态下，轮廓线被设置为黑色。

在颜色列表框的黑色三角按钮上单击，打开颜色下拉列表，如图 3-104 所示。在颜色下拉列表中可以选择需要的颜色，也可以单击"其他"按钮，打开"选择颜色"对话框，如图 3-105 所示。在对话框中可以调配自己需要的颜色，单击"确定"按钮即可填充轮廓。

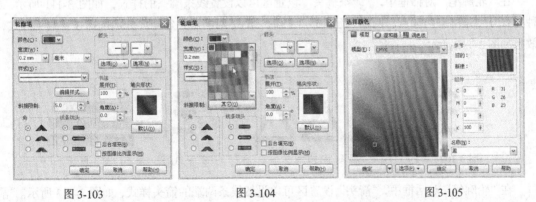

图 3-103　　　　　　　　　　图 3-104　　　　　　　　　　图 3-105

技巧　　图形对象在选取状态下，直接在调色板中需要的颜色上单击鼠标右键，可以快速填充轮廓线颜色。

3.3.3　设置轮廓线的粗细及样式

在"轮廓笔"对话框中，"宽度"选项可以设置轮廓线的宽度值和宽度的度量单位。在左边黑色三角按钮上单击，弹出下拉列表，可以选择宽度数值，如图 3-106 所示，也可以在数值框中直接输入宽度数值。在右边黑色三角按钮上单击，弹出下拉列表，可以选择宽度的度量单位，如图 3-107 所示。单击"样式"选项右侧的黑色三角按钮，弹出下拉列表，可以选择轮廓线的样式，如图 3-108 所示。

　　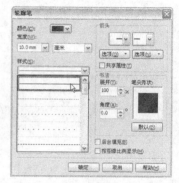

图 3-106　　　　　　　　　　　图 3-107　　　　　　　　　　　图 3-108

3.3.4　设置轮廓线角的样式及端头样式

在"轮廓笔"对话框中，"角"设置区可以设置轮廓线角的样式，如图 3-109 所示。"角"设置区提供了 3 种拐角的方式，它们分别是尖角、圆角和平角。

将轮廓线的宽度增加，因为较细的轮廓线在设置拐角后效果不明显。3 种拐角的效果如图 3-110 所示。

在"轮廓笔"对话框中，"线条端头"设置区可以设置线条端头的样式，如图 3-111 所示。3 种样式分别是削平两端点、两端点延伸成半圆形、削平两端点并延伸。分别选择 3 种端头样式，效果如图 3-112 所示。

图 3-109　　　　　　　图 3-110　　　　　　　图 3-111　　　　　　　图 3-112

在"轮廓笔"对话框中，"箭头"设置区可以设置线条两端的箭头样式，如图 3-113 所示。"箭头"设置区中提供了两个样式框。左侧的样式框⬚用来设置箭头样式，单击样式框上的黑色三角按钮，弹出"箭头样式"列表，如图 3-114 所示。右侧的样式框⬚用来设置箭尾样式，单击样式框上的黑色三角按钮，弹出"箭尾样式"列表，如图 3-115 所示。

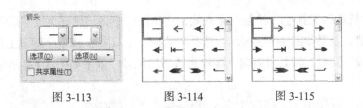

图 3-113　　　　　　图 3-114　　　　　　图 3-115

"后台填充"选项：会将图形对象的轮廓置于图形对象的填充之后。图形对象的填充会遮挡图形对象的轮廓颜色，只能观察到轮廓的一段宽度的颜色。

"按图像比例显示"选项：在缩放图形对象时，图形对象的轮廓线会根据图形对象的大小而改变，使图形对象的整体效果保持不变。如果不选择此选项，在缩放图形对象时，图形对象的轮廓线不会根据图形对象的大小而改变，轮廓线和填充不能保持原图形对象的效果，图形对象的整体效果就会被破坏。

3.3.5　课堂案例——制作卡通尺子

【案例学习目标】学习使用折线工具绘制尺子。

【案例知识要点】使用矩形工具绘制背景图形；使用折线工具和交互式调和工具制作尺子的刻度；使用刻刀工具切割图形。卡通尺子效果如图 3-116 所示。

【效果所在位置】光盘/Ch03/效果/制作卡通尺子.cdr。

（1）按 Ctrl+N 组合键，新建一个页面。在属性栏的"页面度量"选项中分别设置宽度为 75mm、高度为 280mm，按 Enter 键，页面尺寸显示为设置的大小，如图 3-117 所示。

（2）双击"矩形"工具▢，绘制一个与页面大小相等的矩形，如图 3-118 所示。设置图形填充颜色的 CMYK 值为 20、0、40、20，填充图形，并去除图形的轮廓线，效果如图 3-119 所示。

图 3-116

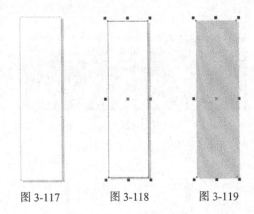

图 3-117　　　　图 3-118　　　　图 3-119

（3）选择"矩形"工具▢，在适当的位置绘制一个矩形，如图 3-120 所示。在"CMYK 调色板"中的"白"色块上单击鼠标，填充图形，并去除图形的轮廓线，效果如图 3-121 所示。

（4）选择"文件 > 导入"命令，弹出"导入"对话框。选择光盘中的"Ch03 > 素材 > 制作卡通尺子 > 01"文件，单击"导入"按钮。在页面中单击导入的图片，将其拖曳到适当的位置并调整其大小，效果如图 3-122 所示。

（5）选择"折线"工具，绘制一条直线，在属性栏中将"轮廓宽度" [0.2 mm] 选项设为 0.25，按 Enter 键，效果如图 3-123 所示。选择"选择"工具，按数字键盘上的+键复制一条直线，按住 Shift 键的同时，将其垂直向下拖曳到适当的位置，效果如图 3-124 所示。

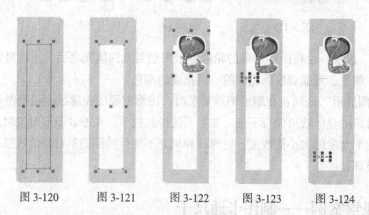

图 3-120　　　　图 3-121　　　　图 3-122　　　　图 3-123　　　　图 3-124

（6）选择"选择"工具，选取上方的直线。选择"调和"工具，将光标从上方直线拖曳到下方直线上，如图 3-125 所示，在属性栏中进行设置，如图 3-126 所示。按 Enter 键，效果如图 3-127 所示。

（7）选择"折线"工具，绘制一条直线，如图 3-128 所示。选择"选择"工具，按数字键盘上的+键复制一条直线，将其垂直向下拖曳到适当的位置，如图 3-129 所示。

（8）选择"选择"工具，选取需要的直线，如图 3-130 所示。选择"调和"工具，将光标从上方直线拖曳到下方直线上，在属性栏中进行设置，如图 3-131 所示。按 Enter 键，效果如图 3-132 所示。

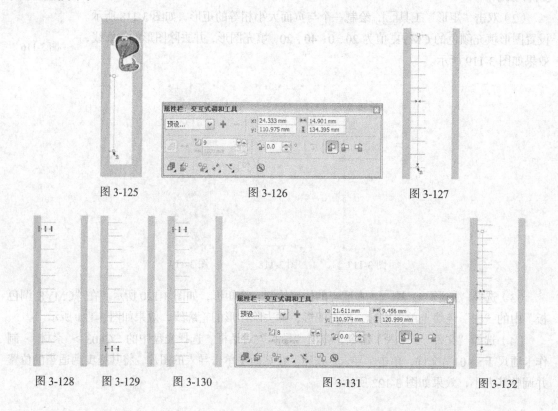

图 3-125　　　　　　　　　图 3-126　　　　　　　　　图 3-127

图 3-128　　图 3-129　　图 3-130　　　　　图 3-131　　　　　图 3-132

（9）选择"选择"工具，选取需要的调和图形，如图 3-133 所示。按数字键盘上的+键复制一个调和图形，将其宽度调整到原先大小的一半，并将图形向左移动到适当的位置，如图 3-134 所示。

（10）选择"调和"工具，在属性栏中将"调和对象"选项设为 99，按 Enter 键，取消图形的选取状态，效果如图 3-135 所示。选择"折线"工具，在适当的位置绘制一条直线，如图 3-136 所示。

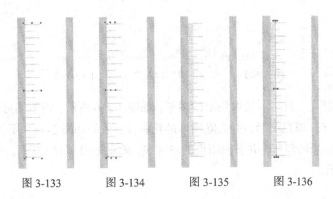

图 3-133　　　图 3-134　　　图 3-135　　　图 3-136

（11）选择"文本"工具，在页面中分别单击插入光标，输入需要的文字。选择"选择"工具，在属性栏中选择适当的字体并设置文字大小，效果如图 3-137 所示。同时选取上方和下方的文字，如图 3-138 所示。设置文字颜色的 CMYK 值为 65、96、53、16，填充文字，效果如图 3-139 所示。选取中间的文字，设置文字颜色的 CMYK 值为 20、68、95、0，填充文字，效果如图 3-140 所示。在属性栏中将"旋转角度" 0.0 选项设为 34.5，按 Enter 键，效果如图 3-141 所示。

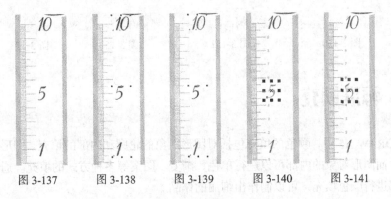

图 3-137　　　图 3-138　　　图 3-139　　　图 3-140　　　图 3-141

（12）选择"文本"工具，在页面中分别单击插入光标，输入需要的文字。选择"选择"工具，在属性栏中选择适当的字体并设置文字大小，效果如图 3-142 所示。

（13）选择"选择"工具，选取需要的文字，如图 3-143 所示。设置文字颜色的 CMYK 值为 20、68、95、0，填充文字，效果如图 3-144 所示。

图 3-142　　　　　图 3-143　　　　　图 3-144

（14）选择"矩形"工具▢，绘制一个矩形，如图3-145所示。选择"刻刀"工具✎，将鼠标的光标移动到需要切割的位置，如图3-146所示。单击鼠标，并向右下方拖曳光标到适当的位置，如图3-147所示，再次单击鼠标，如图3-148所示。用相同的方法对矩形再次进行切割，效果如图3-149所示。

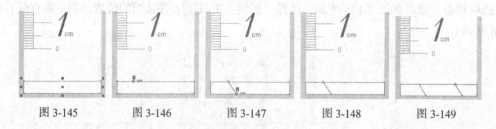

| 图3-145 | 图3-146 | 图3-147 | 图3-148 | 图3-149 |

（15）选择"选择"工具▯，选取需要的图形，如图3-150所示。设置图形填充颜色的CMYK值为39、55、100、0，填充图形，并去除图形的轮廓线，效果如图3-151所示。用相同的方法分别为其他图形填充适当的颜色，并去除图形的轮廓线，效果如图3-152所示。卡通尺子制作完成，效果如图3-153所示。

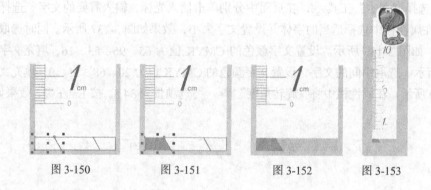

| 图3-150 | 图3-151 | 图3-152 | 图3-153 |

3.4　标准填充

在CorelDRAW X5中，颜色的填充包括对图形对象的轮廓和内部的填充。图形对象的轮廓只能填充单色，而图形对象的内部可以进行单色、渐变、图案等多种方式的填充。通过对图形对象的轮廓和内部进行颜色填充，可以制作出绚丽的作品。

3.4.1　使用调色板填充颜色

调色板是给图形对象填充颜色的最快途径。通过选取调色板中的颜色，可以把一种新颜色快速填充到图形对象中。

在CorelDRAW X5中提供了多种调色板，选择"窗口 > 调色板"命令，将弹出可供选择的多种颜色调色板。CorelDRAW X5在默认状态下使用的是CMYK调色板。

调色板一般在屏幕的右侧。使用"选择"工具▯，选中屏幕右侧的条形色板，如图3-154所示。用鼠标左键拖曳条形色板到屏幕的中间，调色板变为如图 3-155 所示。

　　绘制一个要填充的图形对象。使用"选择"工具 选中要填充的图形对象，如图 3-156 所示。在调色板中选中的颜色上单击鼠标左键，如图 3-157 所示，图形对象的内部即被选中的颜色填充，如图 3-158 所示。单击调色板中的"无填充"按钮 ，可取消对图形对象内部的颜色填充。

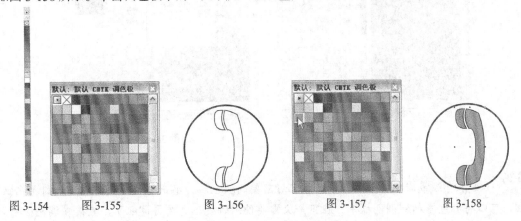

图 3-154　　　图 3-155　　　　　　图 3-156　　　　　　图 3-157　　　　　　图 3-158

　　选取需要的图形，如图 3-159 所示。在调色板中选中的颜色上单击鼠标右键，如图 3-160 所示，图形对象的轮廓线即被选中的颜色填充，填充适当的轮廓宽度，如图 3-161 所示。

图 3-159　　　　　　　图 3-160　　　　　　　图 3-161

技巧　选中调色板中的色块，按住鼠标左键不放，拖曳色块到图形对象上，松开鼠标左键，也可填充对象。

3.4.2　标准填充对话框

　　选择"填充"工具 展开工具栏中的"均匀填充"按钮 ，或按 Shift+F11 组合键，弹出"均匀填充"对话框，可以在对话框中设置需要的颜色。

　　在对话框中提供了 3 种设置颜色的方式，分别是模型、混合器和调色板，选择其中的任何一种方式都可以设置需要的颜色。

1. 模型

　　模型设置框如图 3-162 所示，在设置框中提供了完整的色谱。通过操作颜色关联控件可更改颜色，也可以通过在颜色模式的各参数值框中设置数值来设定需要的颜色。在设置框中还可以选择不同的颜色模式，模型设置框默认的是 CMYK 模式，如图 3-163 所示。

调配好需要的颜色后，单击"确定"按钮，可以将需要的颜色填充到图形对象中。

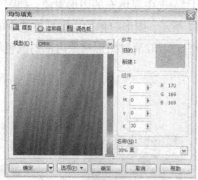
图 3-162

图 3-163

技巧 如果有经常需要使用的颜色，调配好需要的颜色后，单击对话框中的"添加到调色板"按钮，可以将颜色添加到调色板中。在下一次需要使用时就不需要再调配了，直接在调色板中调用就可以了。

2．混和器

混和器设置框如图 3-164 所示，它是通过组合其他颜色的方式来生成新颜色。通过转动色环或从"色调"选项的下拉列表中选择各种形状，可以设置需要的颜色。从"变化"选项的下拉列表中选择各种选项，可以调整颜色的明度。调整"大小"选项下的滑动块可以使选择的颜色更丰富。

可以通过在颜色模式的各参数值框中设置数值来设定需要的颜色。在设置框中还可以选择不同的颜色模式，混合器设置框默认的是 CMYK 模式，如图 3-165 所示。

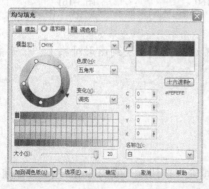
图 3-164

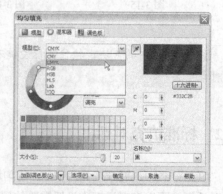
图 3-165

3．调色板

调色板设置框如图 3-166 所示，它是使用 CorelDRAW X5 中已有颜色库中的颜色来填充图形对象。在"调色板"选项的下拉列表中可以选择需要的颜色库，如图 3-167 所示。

在调色板中的颜色上单击就可以选中需要的颜色，调整"淡色"选项下的滑动块可以使选择的颜色变淡。调配好需要的颜色后，单击"确定"按钮，可以将需要的颜色填充到图形对象中。

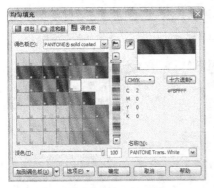

图 3-166

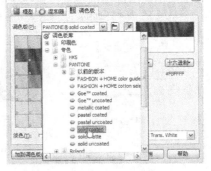

图 3-167

3.4.3　使用"颜色"泊坞窗填充

"颜色"泊坞窗是为图形对象填充颜色的辅助工具，特别适合在实际工作中应用。

选择"填充"工具，展开工具栏下的"彩色"工具，弹出"颜色"泊坞窗，如图 3-168 所示。绘制一个心形，如图 3-169 所示。在"颜色"泊坞窗中调配颜色，如图 3-170 所示。

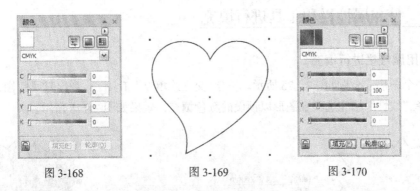

图 3-168　　　　　图 3-169　　　　　图 3-170

调配好颜色后，单击"填充"按钮，如图 3-171 所示，颜色填充到心形的内部，效果如图 3-172 所示。也可在调配好颜色后，单击"轮廓"按钮，如图 3-173 所示，填充颜色到心形的轮廓线，效果如图 3-174 所示。

图 3-171　　　　图 3-172　　　　图 3-173　　　　图 3-174

在"颜色"泊坞窗的右上角有 3 个按钮，分别是"显示颜色滑块"、"显示颜色查看器"和"显示调色板"。分别单击 3 个按钮可以选择不同的调配颜色的方式，如图 3-175 所示。

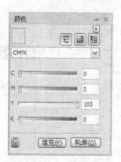  

图 3-175

3.5 渐变填充

渐变填充是一种非常实用的功能，在设计制作中经常会用到。在 CorelDRAW X5 中，渐变填充提供了线性、辐射、圆锥和正方形 4 种渐变色彩的形式，可以绘制出多种渐变颜色效果。下面介绍使用渐变填充的方法和技巧。

3.5.1 使用属性栏和工具进行填充

1. 使用属性栏进行填充

绘制一个图形，效果如图 3-176 所示。单击"交互式填充"工具，弹出其属性栏，如图 3-177 所示。选择"线性"填充选项，图形以预设的颜色填充，效果如图 3-178 所示。

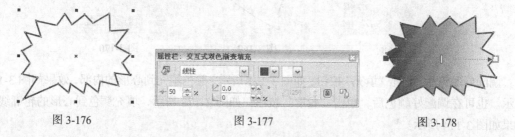

图 3-176 　　　　　　　　　　图 3-177 　　　　　　　　　　图 3-178

单击属性栏线性 右侧的黑色三角按钮，弹出其下拉选项，可以选择渐变的类型。辐射、圆锥、正方形的填充效果如图 3-179 所示。

图 3-179

属性栏中的"填充下拉式"按钮■ 用于选择渐变起点颜色，"最后一个填充挑选器"按钮用于选择渐变终点颜色，"填充中心点"  文本框用于设置渐变的中心点，"角度和边界"文本框用于设置渐变填充的角度和边缘宽度，"渐变步长" 文本框用于设置渐变的层次。

2．使用工具填充

绘制一个图形，效果如图 3-180 所示。选择"交互式填充"工具，在起点颜色的位置单击并按住鼠标左键拖曳鼠标到适当的位置，松开鼠标左键，图形被填充了预设的颜色，效果如图 3-181 所示。在拖曳的过程中可以控制渐变的角度、渐变的边缘宽度等渐变属性。

拖曳起点颜色和终点颜色可以改变渐变的角度和边缘宽度。拖曳中间点可以调整渐变颜色的分布。拖曳渐变虚线可以控制颜色渐变与图形之间的相对位置。

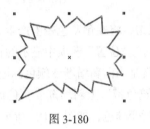

图 3-180　　　　　　　　　　图 3-181

3.5.2　使用"渐变填充"对话框填充

选择"填充"工具展开工具栏中的"渐变填充"工具，弹出"渐变填充"对话框。在对话框中的"颜色调和"设置区中可选渐变填充的两种类型："双色"或"自定义"渐变填充。

1．双色渐变填充

"双色"渐变填充的对话框如图 3-182 所示。在对话框中的"预设"选项中包含了 CorelDRAW X5 预设的一些渐变效果。如果调配好一个渐变效果，可以单击"预设"选项右侧的按钮，将调配好的渐变效果添加到预设选项中；单击"预设"选项右侧的按钮，可以删除预设选项中的渐变效果。

在"颜色调和"设置区的中部有 3 个按钮，可以用它们来确定颜色在"色轮"中所要遵循的路径。在上方的按钮表示由沿直线变化的色相和饱和度来决定中间的填充颜色。在中间的按钮表示以"色轮"中沿逆时针路径变化的色相和饱和度决定中间的填充颜色。在下面的按钮表示以"色轮"中沿顺时针路径变化的色相和饱和度决定中间的填充颜色。

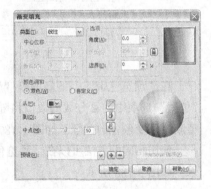

图 3-182

2．自定义渐变填充

单击选择"自定义"单选项，如图 3-183 所示。在"颜色调和"设置区中，出现了"预览色带"和"调色板"。在"预览色带"上方的左右两侧各有一个小正方形，分别表示自定义渐变填充的起点和终点颜色。单击终点的小正方形将其选中，小正方形由白色变为黑色，如图 3-184 所示。再单击调色板中的颜色，可改变自定义渐变填充终点的颜色。

图 3-183

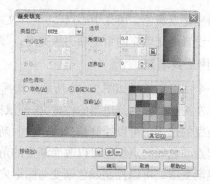
图 3-184

在"预览色带"上的起点和终点颜色之间双击，将在预览色带上产生一个黑色倒三角形 ，也就是新增了一个渐变颜色标记，如图 3-185 所示。"位置"选项中显示的百分数就是当前新增渐变颜色标记的位置。"当前"选项中显示的颜色就是当前新增渐变颜色标记的颜色。

在"调色板"中单击需要的渐变颜色，"预览色带"上新增渐变颜色标记上的颜色将改变为需要的新颜色。"当前"选项中将显示新选择的渐变颜色，如图 3-186 所示。

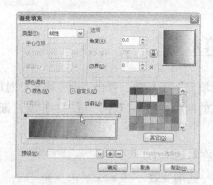
图 3-185

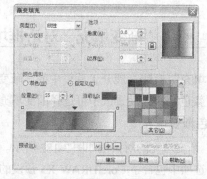
图 3-186

在"预览色带"上的新增渐变颜色标记上单击并拖曳鼠标，可以调整新增渐变颜色的位置，"位置"选项中的百分数的数值将随着改变。直接改变"位置"选项中的百分数的数值也可以调整新增渐变颜色的位置，如图 3-187 所示。

使用相同的方法可以在"预览色带"上新增多个渐变颜色，制作出更符合设计需要的渐变效果，如图 3-188 所示。

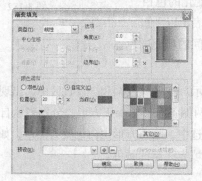
图 3-187

图 3-188

3.5.3　渐变填充的样式

绘制一个图形，效果如图 3-189 所示。在"渐变填充"对话框中的"预设"选项中包含了 CorelDRAW X5 预设的一些渐变效果，如图 3-190 所示。

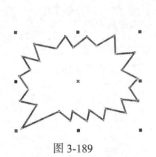

图 3-189

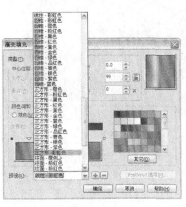

图 3-190

选择好一个预设的渐变效果，单击"确定"按钮，可以完成渐变填充。使用预设的渐变效果填充的各种渐变效果如图 3-191 所示。

图 3-191

3.5.4　课堂案例——制作化妆品

【案例学习目标】学习使用渐变填充工具制作化妆品。

【案例知识要点】使用渐变填充工具制作化妆品的立体效果；使用文本工具输入说明文字；使用椭圆形工具和透明度工具制作阴影。化妆品效果如图 3-192 所示。

【效果所在位置】光盘/Ch03/效果/绘制化妆品.cdr。

（1）按 Ctrl+N 组合键，新建一个页面。在属性栏的"页面度量"选项中分别设置宽度为 230mm、高度为 180mm，按 Enter 键，页面尺寸显示为设置的大小。

（2）选择"文件 > 导入"命令，弹出"导入"对话框。

图 3-192

选择光盘中的"Ch03 > 素材 > 制作化妆品 > 01"文件，单击"导入"按钮。在页面中单击导入的图形，按 P 键，图片在页面中居中对齐，效果如图 3-193 所示。选择"矩形"工具 ，在页面中绘制一个矩形，如图 3-194 所示，在属性栏中单击"圆角"按钮 ，其他选项的设置如图 3-195 所示，按 Enter 键，效果如图 3-196 所示。

图 3-193

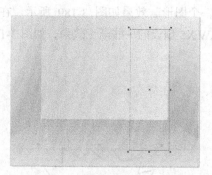

图 3-194

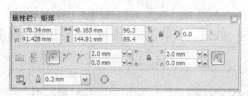

图 3-195

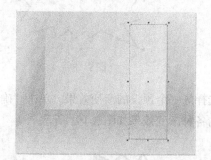

图 3-196

（3）选择"渐变填充"工具 ，弹出"渐变填充"对话框，点选"自定义"单选钮，在"位置"选项中分别添加并输入 2、4、7、32、38、41、43、46、62、64、66、68、71、97、99 几个位置点，单击下方的"其它"按钮，分别设置几个位置点颜色的 CMYK 值为 2（0、0、0、90）、4（0、0、0、70）、7（0、0、0、10）、32（0、0、0、20）、38（0、0、0、60）、41（0、0、0、80）、43（0、0、0、90）、46（0、0、0、100）、62（0、0、0、100）、64（0、0、0、90）、66（0、0、0、80）、68（0、0、0、60）、71（0、0、0、0）、97（0、0、0、50）、99（0、0、0、10），其他选项的设置如图 3-197 所示。单击"确定"按钮，填充图形，并去除图形的轮廓线，效果如图 3-198 所示。

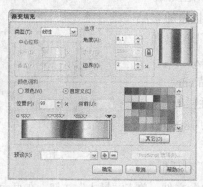

图 3-197

图 3-198

（4）选择“矩形”工具□，绘制一个矩形，如图 3-199 所示。选择“渐变填充”工具■，弹出“渐变填充”对话框，点选“自定义”单选钮，在“位置”选项中分别添加并输入 6、11、37、49、61、90 几个位置点，单击下方的“其它”按钮，分别设置几个位置点颜色的 CMYK 值为 6（69、0、15、0）、11（58、0、9、0）、37（55、0、11、0）、49（71、9、17、0）、61（74、15、20、0）、90（69、11、19、0），其他选项的设置如图 3-200 所示。单击“确定”按钮，填充图形，并去除图形的轮廓线，效果如图 3-201 所示。

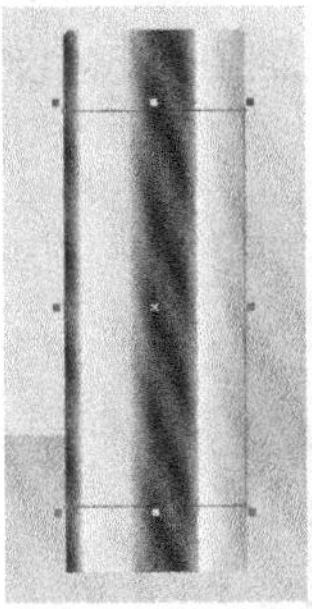
图 3-199

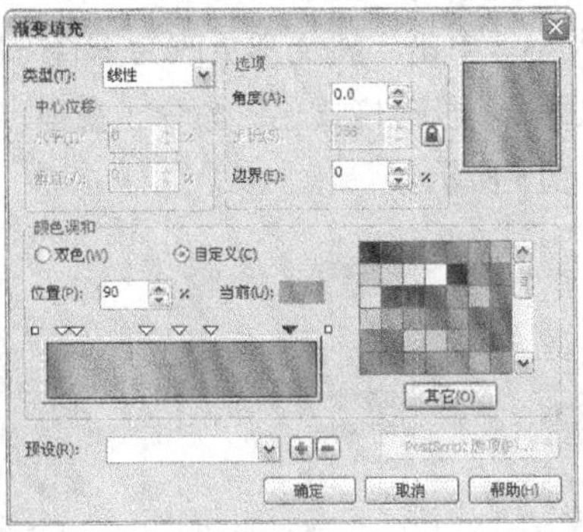

图 3-200

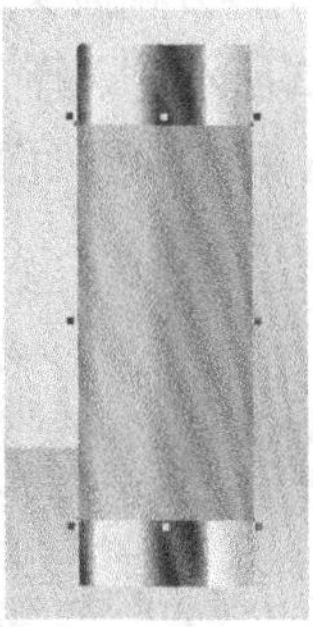
图 3-201

（5）选择“矩形”工具□，绘制一个矩形，如图 3-202 所示。在属性栏中单击“圆角”按钮◜，其他选项的设置如图 3-203 所示，按 Enter 键。在“CMYK 调色板”中的“60%黑”色块上单击鼠标，填充图形，并去除轮廓线，效果如图 3-204 所示。

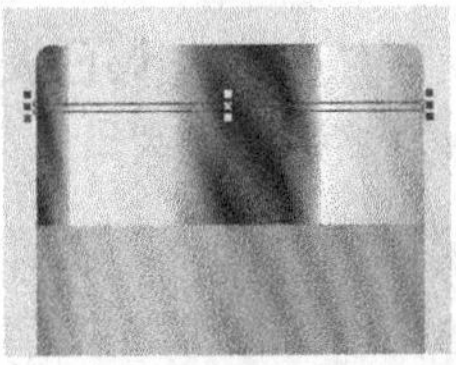
图 3-202

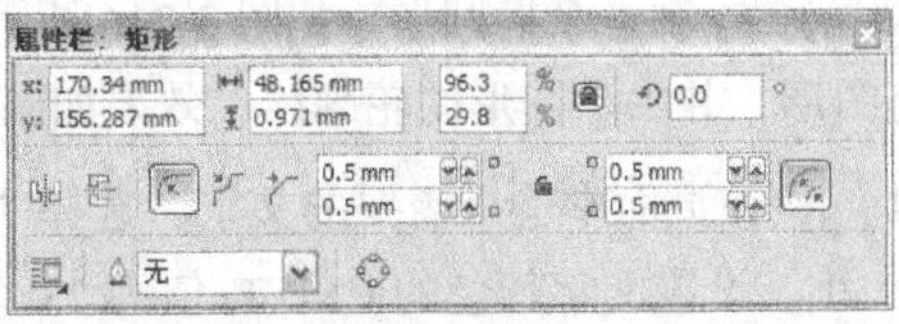

图 3-203

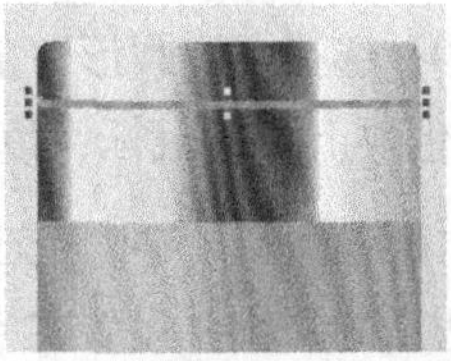
图 3-204

（6）选择“椭圆形”工具○，绘制一个椭圆形，如图 3-205 所示。在“CMYK 调色板”中的“80%黑”色块上单击鼠标，填充图形，并去除轮廓线，效果如图 3-206 所示。选择“透明度”工具▽，在属性栏中的设置如图 3-207 所示，按 Enter 键，效果如图 3-208 所示。

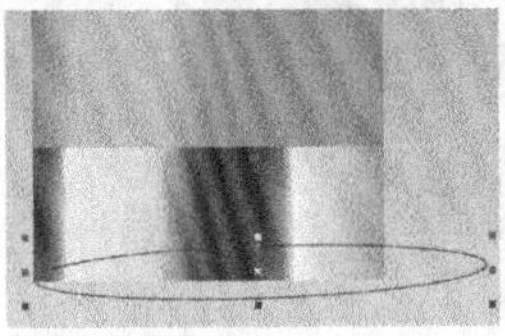
图 3-205

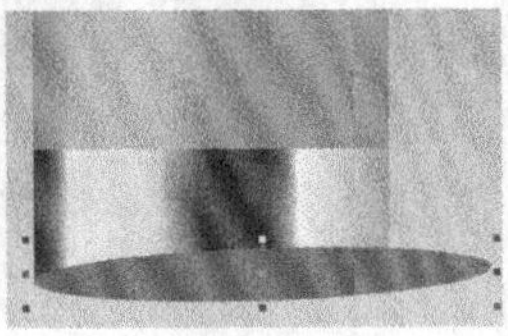
图 3-206

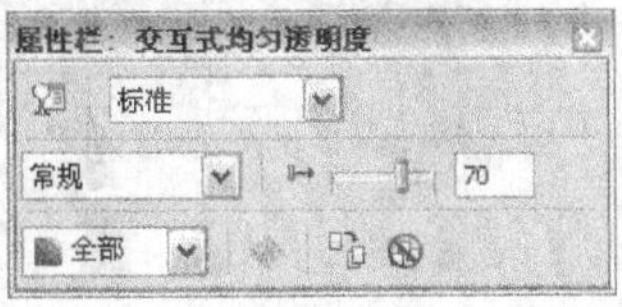

图 3-207

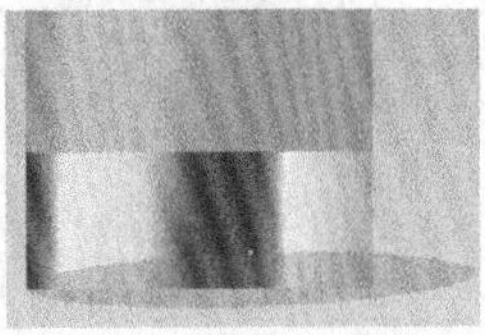
图 3-208

（7）选择“椭圆形”工具○，绘制一个椭圆形，如图 3-209 所示。在“CMYK 调色板”中的“80%黑”色块上单击鼠标，填充图形，并去除轮廓线，效果如图 3-210 所示。选择“选择”工具↖，用圈选的方法将两个椭圆形同时选取，如图 3-211 所示。连续按 Ctrl+PageDown 组合键，将图形移动到图层后面，效果如图 3-212 所示。

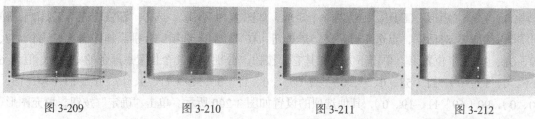

| 图 3-209 | 图 3-210 | 图 3-211 | 图 3-212 |

（8）选择"文本"工具 字，在适当的位置输入需要的文字。选择"选择"工具 ，在属性栏中选取适当的字体并设置文字大小。单击"将文本更改为垂直方向"按钮 ，将文字垂直排列，效果如图 3-213 所示。选择"文本 > 段落格式化"命令，在弹出的面板中进行设置，如图 3-214 所示。按 Enter 键，效果如图 3-215 所示。

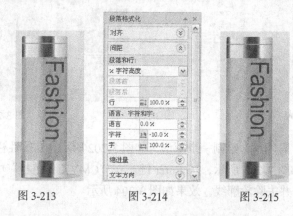

| 图 3-213 | 图 3-214 | 图 3-215 |

（9）选择"椭圆形"工具 ，绘制一个椭圆形，如图 3-216 所示。在"CMYK 调色板"中的"黑"色块上单击鼠标，填充图形，并去除图形的轮廓线，效果如图 3-217 所示。

（10）选择"文本"工具 字，在页面中输入需要的文字。选择"选择"工具 ，在属性栏中选取适当的文字并设置文字大小。设置文字颜色的 CMYK 值为 73、13、19、0，填充文字，效果如图 3-218 所示。用相同的方法绘制其他的化妆品，效果如图 3-219 所示。化妆品绘制完成。

| 图 3-216 | 图 3-217 | 图 3-218 | 图 3-219 |

3.6 图样填充和底纹填充

底纹填充是随机产生的填充，它使用小块的位图填充图形，可以给图形一个自然的外观。底纹填充只能使用 RGB 颜色，所以在打印输出时可能会与屏幕显示的颜色有差别。

3.6.1　图样填充

选择"填充"工具展开工具栏中的"图样填充"工具，弹出"图样填充"对话框。在对话框中有"双色"、"全色"和"位图" 3 种图样填充方式的选项，如图 3-220 所示。

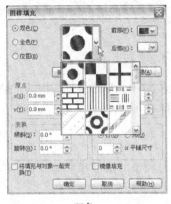
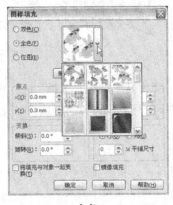
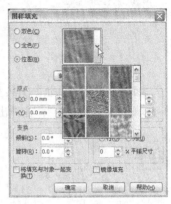

双色　　　　　　　　　　全色　　　　　　　　　　位图

图 3-220

双色：用两种颜色构成的图案来填充，也就是通过设置前景色和背景色的颜色来填充。

全色：图案是由矢量和线描样式图像来生成的。

位图：使用位图图片进行填充。

"装入"按钮：可载入已有图片。

"创建"按钮：弹出"双色图案编辑器"对话框，单击鼠标左键可绘制图案。

"大小"选项组：用来设置平铺图案的尺寸大小。

"变换"选项组：用来使图案产生倾斜及旋转变化。

"行或列位移"选项组：用来使填充图案的行或列产生位移。

3.6.2　底纹填充

选择"填充"工具展开工具栏中的"底纹填充"工具，弹出"底纹填充"对话框。在对话框中，CorelDRAW X5 的底纹库提供了多个样本组和几百种预设的底纹填充图案，如图 3-221 所示。

在对话框中的"底纹库"选项的下拉列表中可以选择不同的样本组。CorelDRAW X5 底纹库提供了 7 个样本组，选择样本组后，在下面的"底纹列表"中，显示出样本组中的多个底纹的名称。单击选中一个底纹样式，下面的"预览"框中显示出底纹的效果。

绘制一个图形，在"底纹列表"中选择需要的底纹效果后，单击"确定"按钮，可以将底纹填充到图形对象中。几个填充不同底纹的图形效果如图 3-222 所示。

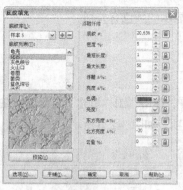

图 3-221   图 3-222

选择"交互式填充"工具 ，弹出其属性栏，选择"底纹填充"选项，单击属性栏中的"第一种填充色"图标 ，在弹出的下拉列表中可以选择底纹填充的样式。

注意

底纹填充会增加文件的大小，并使操作的时间增长，在对大型的图形对象使用底纹填充时要慎重。

3.6.3　课堂案例——制作快乐小燕子

【案例学习目标】学习使用基本形状工具和图样填充工具绘制底纹。

【案例知识要点】使用基本形状工具绘制心形；使用图样填充对话框工具制作图案填充效果。效果如图 3-223 所示。

【效果所在位置】光盘/Ch03/效果/制作快乐小燕子.cdr。

（1）按 Ctrl+N 组合键，新建一个 A4 页面。双击"矩形"工具 ，绘制一个与页面大小相等的矩形，如图 3-224 所示。选择"图样填充"工具 ，弹出"图样填充"对话框，点选"全色"单选钮，单击右侧的按钮 ，在弹出的面板中选择需要的图标，如图 3-225 所示。单击"确定"按钮，效果如图 3-226 所示。

图 3-223

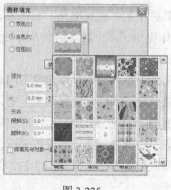

图 3-224   图 3-225   图 3-226

（2）选择"基本形状"工具 ，在属性栏中单击"完美形状"按钮 ，在弹出的面板中选择需要的形状，如图 3-227 所示。拖曳鼠标绘制图形，效果如图 3-228 所示。

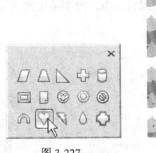
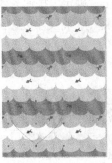

图 3-227　　　　　　　　　图 3-228

（3）选择"图样填充"工具 ，弹出"图样填充"对话框。点选"全色"单选钮，单击右侧的按钮，在弹出的面板中选择需要的图标，如图 3-229 所示。单击"确定"按钮，效果如图 3-230 所示。

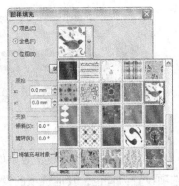

图 3-229　　　　　　　　　图 3-230

（4）选择"选择"工具 ，选取图形，按 F12 键，弹出"轮廓笔"对话框。在"颜色"选项中设置轮廓线的颜色为"青"，其他选项的设置如图 3-231 所示。单击"确定"按钮，效果如图 3-232 所示。

图 3-231　　　　　　　　　图 3-232

（5）选择"文本"工具 ，在页面中输入需要的文字。选择"选择"工具 ，在属性栏中选取适当的字体并设置文字大小。设置文字颜色的 CMYK 值为 100、100、0、0，填充文字，效果如图 3-233 所示。按 F12 键，弹出"轮廓笔"对话框，将"颜色"选项设置为红色，其他选项的设置如图 3-234 所示。单击"确定"按钮，效果如图 3-235 所示。

（6）选择"形状"工具，将文字处于编辑状态，分别拖曳文字节点到适当的位置，文字效果如图 3-236 所示。

图 3-233

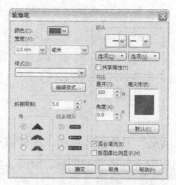

图 3-234

图 3-235

图 3-236

（7）选择"贝塞尔"工具，在页面中适当的位置绘制一条曲线，效果如图 3-237 所示。按 F12 键，弹出"轮廓笔"对话框，将"颜色"选项设置为青色，其他选项的设置如图 3-238 所示。单击"确定"按钮，效果如图 3-239 所示。快乐小燕子制作完成，效果如图 3-240 所示。

图 3-237

图 3-238

图 3-239

图 3-240

3.7 "网状填充"工具填充

使用"网状填充"工具可以制作出变化丰富的网状填充效果，还可以将每个网点填充上不同的颜色并且定义颜色填充的扭曲方向。

绘制一个要进行网状填充的图形，如图 3-241 所示。选择"交互式填充"工具 展开工具栏中的"网状填充"工具 ，在属性栏中将横竖网格的数值均设为 3，按 Enter 键，图形的网状填充效果如图 3-242 所示。

单击选中网格中需要填充的节点，如图 3-243 所示。在调色板中需要的颜色上单击，可以为选中的节点填充颜色，效果如图 3-244 所示。再依次选中需要的节点并进行颜色填充，如图 3-245所示。选中节点后，拖曳节点的控制点可以扭曲颜色填充的方向，如图 3-246 所示。交互式网状填充效果如图 3-247 所示。

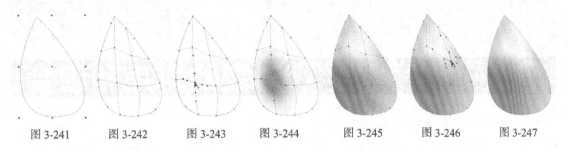

图 3-241　　　图 3-242　　　图 3-243　　　图 3-244　　　图 3-245　　　图 3-246　　　图 3-247

课堂练习——制作网页广告

【练习知识要点】使用矩形工具和渐变填充工具制作广告背景；使用星形工具、阴影工具和文本工具制作商标图形效果；使用文本工具添加说明文字。网页广告效果如图 3-248 所示。

【效果所在位置】光盘/Ch03/效果/制作网页广告.cdr。

图 3-248

课后习题——制作奖牌

【习题知识要点】使用基本形状工具、矩形工具和合并命令绘制奖牌底座；使用贝塞尔工具和对齐与分布命令绘制奖牌；使用椭圆形工具和星形工具绘制标志图形；使用文本工具输入说明文字。奖牌效果如图 3-249 所示。

【效果所在位置】光盘/Ch03/效果/制作奖牌.cdr。

图 3-249

第 **4** 章

对象的排序和组合

排序和组合图形对象是设计工作中最基本的对象编辑操作方法。本章主要讲解对象的编辑方法和组合技巧，通过这些内容的学习，可以自如地排列和组合对象来提高设计效率，使整体设计元素的布局和组织更加合理。

课堂学习目标

- 掌握对齐和分布对象的方法和技巧
- 掌握对象排序的方法
- 掌握锁定对象的方法和技巧
- 掌握群组和结合图形的技巧

4.1　对象的对齐和分布

在 CorelDRAW X5 中，提供了对齐和分布功能来设置对象的对齐和分布方式。下面介绍对齐和分布的使用方法和技巧。

4.1.1　多个对象的对齐

使用"选择"工具⬚选中多个要对齐的对象，选择"排列 > 对齐和分布 > 对齐与分布"命令，或按 A 键，或单击属性栏中的"对齐与分布"按钮⬚，弹出如图 4-1 所示的"对齐与分布"对话框。

在"对齐与分布"对话框中的"对齐"选项卡下，可以选择两组对齐方式选项，如左、中、右对齐或者上、中、下对齐。两组对齐方式选项可以单独使用，也可以配合使用，如对齐右下、左上等设置就需要配合使用。

图 4-1

在"对齐对象到"选项中包括"页边"和"页面中心"选项，用于设置图形对象以页面的某个位置为基准进行对齐。"页边"和"页面中心"选项必须与左、中、右对齐或者上、中、下对齐选项同时使用，以指定图形对象的某个部分去和页面边缘或页面中心对齐。

> **提示**　在"对齐与分布"对话框中，还可以进行多种图形对齐方式的设置，只要多练习就可以很快掌握。

选择"选择"工具⬚，按住 Shift 键，单击几个要对齐的图形对象将它们全选，如图 4-2 所示。注意要将图形目标对象最后选中，因为其他图形对象将以图形目标对象为基准对齐，本例中以右下角的盒子图形为图形目标对象，所以最后一个选中它。

选择"排列 > 对齐和分布 > 对齐与分布"命令，弹出"对齐与分布"对话框。在对话框中，勾选"右"对齐复选框，如图 4-3 所示进行设定。再单击"应用"按钮，将几个图形对象右对齐，效果如图 4-4 所示。

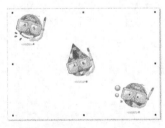

图 4-2

图 4-3

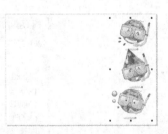

图 4-4

原图如图 4-2 所示。在"对齐与分布"对话框中，选择"对齐对象到"选项中的"页面中心"选项，并取消勾选上方的"中"对齐复选框，如图 4-5 所示。再单击"应用"按钮，几个图形对象的对齐效果如图 4-6 所示。

图 4-5

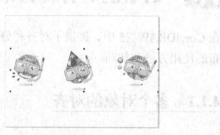

图 4-6

4.1.2 多个对象的分布

使用"选择"工具 ，选择多个要分布的图形对象，如图 4-7 所示。再选择"排列 > 对齐和分布 > 对齐与分布"命令，弹出"对齐与分布"对话框。单击"分布"选项卡，显示"分布"对话框，如图 4-8 所示。

图 4-7

图 4-8

在"分布"对话框中有两种分布形式，分别是沿垂直方向和水平方向分布。可以选择不同的基准点来分布对象。

在"分布"对话框中，分别点选"选定的范围"和"页面的范围"单选钮，如图 4-9 所示进行设定。再单击"应用"按钮，几个图形对象的分布效果如图 4-10 所示。

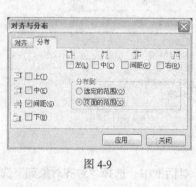

图 4-9

图 4-10

4.2 对象的排序

在 CorelDRAW X5 中，绘制的图形对象都存在着重叠的关系，如果在绘图页面中的同一位置先后绘制两个不同的背景图形对象，后绘制的图形对象将位于先绘制图形对象的上方。

使用 CorelDRAW X5 的排序功能可以安排多个图形对象的前后排序，也可以使用图层来管理图形对象。

4.2.1 图形对象的排序

在绘图页面中先后绘制几个不同的图形对象，如图 4-11 所示。使用"选择"工具，选择要进行排序的图形对象，效果如图 4-12 所示。

选择"排列 > 顺序"子菜单下的各个命令，可将已选择的图形对象排序，如图 4-13 所示。

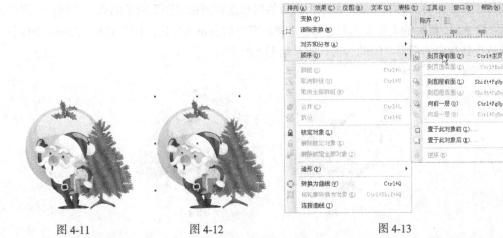

图 4-11　　　　　图 4-12　　　　　　　　　　　图 4-13

选择"到图层前面"命令，可以将背景图形从当前层移动到绘图页面中其他图形对象的最前面，效果如图 4-14 所示。按 Shift+PageUp 组合键，也可以完成这个操作。

选择"到图层后面"命令，可以将背景图形从当前层移动到绘图页面中其他图形对象的最后面，效果如图 4-15 所示。按 Shift+PageDown 组合键，也可以完成这个操作。

选择"向前一层"命令，可以将选定的背景图形从当前位置向前移动一个图层，效果如图 4-16 所示。按 Ctrl+PageUp 组合键，也可以完成这个操作。

图 4-14　　　　　　　　图 4-15　　　　　　　　图 4-16

当图形位于图层最前面的位置时，选择"向后一层"命令，可以将选定的图形（背景）从当前位置向后移动一个图层，效果如图 4-17 所示。按 Ctrl+PageDown 组合键，也可以完成这个操作。

选择"置于此对象前"命令，可以将选择的图形放置到指定图形对象的前面。选择"置于此对象前"命令后，鼠标的光标变为黑色箭头，使用黑色箭头单击指定的图形对象，如图 4-18 所示。图形被放置到指定的图形对象的前面，效果如图 4-19 所示。

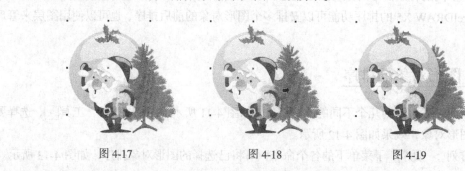

图 4-17   图 4-18   图 4-19

选择"置于此对象后"命令，可以将选择的图形放置到指定图形对象的后面。选择"置于此对象后"命令后，鼠标的光标变为黑色箭头，使用黑色箭头单击指定的图形对象，如图 4-20 所示。图形被放置到指定的图形对象的后面，效果如图 4-21 所示。

图 4-20   图 4-21

4.2.2　课堂案例——路口导视牌

【案例学习目标】学习使用对齐和分布命令及标注工具制作路口导视牌。

【案例知识要点】使用对齐和分布命令对齐图形；使用平行度量工具对图形进行标注。路口导视牌效果如图 4-22 所示。

【效果所在位置】光盘/Ch04/效果/路口导视牌.cdr。

（1）选择"文件 > 打开"命令，弹出"打开绘图"对话框。选择光盘中的"Ch04 > 素材 > 路口导视牌 > 01"文件，单击"打开"按钮。

（2）选择"选择"工具 ，按住 Shift 键的同时选取需要的图形，如图 4-23 所示。再次单击"监控室"导视牌，将 3 个图形同时选取，如图 4-24 所示。单击属性栏中的"对齐与分布"按钮 ，弹出"对齐与分布"对话框，选项的设置如图 4-25 所示。单击"应用"按钮，效果如图 4-26 所示。

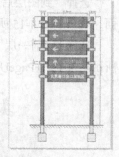

图 4-22

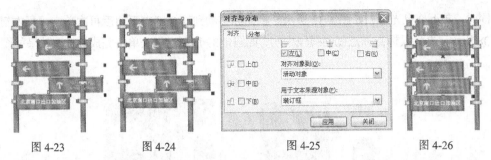

图 4-23　　　　　　图 4-24　　　　　　　图 4-25　　　　　　　图 4-26

（3）选择"选择"工具 ，按住 Shift 键的同时选取需要的图形，如图 4-27 所示。再单击"监控室"导视牌，将 3 个图形同时选取，如图 4-28 所示。在"对齐与分布"对话框中进行设置，如图 4-29 所示。单击"应用"按钮，效果如图 4-30 所示。

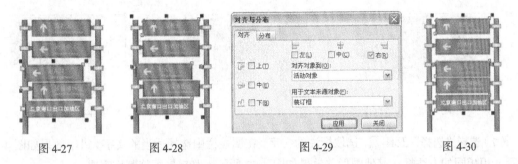

图 4-27　　　　　　图 4-28　　　　　　　图 4-29　　　　　　　图 4-30

（4）选择"选择"工具 ，用圈选的方法将导视牌全部选取，如图 4-31 所示。在"对齐与分布"对话框中单击"分布"选项卡，切换到相应的对话框，设置如图 4-32 所示。单击"应用"按钮，效果如图 4-33 所示。单击"关闭"按钮，关闭对话框。

图 4-31　　　　　　　图 4-32　　　　　　　图 4-33

（5）选择"平行度量"工具 ，在属性栏中单击"文本位置"按钮 ，在弹出的下拉列表中选择"尺度线上方的文本"选项，如图 4-34 所示。单击"延伸线选项"按钮 ，在弹出的下拉列表中进行设置，如图 4-35 所示。

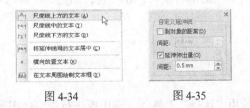

图 4-34　　　　　　　图 4-35

（6）将鼠标的光标移动到监控室导视牌的左上角并单击鼠标左键，如图 4-36 所示。按住 Shift

键的同时，向下拖曳光标，如图 4-37 所示。将光标移动到导视牌左下角后再次单击鼠标左键，如图 4-38 所示。再将鼠标光标拖曳到线段中间，如图 4-39 所示。再次单击完成标注，效果如图 4-40 所示。

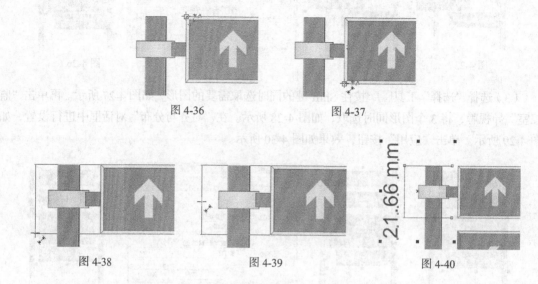

图 4-36   图 4-37

图 4-38   图 4-39   图 4-40

（7）选择"选择"工具，选取标注的文字，在属性栏中选择适当的文字大小，效果如图 4-41 所示。用相同的方法标注其他图形，效果如图 4-42 所示。路口导视牌制作完成。

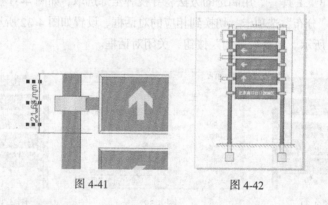

图 4-41   图 4-42

4.3   群组和结合

在 CorelDRAW X5 中，提供了群组和结合功能。群组可以将多个不同的图形对象组合在一起，方便整体操作。结合可以将多个图形对象合并在一起，创建一个新的对象。下面介绍群组和结合的方法和技巧。

4.3.1   群组

绘制几个图形对象，使用"选择"工具，选中要进行群组的图形对象，如图 4-43 所示。选择"排列 > 群组"命令，或按 Ctrl+G 组合键，或单击属性栏中的"群组"按钮，都可以将多个图形对象群组，效果如图 4-44 所示。按住 Ctrl 键，选择"选择"工具 ，单击需要选取的子对象，松开 Ctrl 键，子对象被选取，效果如图 4-45 所示。子对象可以是单个的对象，也可以是多个对象组成的群组。

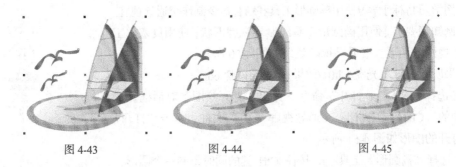

图 4-43   图 4-44   图 4-45

群组后的图形对象变成一个整体，移动一个对象，其他的对象将会随着移动；填充一个对象，其他的对象也将随着被填充。

选择"排列 > 取消群组"命令，或按 Ctrl+U 组合键，或单击属性栏中的"取消群组"按钮 ，可以取消对象的群组状态。选择"排列 > 取消全部群组"命令，或单击属性栏中的"取消全部群组"按钮 ，可以取消所有对象的群组状态。

4.3.2 合并

绘制几个图形对象，如图 4-46 所示。使用"选择"工具 ，选中要进行结合的图形对象，如图 4-47 所示。

选择"排列 > 合并"命令，或按 Ctrl+L 组合键，或单击属性栏中的"合并"按钮 ，可以将多个图形对象结合，效果如图 4-48 所示。

使用"形状"工具 ，选中结合后的图形对象，可以对图形对象的节点进行调整，改变图形对象的形状，效果如图 4-49 所示。

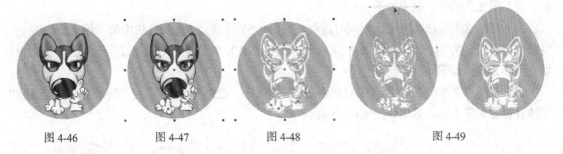

图 4-46   图 4-47   图 4-48   图 4-49

选择"排列 > 拆分"命令，或按 Ctrl+K 组合键，或单击属性栏中的"拆分"按钮 ，可以取消图形对象的结合状态，原来结合的图形对象将变为多个单独的图形对象。

注意　如果对象结合前有颜色填充，那么结合后的对象将显示最后选取对象的颜色。如果使用圈选的方法选取对象，将显示圈选框最下方对象的颜色。

4.3.3 课堂案例——交通导视牌

【案例学习目标】学习使用椭圆形工具和结合命令制作交通导视牌。

【案例知识要点】使用椭圆形工具绘制导视牌形状；使用贝塞尔工具绘制不规则的图形。交通导视牌效果如图 4-50 所示。

【效果所在位置】光盘/Ch04/效果/交通导视牌.cdr。

（1）选择"文件 > 打开"命令，弹出"打开绘图"对话框。选择光盘中的"Ch04 > 素材 > 交通导视牌 > 01"文件，单击"打开"按钮，打开的图形如图 4-51 所示。

（2）选择"椭圆形"工具 ，按住 Ctrl 键的同时绘制一个圆形，如图 4-52 所示。选择"矩形"工具，绘制一个矩形，如图 4-53 所示。用圈选的方法选取圆形和矩形，单击属性栏中的"结合"按钮 ，将两个图形结合为一个图形，如图 4-54 所示。在"CMYK 调色板"中的"红"色块上单击鼠标，填充图形，效果如图 4-55 所示。

图 4-50

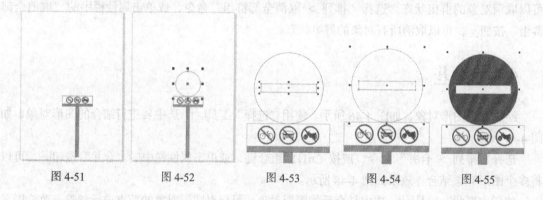

图 4-51　　　图 4-52　　　图 4-53　　　图 4-54　　　图 4-55

（3）选择"椭圆形"工具 ，按住 Ctrl 键的同时绘制一个圆形，如图 4-56 所示。选择"选择"工具 ，按数字键盘上的+键复制一个圆形。按住 Shift 键的同时，拖曳图形右上方的控制手柄，将其等比例缩小，效果如图 4-57 所示。

（4）用圈选的方法将两个圆形同时选取，如图 4-58 所示。单击属性栏中的"结合"按钮 ，将两个圆形结合为一个图形，如图 4-59 所示。在"CMYK 调色板"中的"红"色块上单击鼠标，填充图形，效果如图 4-60 所示。

（5）选择"文本"工具 ，输入需要的文字。选择"选择"工具 ，在属性栏中选择合适的字体并设置文字大小，效果如图 4-61 所示。

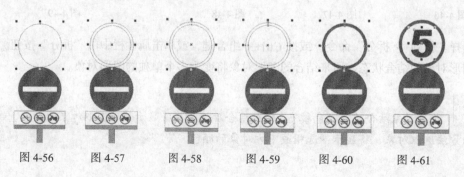

图 4-56　　　图 4-57　　　图 4-58　　　图 4-59　　　图 4-60　　　图 4-61

（6）选择"选择"工具，选取红色环形，如图 4-62 所示。按住 Shift 键的同时，向上拖曳图形到适当的位置并单击鼠标右键，复制图形，如图 4-63 所示。用圈选的方法选取下方的环形和数字 5，单击属性栏中的"群组"按钮，将其群组，如图 4-64 所示。

（7）选择"3 点矩形"工具，在上方的环形中绘制一个倾斜的矩形，如图 4-65 所示。用圈选的方法将环形和矩形同时选取，在属性栏中单击"合并"按钮，将两个图形合并为一个图形，效果如图 4-66 所示。

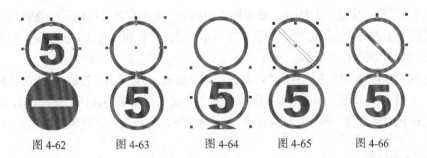

图 4-62　　　　图 4-63　　　　图 4-64　　　　图 4-65　　　　图 4-66

（8）选择"多边形"工具，在属性栏中将"点数或边数" 选项设为 3，在页面中绘制一个三角形，如图 4-67 所示。在属性栏中将"旋转角度" 选项的设置为 270，按 Enter 键，效果如图 4-68 所示。用相同的方法绘制另一个三角形，并旋转到适当的角度，效果如图 4-69 所示。

图 4-67　　　　　　　图 4-68　　　　　　　图 4-69

（9）选择"选择"工具，用圈选的方法将两个三角形同时选取，如图 4-70 所示。在属性栏中单击"合并"按钮，将两个图形合并为一个图形，效果如图 4-71 所示。在"CMYK 调色板"中的"黑"色块上单击鼠标，填充图形，效果如图 4-72 所示。

图 4-70　　　　　　　图 4-71　　　　　　　图 4-72

（10）选择"贝塞尔"工具，在页面中绘制一条折线，如图 4-73 所示。在属性栏中将"轮廓宽度" 选项设为 1.5，按 Enter 键，效果如图 4-74 所示。

（11）选择"选择"工具，用圈选的方法选取需要的图形，如图 4-75 所示。按 Shift+PageDown 组合键，将图形移动到图层后面，效果如图 4-76 所示。

图 4-73   图 4-74   图 4-75   图 4-76

（12）选择"平行度量"工具 ，在属性栏中单击"文本位置"按钮 ，在弹出的下拉列表中选择"尺度线上方的文本"选项，如图 4-77 所示。单击"延伸线选项"按钮 ，在弹出的下拉列表中进行设置，如图 4-78 所示。

将鼠标的光标移动到路牌左侧并单击鼠标左键，如图 4-79 所示。按住 Shift 键的同时，向右拖曳光标，如图 4-80 所示。将光标移动到导视牌左下角后再次单击鼠标左键，如图 4-81 所示。再将鼠标光标拖曳到线段中间，如图 4-82 所示。再次单击完成标注，效果如图 4-83 所示。

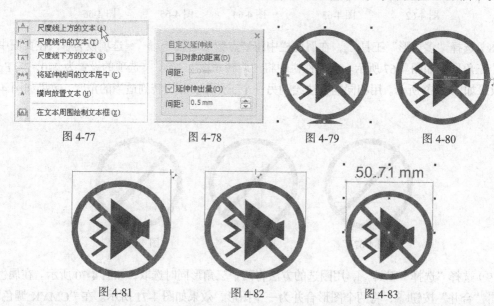

图 4-77   图 4-78   图 4-79   图 4-80

图 4-81   图 4-82   图 4-83

（13）选择"选择"工具 ，选取标注的文字，在属性栏中选择适当的字体大小，效果如图 4-84 所示。用相同的方法标注其余的图形，效果如图 4-85 所示。交通导视牌制作完成。

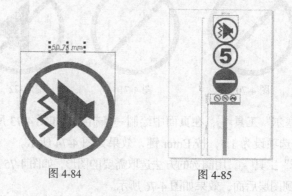

图 4-84   图 4-85

课堂练习——绘制平面导视图

【练习知识要点】使用矩形工具、对齐与分布命令各椭圆形工具绘制导视牌图形；使用度量工具绘制导视牌比例尺度。平面导视图效果如图 4-86 所示。

【效果所在位置】光盘/Ch04/效果/绘制平面导视图.cdr。

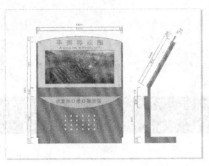

图 4-86

课后习题——制作方向导视牌

【习题知识要点】使用矩形工具、贝塞尔工具和椭圆形工具制作平面导视牌图形；使用度量工具绘制导视牌比例尺度。方向导视牌效果如图 4-87 所示。

【效果所在位置】光盘/Ch04/效果/制作方向导视牌.cdr。

图 4-87

第5章
文本的编辑

　　文本是设计的重要组成部分，是最基本的设计元素。本章主要讲解文本的操作方法和技巧、文本效果的制作方法、插入字符等内容。通过学习这些内容，可以快速地输入文本并设计制作出多样的文本效果，准确传达出要表述的信息，丰富视觉效果，提高阅读兴趣。

课堂学习目标

- 掌握文本的基本操作方法和技巧
- 掌握制作文本效果的方法和技巧
- 掌握插入字符的方法
- 掌握将文字转化为曲线的方法

5.1　文本的基本操作

在 CorelDRAW X5 中，文本是具有特殊属性的图形对象。下面介绍在 CorelDRAW X5 中处理文本的一些基本操作。

5.1.1　创建文本

CorelDRAW X5 中的文本具有两种类型，分别是美术字文本和段落文本。它们在使用方法、应用编辑格式、应用特殊效果等方面有很大的区别。

1．输入美术字文本

选择"文本"工具，在绘图页面中单击，出现"I"形插入文本光标，这时属性栏显示为"属性栏：文本"。选择字体，设置字号和字符属性，如图 5-1 所示。设置好后，直接输入美术字文本，效果如图 5-2 所示。

图 5-1

图 5-2

2．输入段落文本

选择"文本"工具，在绘图页面中按住鼠标左键不放，沿对角线拖曳鼠标，出现一个矩形的文本框，松开鼠标左键，文本框如图 5-3 所示。在"文本"属性栏中选择字体，设置字号和字符属性，如图 5-4 所示。设置好后，直接在虚线框中输入段落文本，效果如图 5-5 所示。

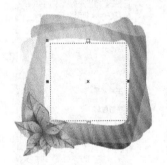

图 5-3

图 5-4

图 5-5

技巧　利用剪切、复制和粘贴命令，可以将其他文本处理软件中的文本复制到 CorelDRAW X5 的文本框中，如 Office 软件。

3．转换文本模式

使用"选择"工具选中美术字文本，如图 5-6 所示。选择"文本 > 转换到段落文本"命令，或按 Ctrl+F8 组合键，可以将其转换到段落文本，如图 5-7 所示。再次按 Ctrl+F8 组合键，可以将其转换回美术字文本，如图 5-8 所示。

图 5-6　　　　　　　　　　　　图 5-7　　　　　　　　　　　　图 5-8

注意　当美术字文本转换成段落文本后，它就不是图形对象了，也就不能再进行特殊效果的操作。当段落文本转换成美术字文本后，它会失去段落文本的格式。

5.1.2　改变文本的属性

选择"文本"工具，属性栏如图 5-9 所示。各选项的含义如下。

图 5-9

字体：单击 Arial 右侧的三角按钮，可以选取需要的字体。
字号：单击 24 pt 右侧的三角按钮，可以选取需要的字号。
B I U：设定字体为粗体、斜体或下画线的属性。
文本对齐：在其下拉列表中选择文本的对齐方式。
字符格式化：打开"字符格式化"泊坞窗。
编辑文本：打开"编辑文本"对话框，可以编辑文本的各种属性。
：设置文本的排列方式为水平或垂直。
单击属性栏中的"字符格式化"按钮，打开"字符格式化"泊坞窗，如图 5-10 所示。可以设置文字的字体及大小等属性。

图 5-10

5.1.3　设置间距

输入美术字文本或段落文本，效果如图 5-11 所示。使用"形状"工具选中文本，文本的节点将处于编辑状态，如图 5-12 所示。

图 5-11　　　　　　　　　　　　　　　　　　图 5-12

用鼠标拖曳⇌图标，可以调整文本中字符和字的间距；拖曳⇕图标，可以调整文本中行的间距，如图 5-13 所示。使用键盘上的方向键，可以对文本进行微调。按住 Shift 键，将段落中第二行文字左下角的节点全部选中，如图 5-14 所示。

图 5-13　　　　　　　　　　　　　　　　　　图 5-14

将鼠标放在黑色的节点上并拖曳鼠标，如图 5-15 所示。可以将第二行文字移动到需要的位置，效果如图 5-16 所示。使用相同的方法可以对单个字进行移动调整。

图 5-15　　　　　　　　　　　　　　　　　　图 5-16

技巧　　单击"文本"属性栏中的"字符格式化"按钮，弹出"字符格式化"对话框。在"字距调整范围"选项的数值框中可以设置字符的间距。选择"文本 > 段落格式化"命令，弹出"段落格式化"对话框。在"段落与行"设置区的"行距"选项中可以设置行的间距，用来控制段落中行与行的距离。

5.1.4　课堂案例——制作鸡尾酒标

【案例学习目标】学习使用文本工具添加酒标文字。

【案例知识要点】使用文本工具输入需要的文字；使用阴影工具和透明度工具制作文字图形的特殊效果。鸡尾酒标效果如图5-17所示。

图 5-17

【效果所在位置】光盘/Ch05/效果/制作鸡尾酒标.cdr。

（1）选择"文件 > 打开"命令，弹出"打开绘图"对话框。选择光盘中的"Ch05 > 素材 > 制作鸡尾酒标 > 01"文件，单击"打开"按钮，效果如图5-18所示。

（2）选择"文本"工具字，输入需要的文字，选择"选择"工具⬚，在属性栏中选择合适的字体并设置文字大小，设置文字颜色的CMYK值为60、40、0、40，填充文字，效果如图5-19所示。

图 5-18　　　　　　　　　　　　　　　　　图 5-19

（3）选择"选择"工具⬚，选取需要的文字，按数字键盘上的+键复制文字，并调整其位置，设置文字颜色的CMYK值为40、0、0、0，填充文字，效果如图5-20所示。

（4）选择"阴影"工具▢，在文字上由上向下拖曳光标，为文字添加阴影效果。在属性栏中设置阴影颜色的CMYK值为100、20、0、0，其他选项的设置如图5-21所示。按Enter键，效果如图5-22所示。

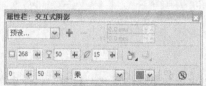

图 5-20　　　　　　　　　　图 5-21　　　　　　　　　　图 5-22

（5）选择"选择"工具⬚，选取需要的文字，按数字键盘上的+键复制文字，将文字颜色填充为白色，效果如图5-23所示。选择"透明度"工具▢，在文字上由下向上拖曳光标，为图形添加透明度效果，如图5-24所示。鸡尾酒标制作完成，效果如图5-25所示。

图 5-23   图 5-24   图 5-25

5.2 制作文本效果

在 CorelDRAW X5 中，可以根据设计制作任务的需要，制作多种文本效果。下面将具体讲解文本效果的制作。

5.2.1 设置首字下沉和项目符号

1. 设置首字下沉

在绘图页面中打开一个段落文本，效果如图 5-26 所示。选择"文本 > 首字下沉"命令，弹出"首字下沉"对话框，勾选"使用首字下沉"复选框，如图 5-27 所示。

图 5-26   图 5-27

单击"确定"按钮，各段落首字下沉效果如图 5-28 所示。勾选"首字下沉使用悬挂式缩进"复选框，单击"确定"按钮，悬挂式缩进首字下沉效果如图 5-29 所示。

图 5-28   图 5-29

2. 设置项目符号

在绘图页面中打开一个段落文本，效果如图 5-30 所示。选择"文本 > 项目符号"命令，弹出"项目符号"对话框，勾选"使用项目符号"复选框，对话框如图 5-31 所示。

图 5-30

图 5-31

在对话框"外观"设置区的"字体"选项中可以设置字体的类型；在"符号"选项中可以选择项目符号样式；在"大小"选项中可以设置字体符号的大小；在"基线偏移"选项中可以选择基线的距离。在"间距"设置区中可以调节文本和项目符号的缩进距离。

设置需要的选项，如图 5-32 所示。单击"确定"按钮，段落文本中添加了新的项目符号，效果如图 5-33 所示。在段落文本中需要另起一段的位置插入光标，按 Enter 键，项目符号会自动添加在新段的前面，效果如图 5-34 所示。

图 5-32

图 5-33

图 5-34

5.2.2 文本绕路径

选择"文本"工具，在绘图页面中输入美术字文本。使用"椭圆形"工具，绘制一个椭圆形路径，选中美术字文本，效果如图 5-35 所示。

选择"文本 > 使文本适合路径"命令，出现箭头图标，将箭头放在椭圆路径上，文本自动绕路径排列，如图 5-36 所示。单击鼠标左键确定，效果如图 5-37 所示。

图 5-35

图 5-36

图 5-37

选中绕路径排列的文本,如图 5-38 所示。在如图 5-39 所示的属性栏中可以设置"文字方向"、"与路径距离"、"水平偏移"选项。通过设置可以产生多种文本绕路径的效果,如图 5-40 所示。

图 5-38

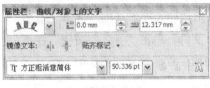

图 5-39

图 5-40

5.2.3 文本绕图

在 CorelDRAW X5 中提供了多种文本绕图的形式,应用好文本绕图可以使设计制作的杂志或报刊更加生动美观。

选择"文件 > 导入"命令,或按 Ctrl+I 组合键,弹出"导入"对话框。在对话框的"查找范围"列表框中选择需要的文件夹,在文件夹中选取需要的位图文件,单击"导入"按钮,在页面中单击,位图被导入到页面中,将位图调整到段落文本中的适当位置,效果如图 5-41 所示。

在位图上单击鼠标右键,在弹出的快捷菜单中选择"段落文本换行"命令,如图 5-42 所示。文本绕图效果如图 5-43 所示。

图 5-41

在属性栏中单击"文本换行"按钮,在弹出的下拉菜单中可以设置换行样式,在"文本换行偏移"选项的数值框中可以设置偏移距离,如图 5-44 所示。

图 5-42

图 5-43

图 5-44

5.2.4 课堂案例——制作旅游 DM

【案例学习目标】学习使用文本工具和段落格式化命令制作旅游 DM。

【案例知识要点】使用文本工具输入段落文字；使用段落格式化面板调整文本行距；使用文本换行命令制作文本绕排。旅游 DM 效果如图 5-45 所示。

【效果所在位置】光盘/Ch05/效果/制作旅游 DM.cdr。

（1）选择"文件 > 打开"命令，弹出"打开绘图"对话框。选择光盘中的"Ch05 > 素材 > 制作旅游 DM > 01"文件，单击"打开"按钮，效果如图 5-46 所示。

（2）选择"文件 > 导入"命令，弹出"导入"对话框。选择光盘中的"Ch05 > 素材 > 制作旅游 DM > 02"文件，单击"导入"按钮。在页面中单击导入的图片，并将其拖曳到适当的位置，效果如图 5-47 所示。

图 5-45

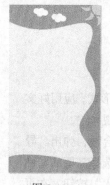

图 5-46

图 5-47

（3）选择"文本"工具字，输入需要的文字。选择"选择"工具，在属性栏中选择合适的字体并设置文字大小。设置文字颜色的 CMYK 值为 0、98、100、0，填充文字，如图 5-48 所示。

（4）选择"文本 > 段落格式化"命令，弹出"段落格式化"面板，选项的设置如图 5-49 所示。按 Enter 键，效果如图 5-50 所示。

图 5-48

图 5-49

图 5-50

（5）选择"文本"工具[字]，拖曳一个文本框，输入需要的文字。选择"选择"工具[▶]，在属性栏中选择合适的字体并设置文字的大小。设置文字颜色的 CMYK 值为 99、58、83、29，填充文字，效果如图 5-51 所示。在"段落格式化"面板中进行设置，如图 5-52 所示。按 Enter 键，效果如图 5-53 所示。

图 5-51　　　　　　　　　图 5-52　　　　　　　　　图 5-53

（6）选择"文件 > 打开"命令，弹出"打开绘图"对话框。选择光盘中的"Ch05 > 素材 > 制作旅游 DM > 03"文件，单击"打开"按钮，打开文件。复制图形并将其粘贴到正在编辑的页面中，并拖曳到适当的位置，效果如图 5-54 所示。选择"贝塞尔"工具[✎]，在页面中绘制一个图形，效果如图 5-55 所示。

图 5-54　　　　　　　　　　　图 5-55

（7）选择"选择"工具[▶]，单击属性栏中的"文本换行"按钮[▣]，在弹出的面板中进行设置，如图 5-56 所示。单击右上方的"关闭"按钮，文字效果如图 5-57 所示。选择绘制的图形，并去除轮廓线。旅游 DM 制作完成，效果如图 5-58 所示。

图 5-56　　　　　　　　　图 5-57　　　　　　　　　图 5-58

5.2.5 对齐文本

选择"文本"工具字，在绘图页面中输入段落文本，单击"文本"属性栏中的"文本对齐"按钮，弹出其下拉列表，其中共有6种对齐方式，如图5-59所示。

无：CorelDRAW X5默认的对齐方式。选择它将不对文本产生影响，文本可以自由地变换，但单纯的无对齐方式文本的边界会参差不齐。

左：选择左对齐后，段落文本会以文本框的左边界对齐。

居中：选择居中对齐后，段落文本的每一行都会在文本框中居中。

右：选择右对齐后，段落文本会以文本框的右边界对齐。

全部对齐：选择全部对齐后，段落文本的每一行都会同时对齐文本框的左右两端。

强制调整：选择强制调整后，可以对段落文本的所有格式进行调整。

选择"文本 > 段落格式化"命令，弹出"段落格式化"面板。在"对齐"选项的下拉列表中可以选择文本的对齐方式，如图5-60所示。选中进行过移动调整的文本，如图5-61所示。选择"文本 > 对齐基准"命令，可以将文本重新对齐，效果如图5-62所示。

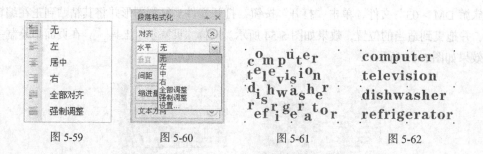

| 图 5-59 | 图 5-60 | 图 5-61 | 图 5-62 |

5.2.6 内置文本

选择"文本"工具字，在绘图页面中输入美术字文本。使用"基本形状"工具绘制一个图形，选中美术字文本，效果如图5-63所示。

用鼠标的右键拖曳文本到图形内，当光标变为十字形的圆环时，松开鼠标右键，弹出快捷菜单，选择"内置文本"命令，如图5-64所示。文本被置入到图形内，美术字文本自动转换为段落文本，效果如图5-65所示。选择"文本 > 段落文本框 > 使文本适合框架"命令，文本和图形对象基本适配，效果如图5-66所示。

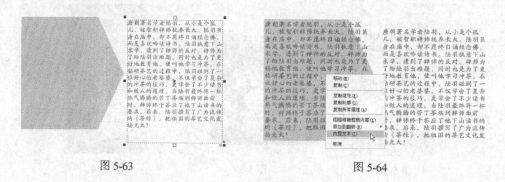

| 图 5-63 | 图 5-64 |

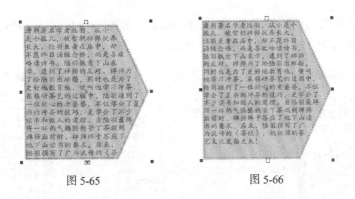

图 5-65　　　　　　　　　图 5-66

提示　选择"排列 > 拆分路径内的段落文本"命令，可以将路径内的文本与路径分离。

5.2.7　段落文字的连接

在文本框中经常出现文本被遮住而不能完全显示的问题，如图 5-67 所示。可以通过调整文本框的大小来使文本完全显示，还可以通过多个文本框的连接来使文本完全显示。

选择"文本"工具[字]，单击文本框下部的[▼]图标，鼠标光标变为[▤]形状，在页面中按住鼠标左键不放，沿对角线拖曳鼠标，绘制一个新的文本框，如图 5-68 所示。松开鼠标左键，在新绘制的文本框中显示出被遮住的文字，效果如图 5-69 所示。拖曳文本框到适当的位置，如图 5-70 所示。

图 5-67

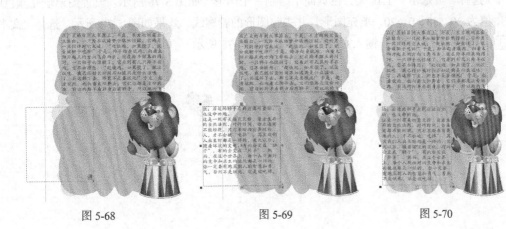

图 5-68　　　　　　　图 5-69　　　　　　　图 5-70

5.2.8　段落分栏

选择一个段落文本，如图 5-71 所示。选择"文本 > 栏"命令，弹出"栏设置"对话框。将

"栏数"选项设置为"2"，栏间宽度设置为"12.7mm"，如图 5-72 所示。设置好后，单击"确定"按钮，段落文本被分为 2 栏，效果如图 5-73 所示。

图 5-71

图 5-72

图 5-73

5.2.9 课堂案例——制作婚纱礼服杂志

【案例学习目标】学习使用文本工具和段落格式化面板添加杂志内容。

【案例知识要点】使用文本工具输入段落文字；使用段落格式化面板调整文本行距；使用段落文本换行命令制作文本绕排。婚纱礼服杂志效果如图 5-74 所示。

【效果所在位置】光盘/Ch05/效果/制作婚纱礼服杂志.cdr。

（1）选择"文件 > 打开"命令，弹出"打开绘图"对话框。选择光盘中的"Ch05 > 素材 > 制作婚纱礼服杂志 > 01"文件，单击"打开"按钮，效果如图 5-75 所示。

图 5-74

（2）选择"贝塞尔"工具，在页面中绘制一个图形，如图 5-76 所示。设置图形填充颜色的 CMYK 值为 20、80、0、20，填充图形，并去除图形的轮廓线，效果如图 5-77 所示。选择"文本"工具，拖曳一个文本框，输入需要的文字，如图 5-78 所示。

图 5-75

图 5-76

图 5-77

图 5-78

（3）选择"贝塞尔"工具，在页面中绘制一个图形，如图 5-79 所示。用鼠标右键拖曳文本框到图形中，当光标变为十字形的圆环，松开鼠标，弹出快捷菜单，选择"内置文本"命令，将文本置入图形内，效果如图 5-80 所示。选择"文本 > 段落文本框 > 使文本适合框架"命令，使文本和图形适配,并去除图形的轮廓线,效果如图 5-81 所示。按 Ctrl+PageDown 组合键,将该图层向后移动一层,效果如图 5-82 所示。婚纱礼服杂志制作完成。

图 5-79 　　　　　 图 5-80 　　　　　 图 5-81 　　　　　 图 5-82

5.3 插入字符

选择"文本"工具 📝,在文本中需要的位置单击插入字符,如图 5-83 所示。选择"文本 > 插入符号字符"命令,或按 Ctrl+F11 组合键,弹出"插入字符"泊坞窗,在需要的字符上双击,或选中字符后单击"插入"按钮,如图 5-84 所示。字符插入到文本中,效果如图 5-85 所示。

图 5-83 　　　　　 图 5-84 　　　　　 图 5-85

5.4 将文字转化为曲线

当 CorelDRAW X5 编辑好美术文本后,通常需要将文本转换为曲线。转换后既可以对美术文本任意变形,又可以使转换为曲线后的文本对象不会丢失其文本格式。

5.4.1 文本的转换

选择"选择"工具 ▷ 选中文本,如图 5-86 所示。选择"排列 > 转换为曲线"命令,或按 Ctrl+Q 组合键,将文本转化为曲线,如图 5-87 所示。可用"形状"工具 ⟶ 对曲线文本进行编辑,修改文本的形状。

欢乐海洋　　欢乐海洋

图 5-86　　　　　　　　　　　　　图 5-87

5.4.2　课堂案例——制作车体广告

【案例学习目标】学习使用将文字转换为曲线命令来制作车体广告。

【案例知识要点】使用贝塞尔工具和矩形工具绘制标志；使用文本工具输入需要的文字；使用文字转换为曲线命令将文字转换为曲线。车体广告效果如图 5-88 所示。

【效果所在位置】光盘/Ch05/效果/制作车体广告.cdr。

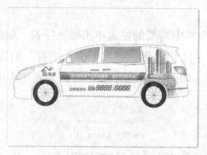

图 5-88

（1）选择"文件 > 打开"命令，弹出"打开绘图"对话框。选择光盘中的"Ch05 > 素材 > 制作车体广告 > 01"文件，单击"打开"按钮，效果如图 5-89 所示。

（2）选择"贝塞尔"工具，在页面中适当的位置绘制一个图形，效果如图 5-90 所示。设置图形颜色的 CMYK 值为 51、87、100、31，填充图形，并去除图形的轮廓线，效果如图 5-91 所示。用相同的方法分别在页面中绘制多个图形，并填充相同的颜色，效果如图 5-92 所示。

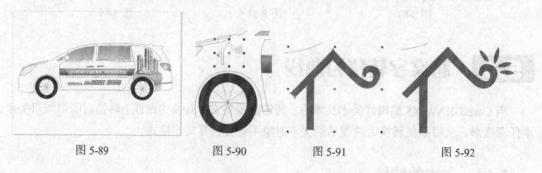

图 5-89　　　　　图 5-90　　　　　图 5-91　　　　　图 5-92

（3）选择"矩形"工具，按住 Ctrl 键的同时，在页面中绘制一个正方形，如图 5-93 所示。设置图形颜色的 CMYK 值为 51、87、100、31，填充图形，并去除图形的轮廓线，效果如图 5-94 所示。用相同的方法分别在适当的位置绘制 4 个正方形，在"CMYK 调色板"中的"白"色块上单击鼠标，填充图形，效果如图 5-95 所示。

图 5-93　　　　　　　　图 5-94　　　　　　　　图 5-95

（4）选择"文本"工具 字，输入需要的文字。选择"选择"工具 ，在属性栏中选择合适的字体并设置文字大小。设置文字颜色的 CMYK 值为 51、87、100、31，填充文字，效果如图 5-96 所示。

（5）按 Ctrl+Q 组合键，将文字转换为曲线，效果如图 5-97 所示。选择"形状"工具 ，用圈选的方法选取需要的节点，如图 5-98 所示。按住 Shift 键的同时，拖曳节点到适当的位置，效果如图 5-99 所示。用相同的方法分别拖曳需要的节点，文字效果如图 5-100 所示。车体广告制作完成，效果如图 5-101 所示。

图 5-96　　　　　　　　图 5-97　　　　　　　　图 5-98

图 5-99　　　　　　　　图 5-100　　　　　　　　图 5-101

课堂练习——制作代购券

【练习知识要点】使用矩形工具、椭圆形工具和透明度工具制作背景效果；使用文本工具添加文字。代购券效果如图 5-102 所示。

【效果所在位置】光盘/Ch05/效果/制作代购券.cdr。

图 5-102

课后习题——制作广告展板

【习题知识要点】使用矩形工具、透明度工具和图框精确剪裁命令制作背景效果；使用矩形工具和渐变填充工具制作装饰图形；使用文本工具添加文字。广告展板效果如图 5-103 所示。

【效果所在位置】光盘/Ch05/效果/制作广告展板.cdr。

图 5-103

第6章
位图的编辑

位图是设计的重要组成元素。本章主要讲解位图的转换方法和位图特效滤镜的使用技巧。通过对位图效果的设计和制作，既能介绍产品、表达主题，又能丰富和完善设计，起到画龙点睛的效果。

课堂学习目标

- 掌握转换为位图的方法和技巧
- 运用特效滤镜编辑和处理位图

6.1 转换为位图

CorelDRAW X5 提供了将矢量图形转换为位图的功能，下面介绍具体的操作方法。

打开一个矢量图形并保持其选中状态，选择"位图 > 转换为位图"命令，弹出"转换为位图"对话框，如图 6-1 所示。

分辨率：在弹出的下拉列表中选择转换为位图的分辨率。

颜色模式：在弹出的下拉列表中选择要转换的色彩模式。

光滑处理：可以在转换成位图后消除位图的锯齿。

透明背景：可以在转换成位图后保留原对象的通透性。

图 6-1

6.2 使用位图的特效滤镜

CorelDRAW X5 提供了多种滤镜，可以对位图进行各种效果的处理。使用好位图的滤镜，可以为设计的作品增色不少。下面具体介绍几种常见滤镜的使用方法。

6.2.1 三维效果

选取导入的位图，选择"位图 > 三维效果"子菜单下的命令，如图 6-2 所示。CorelDRAW X5 提供了 7 种不同的三维效果，下面介绍几种常用的三维效果。

1. 三维旋转

选择"位图 > 三维效果 > 三维旋转"命令，弹出"三维旋转"对话框。单击对话框中的 按钮，显示对照预览窗口，如图 6-3 所示。左窗口显示的是位图原始效果，右窗口显示的是完成各项设置后的位图效果。

对话框中各选项的含义如下。

：用鼠标拖动立方体图标，可以设定图像的旋转角度。

垂直：可以设置绕垂直轴旋转的角度。

水平：可以设置绕水平轴旋转的角度。

图 6-2

最适合：经过三维旋转后的位图尺寸将接近原来的位图尺寸。

预览：预览设置后的三维旋转效果。

重置：对所有参数重新设置。

：可以在改变设置时自动更新预览效果。

2. 柱面

选择"位图 > 三维效果 > 柱面"命令，弹出"柱面"对话框。单击对话框中的 按钮，显示对照预览窗口，如图 6-4 所示。

对话框中各选项的含义如下。

柱面模式：可以选择"水平"或"垂直的"模式。

百分比：可以分别设置水平或垂直模式的百分比。

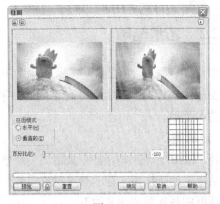

图 6-3　　　　　　　　　　　　　　　　　图 6-4

3．卷页

选择"位图 > 三维效果 > 卷页"命令，弹出"卷页"对话框。单击对话框中的按钮，显示对照预览窗口，如图 6-5 所示。

对话框中各选项的含义如下。

：4 个卷页类型按钮，可以设置位图卷起页角的位置。

定向：选择"垂直的"和"水平"两个单选项，可以设置卷页效果从哪一边缘卷起。

纸张："不透明"和"透明的"两个单选项可以设置卷页部分是否透明。

卷曲：可以设置卷页颜色。

背景：可以设置卷页后面的背景颜色。

宽度：可以设置卷页的宽度。

高度：可以设置卷页的高度。

4．球面

选择"位图 > 三维效果 > 球面"命令，弹出"球面"对话框。单击对话框中的按钮，显示对照预览窗口，如图 6-6 所示。

对话框中各选项的含义如下。

优化：可以选择"速度"和"质量"选项。

百分比：可以控制位图球面化的程度。

：用来在预览窗口中设定变形的中心点。

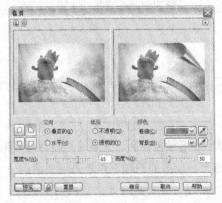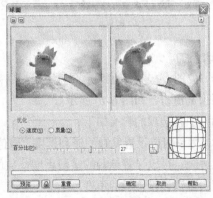

图 6-5　　　　　　　　　　　　　　　　　图 6-6

6.2.2　艺术笔触

选中位图，选择"位图 > 艺术笔触"子菜单下的命令，如图 6-7 所示。CorelDRAW X5 提供了 14 种不同的艺术笔触效果，下面介绍常用的几种艺术笔触。

图 6-7

1．炭笔画

选择"位图 > 艺术笔触 > 炭笔画"命令，弹出"炭笔画"对话框。单击对话框中的回按钮，显示对照预览窗口，如图 6-8 所示。

对话框中各选项的含义如下。

大小：可以设置位图炭笔画的像素大小。

边缘：可以设置位图炭笔画的黑白度。

2．印象派

选择"位图 > 艺术笔触 > 印象派"命令，弹出"印象派"对话框。单击对话框中的回按钮，显示对照预览窗口，如图 6-9 所示。

对话框中各选项的含义如下。

样式：选择"笔触"或"色块"选项，会得到不同的印象派位图效果。

色块大小：可以设置印象派效果笔触大小及其强度。

着色：可以调整印象派效果的颜色，数值越大，颜色越重。

亮度：可以对印象派效果的亮度进行调节。

图 6-8　　　　　　　　　　　　　　　　图 6-9

3．调色刀

选择"位图 > 艺术笔触 > 调色刀"命令，弹出"调色刀"对话框。单击对话框中的回按钮，显示对照预览窗口，如图 6-10 所示。

对话框中各选项的含义如下。

刀片尺寸：可以设置笔触的锋利程度，数值越小，笔触越锋利，位图的油画刻画效果越明显。

柔软边缘：可以设置笔触的坚硬程度，数值越大，位图的油画刻画效果越平滑。

角度：可以设置笔触的角度。

4．素描

选择"位图 > 艺术笔触 > 素描"命令，弹出"素描"对话框。单击对话框中的回按钮，显示对照预览窗口，如图 6-11 所示。

对话框中各选项的含义如下。

铅笔类型：可以分别选择"石墨"或"颜色"类型，不同的类型可以产生不同的位图素描效果。

样式：可以设置石墨或彩色素描效果的平滑度。

笔芯：可以设置素描效果的精细和粗糙程度。

轮廓：可以设置素描效果的轮廓线宽度。

图 6-10

图 6-11

6.2.3　模糊

选中位图，选择"位图 > 模糊"子菜单下的命令，如图 6-12 所示。CorelDRAW X5 提供了 9 种不同的模糊效果，下面介绍几个常用的模糊效果。

图 6-12

1．高斯式模糊

选择"位图 > 模糊 > 高斯式模糊"命令，弹出"高斯式模糊"对话框。单击对话框中的回按钮，显示对照预览窗口，对话框效果如图 6-13 所示。

对话框中选项的含义如下。

半径：可以设置高斯模糊的程度。

2．缩放

选择"位图 > 模糊 > 缩放"命令，弹出"缩放"对话框。单击对话框中的回按钮，显示对照预览窗口，如图 6-14 所示。

对话框中各选项的含义如下。

⊞：在左边的原始图像预览框中单击，可以确定移动模糊的中心位置。

数量：可以设定图像的模糊程度。

图 6-13   图 6-14

6.2.4   轮廓图

选中位图，选择"位图 > 轮廓图"子菜单下的命令，如图 6-15 所示。CorelDRAW X5 提供了 3 种不同的轮廓图效果，下面介绍两个常用的轮廓图效果。

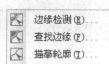

图 6-15

1. 边缘检测

选择"位图 > 轮廓图 > 边缘检测"命令，弹出"边缘检测"对话框。单击对话框中的回按钮，显示对照预览窗口，如图 6-16 所示。

对话框中各选项的含义如下。

背景色：用来设定图像的背景颜色为白色、黑色或其他颜色。

：可以在位图中吸取背景色。

灵敏度：用来设定探测边缘的灵敏度。

2. 查找边缘

选择"位图 > 轮廓图 > 查找边缘"命令，弹出"查找边缘"对话框。单击对话框中的回按钮，显示对照预览窗口，如图 6-17 所示。

对话框中各选项的含义如下。

边缘类型：有"软"和"纯色"两种类型，选择不同的类型，会得到不同的效果。

层次：可以设定效果的纯度。

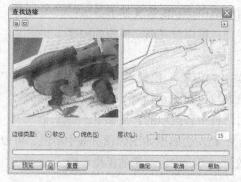

图 6-16   图 6-17

6.2.5　创造性

选中位图，选择"位图 > 创造性"子菜单下的命令，如图 6-18 所示。
CorelDRAW X5 提供了 14 种不同的创造性效果，下面介绍几种常用的效果。

1．框架

选择"位图 > 创造性 > 框架"命令，弹出"框架"对话框，单击"修改"选项卡，单击对话框中的回按钮，显示对照预览窗口，如图 6-19 所示。

对话框中各选项的含义如下。

"选择"选项卡：用来选择框架，并为选取的列表添加新框架。

"修改"选项卡：用来对框架进行修改。此选项卡中各选项的含义如下。

颜色、不透明：用来设定框架的颜色和透明度。

模糊/羽化：用来设定框架边缘的模糊及羽化程度。

调和：用来选择框架与图像之间的混合方式。

水平、垂直：用来设定框架的大小比例。

旋转：用来设定框架的旋转角度。

翻转：用来将框架垂直或水平翻转。

对齐：用来在图像窗口中设定框架效果的中心点。

回到中心位置：用来在图像窗口中重新设定中心点。

图 6-18

2．马赛克

选择"位图 > 创造性 > 马赛克"命令，弹出"马赛克"对话框。单击对话框中的回按钮，
显示对照预览窗口，如图 6-20 所示。

对话框中各选项的含义如下。

大小：设置马赛克显示的大小。

背景色：设置马赛克的背景颜色。

虚光：为马赛克图像添加模糊的羽化框架。

图 6-19

图 6-20

3．彩色玻璃

选择"位图 > 创造性 > 彩色玻璃"命令，弹出"彩色玻璃"对话框。单击对话框中的回按钮，显示对照预览窗口，如图 6-21 所示。

对话框中各选项的含义如下。

大小：设定彩色玻璃块的大小。

光源强度：设彩色玻璃的光源的强度。强度越小，显示越暗；强度越大，显示越亮。

焊接宽度：设定玻璃块焊接处的宽度。

焊接颜色：设定玻璃块焊接处的颜色。

三维照明：显示彩色玻璃图像的三维照明效果。

4．虚光

选择"位图 > 创造性 > 虚光"命令，弹出"虚光"对话框。单击对话框中的回按钮，显示对照预览窗口，如图 6-22 所示。

对话框中各选项的含义如下。

颜色：设定光照的颜色。

形状：设定光照的形状。

偏移：设定框架的大小。

褪色：设定图像与虚光框架的混合程度。

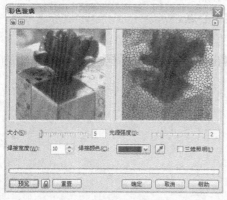
图 6-21

图 6-22

6.2.6　扭曲

选中位图，选择"位图 > 扭曲"子菜单下的命令，如图 6-23 所示。CorelDRAW X5 提供了 10 种不同的扭曲效果，下面介绍几种常用的扭曲效果。

图 6-23

1．块状

选择"位图 > 扭曲 > 块状"命令，弹出"块状"对话框。单击对话框中的回按钮，显示对照预览窗口，如图 6-24 所示。

对话框中各选项的含义如下。

未定义区域：在其下拉列表中可以设定背景部分的颜色。

块宽度、块高度：设定块状图像的尺寸大小。

最大偏移：设定块状图像的打散程度。

2．置换

选择"位图 > 扭曲 > 置换"命令，弹出"置换"对话框。单击对话框中的回按钮，显示对照预览窗口，如图 6-25 所示。

对话框中各选项的含义如下。

缩放模式：可以选择"平铺"或"伸展适合"两种模式。

▨：可以选择置换的图形。

3．像素

选择"位图 > 扭曲 > 像素"命令，弹出"像素"对话框。单击对话框中的回按钮，显示对照预览窗口，如图 6-26 所示。

对话框中各选项的含义如下。

像素化模式：当选择"射线"模式时，可以在预览窗口中设定像素化的中心点。

宽度、高度：设定像素色块的大小。

不透明：设定像素色块的不透明度，数值越小，色块就越透明。

4．龟纹

选择"位图 > 扭曲 > 龟纹"命令，弹出"龟纹"对话框。单击对话框中的回按钮，显示对照预览窗口，如图 6-27 所示。

对话框中各选项的含义如下。

周期、振幅：默认的波纹是同图像的顶端和底端平行的。拖动此滑块，可以设定波纹的周期和振幅，在右边可以看到波纹的形状。

图 6-24

图 6-25

图 6-26

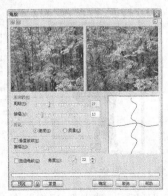

图 6-27

6.2.7 课堂案例——制作心情卡

【案例学习目标】使用位图调整命令和文本工具制作卡片。

【案例知识要点】使用位图颜色遮罩命令遮罩背景颜色；使用黑白命令为人物图片填充颜色；使用动态模糊命令制作图形模糊效果；使用颜色平衡命令调整图形颜色；使用文本工具输入文字。心情卡效果如图 6-28 所示。

图 6-28

【效果所在位置】光盘/Ch06/效果/制作心情卡.cdr。

（1）选择"文件 > 打开"命令，弹出"打开绘图"对话框。选择光盘中的"Ch06 > 素材 > 制作心情卡> 01"文件，单击"打开"按钮，效果如图 6-29 所示。

（2）选择"文件 > 导入"命令，弹出"导入"对话框。选择光盘中的"Ch06 > 素材 >制作心情卡> 02"文件，单击"导入"按钮，在页面中单击导入的图片，将其拖曳到适当的位置，效果如图 6-30 所示。

图 6-29

图 6-30

（3）选择"位图 > 位图颜色遮罩"命令，弹出"位图颜色遮罩"泊坞窗，选择"颜色选择"按钮 ，并在页面中吸取需要遮罩的颜色，如图 6-31 所示，在泊坞窗中生成新的颜色选项。其他选项的设置如图 6-32 所示。单击"应用"按钮，效果如图 6-33 所示。按 Ctrl+C 组合键，复制人物图片。

图 6-31

图 6-32

图 6-33

（4）选择"位图 > 模式 > 黑白"命令，弹出"转换为 1 位"对话框，单击"确定"按钮，效果如图 6-34 所示。

（5）选择"选择"工具⬚，在"CMYK 调色板"中的"白"色块上单击鼠标右键，并在"无填充"按钮⬚上单击鼠标左键，效果如图 6-35 所示。选择"位图 > 转换为位图"命令，弹出"转换为位图"对话框，单击"确定"按钮，将人物图片转换为位图。

（6）选择"位图 > 模式 > 动态模糊"命令，弹出"动态模糊"对话框，选项的设置如图 6-36 所示。单击"确定"按钮，效果如图 6-37 所示。

图 6-34　　　　　　　图 6-35　　　　　　　　　图 6-36　　　　　　　　　图 6-37

（7）按 Ctrl+V 组合键，将复制的图形粘贴，效果如图 6-38 所示。选择"效果 > 调整 > 颜色平衡"命令，弹出"颜色平衡"对话框，选项的设置如图 6-39 所示。单击"确定"按钮，效果如图 6-40 所示。

图 6-38　　　　　　　　　图 6-39　　　　　　　　　图 6-40

（8）选择"文本"工具字，在页面中输入需要的文字。选择"选择"工具⬚，在属性栏中选择合适的字体并设置文字大小。在"CMYK 调色板"中的"白"色块上单击鼠标，填充文字，效果如图 6-41 所示。

（9）选择"文本 > 段落格式化"命令，弹出"段落格式化"面板。选项的设置如图 6-42 所示。按 Enter 键，效果如图 6-43 所示。心情卡制作完成。

图 6-41　　　　　　　　　图 6-42　　　　　　　　　图 6-43

课堂练习——制作楼房广告

【练习知识要点】使用渐变填充工具制作背景效果；使用矩形工具和渐变填充工具制作广告架。楼房广告效果如图 6-44 所示。

【效果所在位置】光盘/Ch06/效果/制作楼房广告.cdr。

图 6-44

课后习题——制作数码广告 DM

【习题知识要点】使用文本工具和轮廓图工具制作标题文字；使用矩形工具、多边形工具和椭圆形工具制作装饰图形；使用文本工具添加文字。数码广告 DM 效果如图 6-45 所示。

【效果所在位置】光盘/Ch06/效果/制作数码广告 DM.cdr。

图 6-45

第7章
图形的特殊效果

在 CorelDRAW X5 中提供了强大的图形特殊效果编辑功能。本章主要讲解多种图形特效效果的编辑方法和制作技巧，充分利用好图形的特殊效果，可以使设计效果更加独特、新颖，使设计主题更加明确、突出。

课堂学习目标

- 掌握透明效果的应用
- 掌握调和效果的应用
- 掌握阴影效果的应用
- 掌握轮廓图效果的应用
- 掌握变形效果的应用
- 掌握封套效果的应用
- 掌握立体效果的应用
- 掌握透视效果的应用
- 掌握图框精确剪裁的应用

7.1 透明效果

使用"透明度"工具，可以制作出如均匀、渐变、图案和底纹等许多漂亮的透明效果。

7.1.1 制作透明效果

绘制并填充两个图形，选择"选择"工具，选择右侧的圆形，如图 7-1 所示。选择"透明度"工具，在属性栏中的"透明度类型"下拉列表中选择一种透明类型，如图 7-2 所示。圆形的透明效果如图 7-3 所示。用"选择"工具将圆形选中并拖放到左侧的图案上，透明效果如图 7-4 所示。

图 7-1

图 7-2

图 7-3

图 7-4

透明属性栏中各选项的含义如下。

标准 、 正常 ：选择透明类型和透明样式。

开始透明度 50 ：拖曳滑块或直接输入数值，可以改变对象的透明度。

"透明度目标"选项 全部 ：设置应用透明度到"填充"、"轮廓"或"全部"效果。

"冻结透明度"按钮 ：进一步调整透明度。

"编辑透明度"按钮 ：打开"渐变透明度"对话框，可以对渐变透明度进行具体的设置。

"复制透明度属性"按钮 ：可以复制对象的透明效果。

"清除透明度"按钮 ：可以清除对象中的透明效果。

7.1.2 课堂案例——制作 X 展架

【案例学习目标】学习使用再制命令和透明度工具绘制 X 展架。

【案例知识要点】使用贝塞尔工具和透明度工具、再制命令绘制旋转的图形；使用文本工具和插入符号字符命令输入文字和字符。X 展架效果如图 7-5 所示。

【效果所在位置】光盘/Ch07/效果/制作 X 展架.cdr。

（1）按 Ctrl+N 组合键，新建一个页面。在属性栏的"页面度量"选项中分别设置宽度为 600mm、高度为 1600mm，按 Enter 键，页面尺寸显示为设置的大小。

（2）选择"贝塞尔"工具，在适当的位置绘制图形，如图 7-6 所示。设置图形颜色的 CMYK 值为 98、91、6、0，填充图形，并去除图形的轮廓线，效果

图 7-5

如图 7-7 所示。

（3）选择"贝塞尔"工具 ，在适当的位置绘制图形，如图 7-8 所示。在"CMYK 调色板"中的"白"色块上单击鼠标，填充图形，并去除图形的轮廓线，效果如图 7-9 所示。

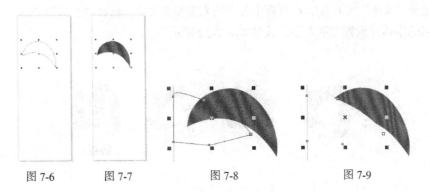

图 7-6　　　　图 7-7　　　　　图 7-8　　　　　　图 7-9

（4）选择"透明度"工具 ，鼠标的光标变为 图标，在白色图像上从左向右拖曳光标，为图形添加透明效果，在属性栏中进行设置，如图 7-10 所示。按 Enter 键，效果如图 7-11 所示。

图 7-10

图 7-11

（5）选择"选择"工具 ，选择"效果 ＞ 图框精确剪裁 ＞ 放置在容器中"命令，鼠标的光标变为黑色箭头形状，在深蓝色图形上单击，如图 7-12 所示。将白色图形置入蓝色图形中，效果如图 7-13 所示。

图 7-12　　　　　　　图 7-13

（6）按数字键盘上的+键复制一个图形，再次单击图形，将旋转中心拖曳到适当的位置，如图 7-14 所示。拖曳旋转控制手柄到适当的角度，效果如图 7-15 所示。按住 Ctrl 键的同时，再连续点按 D 键，按需要再复制出多个图形，效果如图 7-16 所示。

（7）选择"选择"工具 ，选取需要的图形。设置图形颜色的 CMYK 值为 74、20、98、15，填充图形，效果如图 7-17 所示。用相同的方法分别填充其他图形，效果如图 7-18 所示。

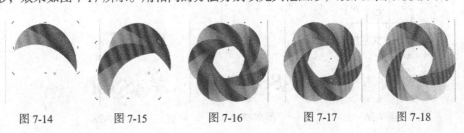

图 7-14　　　　图 7-15　　　　图 7-16　　　　图 7-17　　　　图 7-18

（8）用圈选的方法将图形全部选取，如图 7-19 所示。选择"效果 > 图框精确剪裁 > 放置在容器中"命令，鼠标的光标变为黑色箭头形状，在背景图形上单击，如图 7-20 所示。将图形置入背景图形中，效果如图 7-21 所示。

（9）选择"文本"工具字，在页面中分别输入需要的文字，选择"选择"工具，在属性栏中选择适当的字体并设置文字大小，效果如图 7-22 所示。

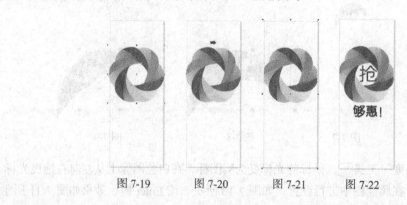

图 7-19 　　　图 7-20 　　　图 7-21 　　　图 7-22

（10）选择"文本"工具字，在页面中分别输入需要的文字，选择"选择"工具，在属性栏中选择适当的字体并分别设置文字大小，效果如图 7-23 所示。用圈选的方法选择需要的文字图形，如图 7-24 所示。在"CMYK 调色板"中的"红"色块上单击鼠标，填充文字图形，效果如图 7-25 所示。

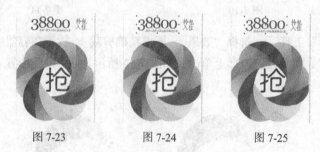

图 7-23 　　　　　图 7-24 　　　　　图 7-25

（11）选择"文本 > 插入符号字符"命令，弹出"插入字符"对话框，在对话框中按需要进行设置并选择需要的字符，如图 7-26 所示。单击"插入"按钮，将字符插入，拖曳字符到页面中适当的位置并调整其大小，效果如图 7-27 所示。在"CMYK 调色板"中的"红"色块上单击鼠标，填充字符图形，效果如图 7-28 所示。

图 7-26 　　　　　　　图 7-27 　　　　　　　图 7-28

（12）选择"选择"工具 ，再次单击字符图形，使其处于旋转状态，向右拖曳上边中间的控制节点，效果如图 7-29 所示。

（13）选择"矩形"工具 ，按住 Ctrl 键的同时，在适当的位置绘制一个图形，如图 7-30 所示。在"CMYK 调色板"中的"红"色块上单击鼠标，填充图形，并去除图形的轮廓线，效果如图 7-31 所示。按 Ctrl+PageDown 组合键，将图形移动到图层后面，效果如图 7-32 所示。

（14）选择"选择"工具 ，用圈选的方法选择需要的图形，如图 7-33 所示。在"CMYK 调色板"中的"白"色块上单击鼠标，填充文字图形，效果如图 7-34 所示。

图 7-29   图 7-30   图 7-31

图 7-32   图 7-33   图 7-34

（15）选择"文本"工具 ，分别输入需要的文字，选择"选择"工具 ，在属性栏中选择适当的字体并设置文字大小，效果如图 7-35 所示。选择需要的文字图形，如图 7-36 所示，在"CMYK 调色板"中的"红"色块上单击鼠标，填充文字图形，效果如图 7-37 所示。X 展架制作完成，效果如图 7-38 所示。

图 7-35   图 7-36   图 7-37   图 7-38

7.2 调和效果

调和工具是 CorelDRAW X5 中应用最广泛的工具之一。利用它制作出的调和效果可以在绘图对象间产生形状、颜色的平滑变化。下面具体讲解调和效果的使用方法。

绘制两个要制作调和效果的图形，如图 7-39 所示。选择"调和"工具 ，将鼠标的光标放在左边的图形上，鼠标的光标变为 ，按住鼠标左键并拖曳鼠标到右边的图形上，如图 7-40 所示。松开鼠标，两个图形的调和效果如图 7-41 所示。

图 7-39   图 7-40   图 7-41

"调和"工具的属性栏如图 7-42 所示。各选项的含义如下。

"调和步长"选项 ：可以设置调和的步数，效果如图 7-43 所示。

"调和方向" ：可以设置调和的旋转角度，效果如图 7-44 所示。

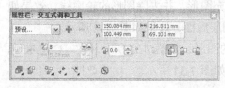

图 7-42　　　　　　　　　　图 7-43　　　　　　　　　　图 7-44

"环绕调和"按钮：调和的图形除了自身旋转外，同时将以起点图形和终点图形的中间位置为旋转中心做旋转分布，如图 7-45 所示。

"直接调和"按钮、"顺时针调和"按钮、"逆时针调和"按钮：设定调和对象之间颜色过渡的方向，效果如图 7-46 所示。

顺时针调和　　　　　　　逆时针调和

图 7-45　　　　　　　　　　图 7-46

"对象和颜色加速"按钮：调整对象和颜色的加速属性。单击此按钮，弹出如图 7-47 示的对话框，拖动滑块到需要的位置，对象加速调和效果如图 7-48 示，颜色加速调和效果如图 7-49 所示。

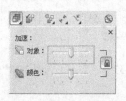

图 7-47　　　　　　　　　　图 7-48　　　　　　　　　　图 7-49

"调整加速大小"按钮：可以控制调和的加速属性。

"起始和结束属性"按钮：可以显示或重新设定调和的起始及终止对象。

"路径属性"按钮：使调和对象沿绘制好的路径分布。单击此按钮弹出如图 7-50 所示的菜单，选择"新路径"选项，鼠标的光标变为 ，在新绘制的路径上单击，如图 7-51 所示。沿路径进行调和的效果如图 7-52 所示。

"更多调和选项"按钮：可以进行更多的调和设置。单击此按钮弹出如图 7-53 所示的菜单。"映射节点"按钮，可指定起始对象的某一节点与终止对象的某一节点对应，以产生特殊的调和效果。"拆分"按钮，可将过渡对象分割成独立的对象，并可与其他对象进行再次调和。勾选"沿全路径调和"复选框，可以使调和对象自动充满整个路径。勾选"旋转全部对象"复选框，可以使调和对象的方向与路径一致。

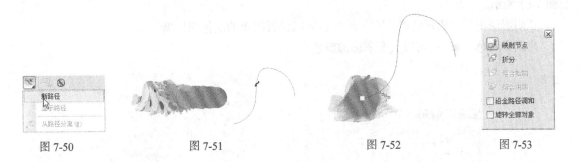

图 7-50　　　　　图 7-51　　　　　图 7-52　　　　　图 7-53

7.3　阴影效果

阴影效果是经常使用的一种特效。使用"阴影"工具 □ 可以快速给图形制作阴影效果，还可以设置阴影的透明度、角度、位置、颜色和羽化程度。下面介绍如何制作阴影效果。

7.3.1　制作阴影效果

打开一个图形，使用"选择"工具 ▶ 选取，如图 7-54 所示。再选择"阴影"工具 □，将鼠标光标放在图形上，按住鼠标左键并向阴影投射的方向拖曳鼠标，如图 7-55 所示。到需要的位置后松开鼠标，阴影效果如图 7-56 所示。

拖曳阴影控制线上的 ✎ 图标，可以调节阴影的透光程度。拖曳时越靠近 □ 图标，透光度越小，阴影越淡，效果如图 7-57 示。拖曳时越靠近 ■ 图标，透光度越大，阴影越浓，效果如图 7-58 所示。

图 7-54　　　　图 7-55　　　　图 7-56　　　　图 7-57　　　　图 7-58

"阴影"工具 □ 的属性栏如图 7-59 所示。各选项的含义如下。

"预设列表" 预设... ▼ ：选择需要的预设阴影效果。单击预设框后面的 + 或 - 按钮，可以添加或删除预设框中的阴影效果。

"阴影偏移" x 9.947 mm y 13.435 mm 、"阴影角度" 125 ：可以设置阴影的偏移位置和角度。

"阴影的不透明" 50 ：可以设置阴影的透明度。

"阴影羽化" 15 ：可以设置阴影的羽化程度。

"羽化方向" ：可以设置阴影的羽化方向。单击此按钮可弹出"羽化方向"设置区，如图 7-60 所示。

"羽化边缘" ：可以设置阴影的羽化边缘模式。单击此按钮可弹出"羽化边缘"设置区，如

图 7-61 所示。

"阴影淡出"、"阴影延展" [0 ÷ 50 ÷]：可以设置阴影的淡化和延展。

"阴影颜色" ■▼：可以改变阴影的颜色。

图 7-59

图 7-60　　　　图 7-61

7.3.2　课堂案例——制作来访证

【案例学习目标】学习使用调和工具制作来访证。

【案例知识要点】使用贝塞尔工具绘制图形，使用调和工具制作底纹，使用文本工具输入文字。来访证效果如图 7-62 所示。

【效果所在位置】光盘/Ch07/效果/制作来访证.cdr。

（1）按 Ctrl+N 组合键，新建一个页面，宽度为 190mm，高度为 130mm，单击"确定"按钮。

（2）选择"矩形"工具□，在属性栏中将"圆角半径"

图 7-62

设为 3.5mm，在页面中适当的位置绘制圆角矩形，效果如图 7-63 所示。设置轮廓线颜色的 CMYK 值为 0、0、0、40，填充轮廓线，效果如图 7-64 所示。

图 7-63　　　　　　　　　　　　　　　图 7-64

（3）选择"贝塞尔"工具，在页面中绘制一个图形，效果如图 7-65 所示。设置图形颜色的 CMYK 值为 91、55、0、0，填充图形，并去除图形的轮廓线，效果如图 7-66 所示。用相同的方法再绘制一个图形，设置图形颜色的 CMYK 值为 60、0、8、0，填充图形，并去除图形的轮廓线，效果如图 7-67 所示。

（4）选择"调和"工具，在两个图形上拖曳光标应用调和，在属性栏中将"调和步数"设为 5，按 Enter 键，效果如图 7-68 所示。

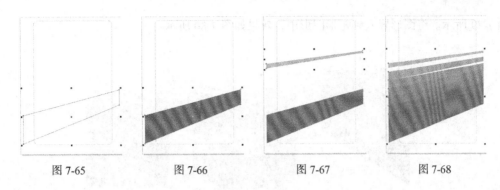

图 7-65　　　　　　图 7-66　　　　　　图 7-67　　　　　　图 7-68

（5）选择"贝塞尔"工具，在页面中绘制一个图形，效果如图 7-69 所示。设置图形颜色的 CMYK 值为 70、19、0、0，填充图形，并去除图形的轮廓线，效果如图 7-70 所示。选择"透明度"工具，在属性栏中的设置如图 7-71 所示，按 Enter 键，效果如图 7-72 所示。用相同的方法再绘制一个图形，并填充相同的颜色，效果如图 7-73 所示。

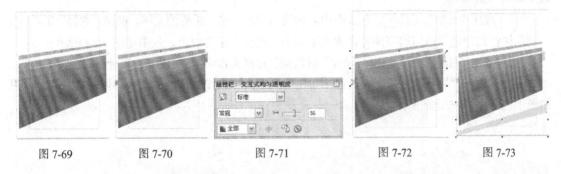

图 7-69　　　　　图 7-70　　　　　图 7-71　　　　　图 7-72　　　　图 7-73

（6）选择"调和"工具，在两个图形上拖曳光标应用调和，在属性栏中将"调和步数"设为 13，按 Enter 键，效果如图 7-74 所示。

（7）选择"贝塞尔"工具，在页面中绘制一个图形，设置图形颜色的 CMYK 值为 60、0、8、0，填充图形，并去除图形的轮廓线，效果如图 7-75 所示。用相同的方法再绘制一个图形，设置图形颜色的 CMYK 值为 91、55、0、0，填充图形，并去除图形的轮廓线，效果如图 7-76 所示。

（8）选择"调和"工具，在两个图形上拖曳光标应用调和，在属性栏中将"调和步数"设为 5，按 Enter 键，效果如图 7-77 所示。

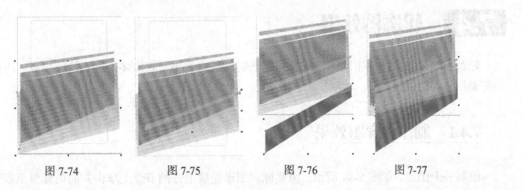

图 7-74　　　　　图 7-75　　　　　图 7-76　　　　　图 7-77

（9）选择"选择"工具，用圈选的方法选取需要的图形，如图 7-78 所示。选择"效果 > 图框精确剪裁 > 放置在容器中"命令，鼠标的光标变为黑色箭头形状，在圆角矩形图形上单击，如图 7-79 所示。将图形置入到矩形图形中，效果如图 7-80 所示。

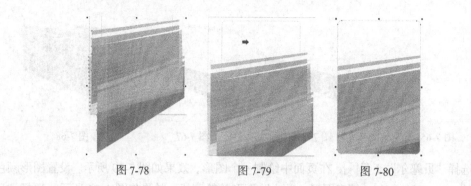

　　　图 7-78　　　　　　　　　图 7-79　　　　　　　　　图 7-80

　　（10）按 Ctrl+I 组合键，弹出"导入"对话框。选择光盘中的"Ch07 > 素材 > 制作来访卡 > 01"文件，单击"导入"按钮。在页面中单击导入的图片，将其拖曳到适当的位置并调整其大小，效果如图 7-81 所示。

　　（11）选择"文本"工具 字 ，在页面中多次插入光标，输入需要的文字。选择"选择"工具 ▷ ，分别在属性栏中选取适当的字体并设置文字大小，填充文字为白色，效果如图 7-82 所示。

　　（12）按 Ctrl+I 组合键，弹出"导入"对话框，选择光盘中的"Ch07 > 素材 > 制作来访卡 > 02"文件，单击"导入"按钮，在页面中单击导入图片，拖曳到适当的位置并调整其大小，效果如图 7-83 所示。来访证制作完成。

　　图 7-81　　　　　图 7-82　　　　　　　　　　图 7-83

7.4　轮廓图效果

　　轮廓图效果是由图形中向内部或者外部放射的层次效果，它由多个同心线圈组成。下面介绍如何制作轮廓图效果。

7.4.1　制作轮廓图效果

　　绘制一个图形，如图 7-84 所示。用鼠标在图形轮廓上方的节点上单击并向内拖曳至需要的位置，松开鼠标，效果如图 7-85 所示。

　　"轮廓"工具的属性栏如图 7-86 所示，各选项的含义如下。

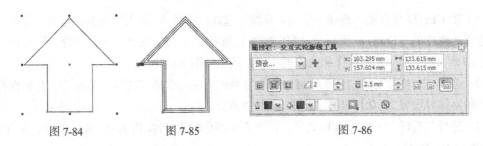

图 7-84   图 7-85   图 7-86

预设列表 [预设...▼]：选择系统预设的样式。

"内部轮廓"按钮▣、"外部轮廓"按钮▣：使对象产生向内和向外的轮廓图。

"到中心"▣：根据设置的偏移值一直向内创建轮廓图。向内、向外、到中心的效果如图 7-87 所示。

向内   向外   到中心

图 7-87

"轮廓图步长" [▣12 ⬆]、"轮廓图偏移" [▣1.5 mm]：设置轮廓图的步数和偏移值，如图 7-88、图 7-89 所示。

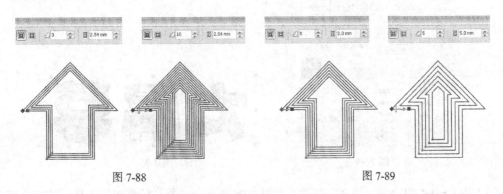

图 7-88   图 7-89

"轮廓色" [◨ ▼]：设定最内一圈轮廓线的颜色。

"填充色" [◇ ▼]：设定轮廓图的颜色。

7.4.2   课堂案例——制作 POP 促销海报

【案例学习目标】学习使用轮廓图工具制作 POP 促销海报。

【案例知识要点】使用文本工具输入并编辑标题文字，使用轮廓图工具为标题添加效果。POP 促销海报效果如图 7-90 所示。

【效果所在位置】光盘/Ch07/效果/制作 POP 促销海报.cdr。

（1）按 Ctrl+N 组合键，新建一个 A4 页面。选择"文件 > 导入"命令，弹出"导入"对话框。选择光盘中的"Ch07 > 素材 > 制作 POP 促销海报 > 01"文件，单击"导入"按钮。在页面中单击导入的图形，将其拖曳到适当的位置，效果如图 7-91 所示。

（2）选择"文本"工具 字，在页面中输入需要的文字。选择"选择"工具 、，在属性栏中选取适当的字体并设置文字的大小，效果如图 7-92 所示。

（3）选择"选择"工具 、选取文字，设置文字颜色的 CMYK 值为 0、96、0、0，填充文字，效果如图 7-93 所示。

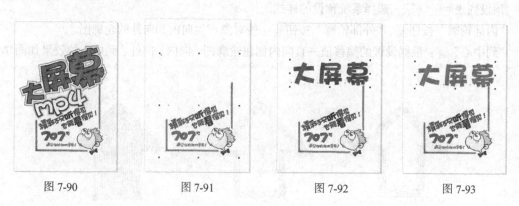

图 7-90　　　　　　　　图 7-91　　　　　　　　图 7-92　　　　　　　　图 7-93

（4）按 F12 键，弹出"轮廓笔"对话框，将"颜色"的 CMYK 值设为 0、0、0、100，其他选项的设置如图 7-94 所示。单击"确定"按钮，效果如图 7-95 所示。

图 7-94　　　　　　　　　　　　　　　　图 7-95

（5）按 Ctrl+K 组合键，将文字打散，如图 7-96 所示。选择"轮廓图"工具 ，在文字上拖曳光标，为文字添加轮廓化的效果。在属性栏中将"轮廓色"选项颜色的 CMYK 值设置为 65、18、76、0，将"填充色"选项颜色设为白色，其他选项的设置如图 7-97 所示。按 Enter 键，文字效果如图 7-98 所示。用相同的方法分别制作其他的文字，效果如图 7-99 所示。

图 7-96　　　　　　　　　　　　　　　　图 7-97

图 7-98	图 7-99

（6）选择"选择"工具，分别选取需要的文字，调整其位置、大小和角度，效果如图 7-100所示。

（7）用圈选的方法将所有文字选取，如图 7-101 所示。按 Ctrl+K 组合键，将文字打散。选择"选择"工具，按住 Shift 键的同时，选取后方的轮廓图形，单击属性栏中的"合并"按钮，将多个图形合并为一个图形，效果如图 7-102 所示。

图 7-100	图 7-101	图 7-102

（8）选择"文本"工具，在页面中输入需要的文字。选择"选择"工具，在属性栏中选取适当的字体和大小，效果如图 7-103 所示。

（9）选择"文本 > 段落格式化"命令，在弹出的面板中进行设置，如图 7-104 所示。按 Enter键，效果如图 7-105 所示。

图 7-103	图 7-104	图 7-105

（10）选择"渐变填充"工具，弹出"渐变填充"对话框。点选"双色"单选钮，将"从"选项颜色的 CMYK 值设置为 4、0、49、0，"到"选项颜色的 CMYK 值设置为 0、0、0、0，其他选项的设置如图 7-106 所示。单击"确定"按钮，填充文字图形，效果如图 7-107 所示。

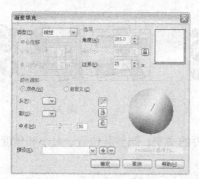

图 7-106   图 7-107

（11）按 F12 键，弹出"轮廓笔"对话框，将"颜色"的 CMYK 值设为 0、0、0、100，其他选项的设置如图 7-108 所示。单击"确定"按钮，效果如图 7-109 所示。

图 7-108   图 7-109

（12）选择"轮廓图"工具，在文字上拖曳光标，为文字添加轮廓化的效果。在属性栏中将"轮廓色"和"填充色"选项颜色的 CMYK 值设置为 29、0、47、0，其他选项的设置如图 7-110 所示。按 Enter 键，文字效果如图 7-111 所示。

（13）选择"选择"工具，选取需要的文字图形，并适当调整其位置和角度，效果如图 7-112 所示。POP 促销海报制作完成，效果如图 7-113 所示。

图 7-110   图 7-111   图 7-112   图 7-113

7.5   变形效果

"变形"工具可以使图形的变形更方便。变形后可以产生不规则的图形外观，变形后的图形效果更具弹性，更奇特。

选择"变形"工具 ，弹出如图 7-114 所示的属性栏。在属性栏中提供了 3 种变形方式："推拉变形" 、"拉链变形" 和"扭曲变形" 。

图 7-114

7.5.1　制作变形效果

1．推拉变形

绘制一个图形，如图 7-115 所示。单击属性栏中的"推拉变形"按钮 ，在图形上按住鼠标左键并向左拖曳鼠标，如图 7-116 所示。变形的效果如图 7-117 示。

图 7-115　　　　　　　　　图 7-116　　　　　　　　　图 7-117

在属性栏的"推拉振幅" 框中，可以输入数值来控制推拉变形的幅度。推拉变形的设置范围在 – 200~200。单击"居中变形"按钮 ，可以将变形的中心移至图形的中心。单击"转换为曲线"按钮 ，可以将图形转换为曲线。

2．拉链变形

绘制一个图形，如图 7-118 所示。单击属性栏中的"拉链变形"按钮 ，在图形上按住鼠标左键并向左下方拖曳鼠标，如图 7-119 所示。变形的效果如图 7-120 所示。

图 7-118　　　　　　　　　图 7-119　　　　　　　　　图 7-120

在属性栏的"拉链失真振幅" 中，可以输入数值调整变化图形时锯齿的深度。单击"随机变形"按钮 ，可以随机地变化图形锯齿的深度。单击"平滑变形"按钮 ，可以将图形锯齿的尖角变成圆弧。单击"局部变形"按钮 ，在图形中拖曳鼠标，可以将图形锯齿的局部进行变形。

3．扭曲变形

绘制一个图形，效果如图 7-121 所示。选择"变形"工具 ，单击属性栏中的"扭曲变形"

按钮  ，在图形中按住鼠标左键并转动鼠标，如图7-122所示。变形的效果如图7-123所示。

图7-121   图7-122   图7-123

单击属性栏中的"添加新的变形"按钮 ，可以继续在图形中按住鼠标左键并转动鼠标，制作新的变形效果。单击"顺时针旋转"按钮 和"逆时针旋转"按钮 ，可以设置旋转的方向。在"完全旋转" 104 文本框中可以设置完全旋转的圈数。在"附加角度" 0 文本框中可以设置旋转的角度。

7.5.2 课堂案例——制作招聘广告

【案例学习目标】学习使用扭曲工具制作制作艺术广告效果。

【案例知识要点】使用扭曲工具制作图形扭曲变形效果；使用旋转工具旋转图形；使用图框精确裁切命令将图形置入背景图层。招聘广告效果如图7-124所示。

【效果所在位置】光盘/Ch07/效果/制作招聘广告.cdr。

（1）按Ctrl+N组合键，新建一个A4页面。按Ctrl+I组合键，弹出"导入"对话框。选择光盘中的"Ch07＞素材＞制作招聘广告＞01"文件，单击"导入"按钮。在页面中单击导入的图片，按P键，图片在页面中居中对齐，效果如图7-125所示。

图7-124

（2）选择"矩形"工具 ，按住Ctrl键的同时，在页面中的适当位置绘制一个正方形，如图7-126所示。选择"选择"工具 ，在属性栏中将"旋转角度" 0.0 选项设为237，按Enter键，效果如图7-127所示。

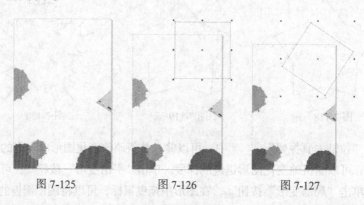

图7-125   图7-126   图7-127

（3）选择"扭曲"工具 ，单击属性栏中的"扭曲变形"按钮 ，在图像中部逆时针拖曳鼠标，如图7-128所示。松开鼠标，图形扭曲变形的效果如图7-129所示。在"CMYK调色板"中的"30%黑"色块上单击鼠标，填充图形，并去除图形的轮廓线，效果如图 7-130 所示。

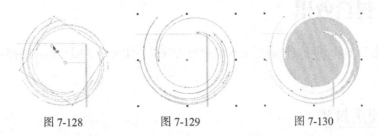

图 7-128　　　　　图 7-129　　　　　图 7-130

（4）选择"选择"工具，选取灰色图形，按数字键盘上的+键复制一个图形。按住 Shift 键的同时，向内拖曳图形右上方的控制手柄，将图形等比例缩小。在"CMYK 调色板"中的"洋红"色块上单击鼠标，填充图形，效果如图 7-131 所示。用相同的方法再复制一个图形，并将图形缩小，设置图形颜色的 CMYK 值为 50、2、95、0，填充图形，效果如图 7-132 所示。在属性栏中将"旋转角度" 0.0 选项设为 109，按 Enter 键，效果如图 7-133 所示。

（5）选择"选择"工具，用圈选的方法选取需要的图形，如图 7-134 所示，按 Ctrl+G 组合键将其群组。用相同的方法绘制其他图形，分别填充适当的颜色，效果如图 7-135 所示。

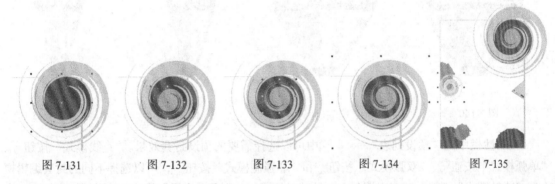

图 7-131　　　　图 7-132　　　　图 7-133　　　　图 7-134　　　　图 7-135

（6）选择"选择"工具，用圈选的方法选取需要的图形，如图 7-136 所示。选择"效果 >图框精确裁切 > 放置在容器中"命令，鼠标的光标变为黑色箭头形状，在背景图形上单击，如图 7-137 所示。将图形置入到背景中，效果如图 7-138 所示。

（7）按 Ctrl+I 组合键，弹出"导入"对话框，选择光盘中的"Ch07 > 素材 > 制作招聘广告 >02"文件，单击"导入"按钮。在页面中单击导入的图片，将其拖曳到适当的位置，效果如图 7-139 所示。招聘广告制作完成。

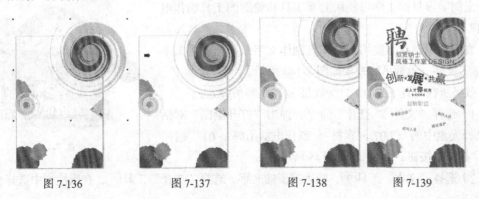

图 7-136　　　　图 7-137　　　　图 7-138　　　　图 7-139

7.6 封套效果

使用"封套"工具⊠可以快速建立对象的封套效果，使文本、图形和位图都可以产生丰富的变形效果。

7.6.1 使用封套

打开一个要制作封套效果的图形，如图 7-140 所示。选择"封套"工具⊠，单击图形，图形外围显示封套的控制线和控制点，如图 7-141 所示。用鼠标拖曳需要的控制点到适当的位置松开鼠标，可以改变图形的外形，如图 7-142 所示。选择"选择"工具⊠并按 Esc 键，取消选取，图形的封套效果如图 7-143 所示。

图 7-140　　　　　　图 7-141　　　　　　图 7-142　　　　　　图 7-143

在属性栏中的"预设列表"[预设___▾]中可以选择需要的预设封套效果。"直线模式"按钮▢、"单弧模式"按钮▢、"双弧模式"按钮▢和"非强制模式"按钮✐，可以选择不同的封套编辑模式。"映射模式"[自由变形▾]列表框包含 4 种映射模式，分别是"水平"模式、"原始的"模式、"自由变形"模式和"垂直"模式。使用不同的映射模式可以使封套中的对象符合封套的形状，制作出需要的变形效果。

7.6.2 课堂案例——制作电脑吊牌

【案例学习目标】学习使用封套工具和轮廓图工具制作电脑吊牌。

【案例知识要点】使用封套工具制作文字效果；使用文本工具输入文字。电脑吊牌效果如图 7-144 所示。

【效果所在位置】光盘/Ch07/效果/制作电脑吊牌.cdr。

（1）选择"文件 > 打开"命令，弹出"打开绘图"对话框。选择光盘中的"Ch07 > 素材 > 制作电脑吊牌 > 01"文件，单击"打开"按钮，效果如图 7-145 所示。

图 7-144

（2）选择"文本"工具字，输入需要的文字。选择"选择"工具⊠，在属性栏中选择合适的字体并设置文字大小。设置文字颜色的 CMYK 值为 0、0、20、0，填充文字，效果如图 7-146 所示。

图 7-145   图 7-146

（3）按 F12 键，弹出"轮廓笔"对话框，设置轮廓颜色的 CMYK 值为 56、91、85、40，其他选项的设置如图 7-147 所示。单击"确定"按钮，效果如图 7-148 所示。

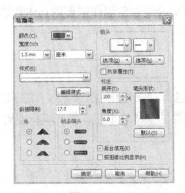

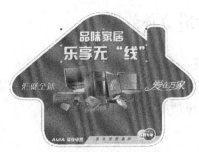

图 7-147   图 7-148

（4）选择"轮廓图"工具 ，在文字上从内向外拖曳鼠标，为图形添加轮廓化效果。单击"外部轮廓"按钮 ，其他选项的设置如图 7-149 所示。按 Enter 键，效果如图 7-150 所示。

图 7-149   图 7-150

（5）选择"文本"工具 ，输入需要的文字。选择"选择"工具 ，在属性栏中选择合适的字体并设置文字大小，填充文字为白色，效果如图 7-151 所示。

（6）选择"封套"工具 ，文字的编辑状态如图 7-152 所示。在属性栏中单击"直线模式"按钮 ，按住 Ctrl 键的同时，向右拖曳左上方的控制节点，效果如图 7-153 所示。电脑吊牌制作完成。

图 7-151   图 7-152   图 7-153

7.7 立体效果

立体效果是利用三维空间的立体旋转和光源照射的功能来完成的。CorelDRAW X5 中的"立体化"工具![icon]可以制作和编辑图形的三维效果。下面介绍如何制作图形的立体效果。

7.7.1 制作立体效果

绘制一个要立体化的图形，如图 7-154 所示。选择"立体化"工具![icon]，在图形上按住鼠标左键并向右上方拖曳鼠标，如图 7-155 所示。达到需要的立体效果后，松开鼠标左键，图形的立体化效果如图 7-156 所示。

图 7-154   图 7-155   图 7-156

"立体化"工具![icon]的属性栏如图 7-157 所示。各选项的含义如下。

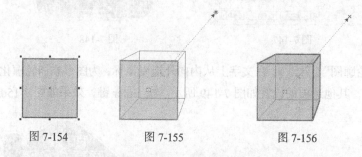

图 7-157

"立体化类型"![icon]：单击弹出下拉列表，分别选择可以出现不同的立体化效果。

"深度"![icon]：可以设置图形立体化的深度。

"灭点属性"![icon]：可以设置灭点的属性。

"页面或对象灭点"按钮![icon]：可以将灭点锁定到页面，在移动图形时灭点不能移动，立体化的图形形状会改变。

"立体的方向"按钮▣：单击此按钮，弹出旋转设置框。光标放在三维旋转设置区内会变为手形，拖曳鼠标可以在三维旋转设置区中旋转图形，页面中的立体化图形会相应地旋转。单击 ▲ 按钮，设置区中出现"旋转值"数值框，可以精确地设置立体化图形的旋转数值。单击 ◐ 按钮，恢复到设置区的默认设置。

"立体化颜色"按钮▣：单击此按钮，弹出立体化图形的"颜色"设置区。在颜色设置区中有 3 种颜色设置模式，分别是"使用对象填充"模式▣、"使用纯色"模式▣和"使用递减的颜色"模式▣。

"立体化照明"按钮▣：单击此按钮，弹出照明设置区，在设置区中可以为立体化图形添加光源。

"立体化倾斜"按钮▣：单击此按钮，弹出"斜角修饰"设置区。通过拖动面板中图例的节点来添加斜角效果，也可以在增量框中输入数值来设定斜角。勾选"只显示斜角修饰边"复选框，将只显示立体化图形的斜角修饰边。

7.7.2　课堂案例——制作话筒贴

【案例学习目标】学习使用交互式立体化工具制作话筒贴。

【案例知识要点】使用交互式立体化效果制作文字立体效果。话筒贴效果如图 7-158 所示。

【效果所在位置】光盘/Ch07/效果/制作话筒贴.cdr。

（1）选择"文件 > 打开"命令，弹出"打开绘图"对话框。选择光盘中的"Ch07 > 素材 > 制作立体字 > 01"文件，单击"打开"按钮，效果如图 7-159 所示。

（2）选择"文件 > 导入"命令，弹出"导入"对话框。选择光盘中的

图 7-158

"Ch07 > 素材 > 制作话筒贴 > 02"文件，单击"导入"按钮。在页面中单击导入的图片，调整图片的大小和位置，效果如图 7-160 所示。

图 7-159　　　　　　　　图 7-160

（3）选择"立体化"工具▣，鼠标的光标变为 ▶▣，在文字上从中心至下方拖曳鼠标，为文字添加立体化效果。在属性栏中单击"立体化颜色"按钮▣，在弹出的面板中单击"使用纯色"按钮▣，设置"使用"选项颜色的 CMYK 值为 94、49、100、15，如图 7-161 所示。文字效果如图 7-162 所示。

（4）选择"文件 > 导入"命令，弹出"导入"对话框。选择光盘中的"Ch07 > 素材 > 制

作话筒贴 > 03"文件，单击"导入"按钮，在页面中单击导入图片，调整图片的大小和位置，效果如图 7-163 所示。话筒贴制作完成，效果如图 7-164 所示。

| 图 7-161 | 图 7-162 | 图 7-163 | 图 7-164 |

7.8 透视效果

在设计和制作图形的过程中，经常会使用到透视效果。下面介绍如何在 CorelDRAW X5 中制作透视效果。

7.8.1 使用透视效果

打开要制作透视效果的图形，使用"选择"工具 将图形选中，效果如图 7-165 所示。选择"效果 > 添加透视"命令，在图形的周围出现控制线和控制点，如图 7-166 所示。用鼠标拖曳控制点，制作需要的透视效果，在拖曳控制点时出现了透视点×，如图 7-167 所示。用鼠标可以拖曳透视点×，同时可以改变透视效果，如图 7-168 所示。制作好透视效果后，按空格键，确定完成的效果。

要修改已经制作好的透视效果，需双击图形，再对已有的透视效果进行调整即可。选择"效果 > 清除透视点"命令，可以清除透视效果。

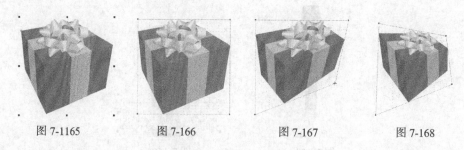

| 图 7-1165 | 图 7-166 | 图 7-167 | 图 7-168 |

7.8.2 课堂案例——制作促销海报

【案例学习目标】学习使用添加透视命令制作促销海报的标题文字。

【案例知识要点】使用添加透视命令并拖曳节点制作文字透视变形效果；使用渐变填充工具为文字填充渐变色；使用阴影工具为文字添加阴影；使用轮廓图工具为文字添加轮廓化效果；使用

文本工具输入其他说明文字。促销海报效果如图 7-169 所示。

【效果所在位置】光盘/Ch07/效果/制作促销海报.cdr。

（1）选择"文件 > 打开"命令，弹出"打开绘图"对话框。选择光盘中的"Ch07 > 素材 > 制作促销海报 > 01"文件，单击"打开"按钮，效果如图 7-170 所示。

图 7-169

（2）选择"文件 > 导入"命令，弹出"导入"对话框。选择光盘中的"Ch07 > 素材 > 制作促销海报 > 02"文件，单击"导入"按钮。在页面中单击导入的图片，将其拖曳到合适的位置并调整其大小，效果如图 7-171 所示。

（3）选择"选择"工具，用圈选的方法选取所需文字图形，在属性栏中将"旋转角度"选项设为 10，按 Enter 键，效果如图 7-172 所示。

图 7-170

图 7-171

图 7-172

（4）选择"选择"工具，选取需要的文字图形，如图 7-173 所示。选择"效果 > 添加透视"命令，在文字图形周围出现控制线和控制点，如图 7-174 所示。拖曳需要的控制点到适当的位置，透视效果如图 7-175 所示。用相同的方法制作其他文字的透视效果，如图 7-176 所示。

图 7-173　　　　　　　　　　图 7-174

图 7-175　　　　　　　　　　图 7-176

（5）选择"选择"工具，用圈选的方法选取需要的图形，如图 7-177 所示。单击属性栏中的"合并"按钮，效果如图 7-178 所示。

图 7-177

图 7-178

（6）选择"渐变填充"工具，弹出"渐变填充"对话框，点选"双色"单选钮，将"从"选项颜色的 CMYK 值设置为 100、0、0、0，"到"选项颜色的 CMYK 值设置为 0、0、0、0，其他选项的设置如图 7-179 所示。单击"确定"按钮，填充文字图形，效果如图 7-180 所示。

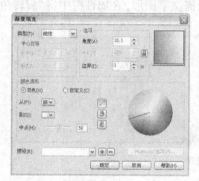

图 7-179

图 7-180

（7）选择"选择"工具，按 F12 键，弹出"轮廓笔"对话框，将"颜色"选项的 CMYK 值设置为 77、34、6、0，其他选项的设置如图 7-181 所示。单击"确定"按钮，效果如图 7-182 所示。

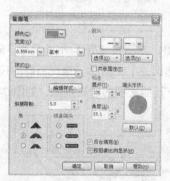

图 7-181

图 7-182

（8）选择"阴影"工具，在文字图形上从上向下拖曳光标，为文字图形添加阴影效果。在属性栏中设置阴影颜色的 CMYK 值为 100、0、0、0，其他选项的设置如图 7-183 所示。按 Enter 键，效果如图 7-184 所示。

图 7-183

图 7-184

（9）选择"轮廓图"工具，将鼠标放在文字图形上，按住鼠标左键向外侧拖曳光标，为文字图形添加轮廓化效果。在属性栏中进行设置，如图 7-185 所示。按 Enter 键，效果如图 7-186 所示。

图 7-185

图 7-186

（10）选择"文件 > 导入"命令，弹出"导入"对话框。选择光盘中的"Ch07 > 素材 > 制作促销海报 > 03"文件，单击"导入"按钮。在页面中单击导入的图片，将其拖曳到适当的位置并调整其角度，效果如图 7-187 所示。促销海报制作完成，效果如图 7-188 所示。

图 7-187

图 7-188

7.9 图框精确剪裁效果

在 CorelDRAW X5 中，使用图框精确剪裁，可以将一个对象内置于另外一个容器对象中。内置的对象可以是任意的，但容器对象必须是创建的封闭路径。

打开一个图形，再绘制一个图形作为容器对象，使用"选择"工具选中要用来内置的图形，效果如图 7-189 所示。

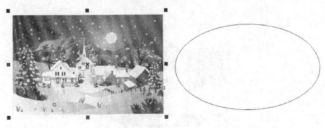

图 7-189

选择"效果 > 图框精确剪裁 > 放置在容器中"命令，鼠标的光标变为黑色箭头，将箭头放在容器对象内并单击，如图 7-190 所示。完成的图框精确剪裁对象效果如图 7-191 所示，内置图形的中心和容器对象的中心是重合的。

图 7-190

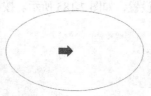

图 7-191

选择"效果 ＞ 图框精确剪裁 ＞ 提取内容"命令，可以将容器对象内的内置位图提取出来。选择"效果 ＞ 图框精确剪裁 ＞ 编辑内容"命令，可以修改内置对象。选择"效果 ＞ 图框精确剪裁 ＞ 结束编辑"命令，完成内置位图的重新选择。选择"效果 ＞ 复制效果 ＞ 图框精确剪裁自"命令，鼠标的光标变为黑色箭头，将箭头放在图框精确剪裁对象上并单击，可复制内置对象。

课堂练习——制作促销价签

【练习知识要点】使用贝塞尔工具绘制价签图形；使用椭圆形工具、渐变填充工具和星形工具绘制装饰图形；使用文本工具、轮廓图工具、贝塞尔工具、透明度工具和阴影工具制作文字效果。促销价签效果如图 7-192 所示。

【效果所在位置】光盘/Ch07/效果/制作促销价签.cdr。

图 7-192

课后习题——制作抽奖招贴

【习题知识要点】使用文本工具、轮廓图工具和合并命令制作标题文字；使用贝塞尔工具绘制装饰图形；使用文本工具添加文字。抽奖招贴效果如图 7-193 所示。

【效果所在位置】光盘/Ch07/效果/制作抽奖招贴.cdr。

图 7-193

下 篇

案例实训篇

第8章

实物的绘制

绘制效果逼真并经过艺术化处理的实物可以应用到书籍设计、杂志设计、海报设计、宣传单设计、广告设计、包装设计和网页设计等多个设计领域。本章以多个实物对象为例，讲解了绘制实物的方法和技巧。

课堂学习目标

- 了解实物绘制的应用领域
- 掌握实物的绘制思路和过程
- 掌握实物的绘制方法和技巧

8.1　实物绘制概述

实物绘制可以用计算机软件的手段和技巧并通过一定的创意和构思来进行设计和制作，如图 8-1 所示。它能表现我们生活中喜欢的物品，也能表现有趣的事物和景象。实物绘制时，在表现手法上要努力捕捉真实的感觉，充分发挥大胆的想象，尽量让画面充实和艺术化。

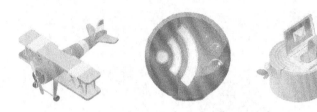

图 8-1

8.2　绘制笑脸图标

8.2.1　案例分析

本案例是为一个商业活动绘制消费者表情图标，要求绘制的图标生动有趣、色彩丰富、充满活力、与众不同，要有水晶的质感，能够体现出可爱生动的表情。

在设计过程中，先设计制作出有立体视觉的黄色圆脸图形。使用白色高光使图标更有质感。通过对蓝色的眼睛和嘴进行夸张的表现，使图标设计生动有趣，让人容易记住。

本案例将使用椭圆形工具和交互式调和工具制作图标底图。使用椭圆形工具、矩形工具和交互式透明工具添加高光。使用轮廓笔样式为嘴图形添加轮廓效果。

8.2.2　案例设计

本案例设计流程如图 8-2 所示。

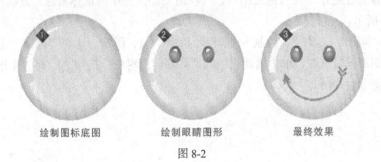

绘制图标底图　　　　绘制眼睛图形　　　　最终效果

图 8-2

8.2.3　案例制作

1．绘制图标底图

（1）按 Ctrl+N 组合键，新建一个 A4 页面。选择"椭圆形"工具◯，按住 Ctrl 键的同时绘制一个圆形，如图 8-3 所示。设置图形填充颜色的 CMYK 值为 2、31、93、0，填充图形，并去除图形的轮廓线，效果如图 8-4 所示。

（2）选择"选择"工具，单击数字键盘上的+键复制一个图形。按住 Shift 键的同时，向内拖曳圆形右上方的控制手柄，将图形缩小。在"CMYK 调色板"中的"黄"色块上单击鼠标，填充图形，效果如图 8-5 所示。

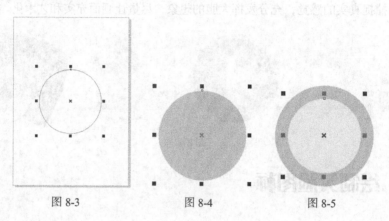

图 8-3   图 8-4   图 8-5

（3）选择"调和"工具，将光标从小圆形拖曳到大圆形上，如图 8-6 所示。在属性栏中进行设置，如图 8-7 所示。按 Enter 键，效果如图 8-8 所示。

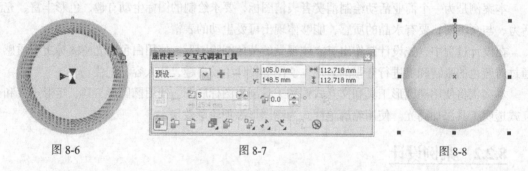

图 8-6   图 8-7   图 8-8

（4）选择"椭圆形"工具，按住 Ctrl 键的同时绘制一个圆形，如图 8-9 所示。选择"选择"工具，按住鼠标左键水平向右拖曳图形，并在适当的位置单击鼠标右键，复制一个新的图形，效果如图 8-10 所示。

（5）选择"矩形"工具，绘制一个矩形，如图 8-11 所示。选择"选择"工具，用圈选的方法将 3 个图形同时选取，单击属性栏中的"移除前面对象"按钮，将 3 个图形剪切为一个图形，效果如图 8-12 所示。

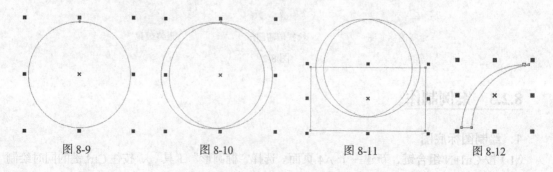

图 8-9   图 8-10   图 8-11   图 8-12

（6）选择"选择"工具，将图形拖曳到适当的位置，在"CMYK 调色板"中的"白"色块上单击，填充图形，并去除图形的轮廓线，效果如图 8-13 所示。按住 Ctrl 键的同时，垂直向下拖曳图形上边中间的控制手柄，如图 8-14 所示，在适当的位置单击鼠标右键，复制图形。

（7）选择"选择"工具，在属性栏中将"旋转角度" [0.0] 选项设为 19，按 Enter 键，效果如图 8-15 所示。

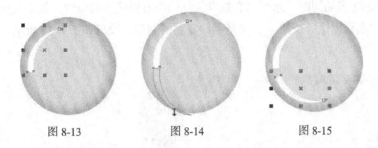

图 8-13　　　　　　　　图 8-14　　　　　　　　图 8-15

（8）选择"透明度"工具，鼠标的光标变为图标，在图形上从左上方至右下方拖曳光标，为图形添加透明效果。在属性栏中进行设置，如图 8-16 所示。按 Enter 键，效果如图 8-17 所示。

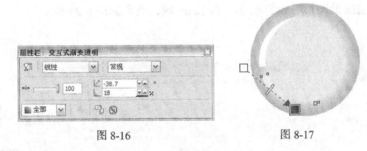

图 8-16　　　　　　　　　　　　　　图 8-17

2．绘制眼睛、嘴图形

（1）选择"椭圆形"工具，绘制一个椭圆形，如图 8-18 所示。选择"渐变填充"工具，弹出"渐变填充"对话框。点选"双色"单选钮，将"从"选项颜色的 CMYK 值设置为 100、100、0、0，"到"选项颜色的 CMYK 值设置为 31、28、4、0，其他选项的设置如图 8-19 所示。单击"确定"按钮，填充图形，并去除图形的轮廓线，效果如图 8-20 所示。

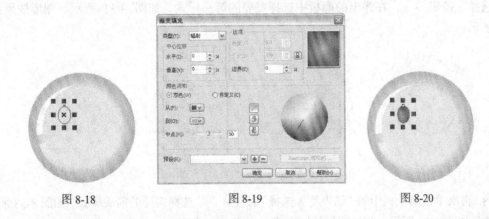

图 8-18　　　　　　　　图 8-19　　　　　　　　图 8-20

（2）选择"椭圆形"工具，按住 Ctrl 键的同时绘制一个圆形。在"CMYK 调色板"中的"白"

153

色块上单击鼠标，填充图形，并去除图形的轮廓线，效果如图 8-21 所示。

（3）选择"透明度"工具 ，鼠标的光标变为 图标，在图形上从中心至左下方拖曳光标，为图形添加透明效果。在属性栏中进行设置，如图 8-22 所示。按 Enter 键，图形透明效果如图 8-23 所示。

（4）选择"选择"工具 ，用圈选的方法将眼睛图形同时选取，按数字键盘上的+键复制一个图形。按住 Shift 键的同时，水平向右拖曳复制的图形到适当的位置，效果如图 8-24 所示。单击属性栏中的"水平镜像"按钮 ，水平翻转复制的图形，效果如图 8-25 所示。

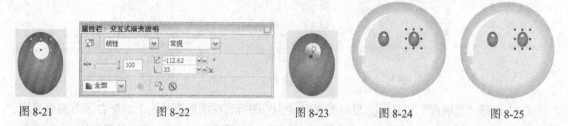

| 图 8-21 | 图 8-22 | 图 8-23 | 图 8-24 | 图 8-25 |

（5）选择"椭圆形"工具 ，绘制一个椭圆形，如图 8-26 所示。在属性栏中单击"弧形"按钮 ，其他选项的设置如图 8-27 所示。按 Enter 键，效果如图 8-28 所示。

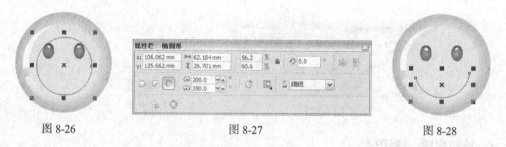

| 图 8-26 | 图 8-27 | 图 8-28 |

（6）选择"选择"工具 ，在属性栏中将"轮廓宽度" 选项设为 2.28，按 Enter 键，效果如图 8-29 所示。设置轮廓颜色的 CMYK 值为 3、66、96、0，填充弧线轮廓线的颜色，效果如图 8-30 所示。

（7）按 Ctrl+Q 组合键，将弧形转换为曲线。选择"选择"工具 ，在属性栏中单击"起始箭头选择"按钮 ，在弹出的面板中选择需要的箭头样式，如图 8-31 所示。图形效果如图 8-32 所示。

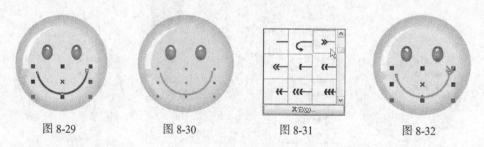

| 图 8-29 | 图 8-30 | 图 8-31 | 图 8-32 |

（8）再次单击属性栏中的"结束箭头选择"按钮 ，选择需要的箭头样式，如图 8-33 所示。图形效果如图 8-34 所示。笑脸图标绘制完成，如图 8-35 所示。

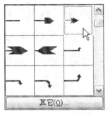

图 8-33　　　　　　　图 8-34　　　　　　图 8-35

8.3　绘制栏目图标

8.3.1　案例分析

本案例是为一家中学学校网站设计学习栏目图标，在设计图标时要抓住学习栏目的内容和特色，要求用大家常见的视觉元素来表达所要传达的信息，用丰富的想象力绘制出有代表性的图标。

在设计过程中，首先定位以笔记本和羽毛笔来代表学习栏目图标。在绘制的过程中使用粉色绘制笔记本的封面，使用白色和灰色绘制笔记本的内页，表现出中学生学习的朝气和学习生活的丰富多彩。使用蓝色的渐变处理绘制出羽毛笔，使学习栏目的主题更明确，风格更活泼生动。

本案例将使用贝塞尔工具和渐变填充工具绘制笔记本。使用星形绘制装饰图形。使用贝塞尔工具、渐变填充工具和形状工具绘制羽毛图形。使用椭圆形工具绘制墨汁。

8.3.2　案例设计

本案例设计流程如图 8-36 所示。

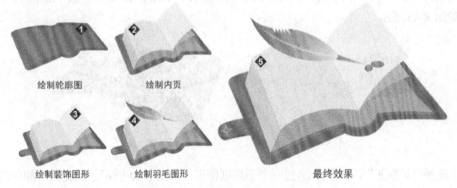

图 8-36

8.3.3　案例制作

1．绘制笔记本

（1）按 Ctrl+N 组合键，新建一个 A4 页面，单击属性栏中的"横向"按钮，页面显示为横向。选择"贝塞尔"工具，绘制一个不规则图形，如图 8-37 所示。

（2）选择"渐变填充"工具■，弹出"渐变填充"对话框。点选"双色"单选钮，将"从"选项颜色的 CMYK 值设置为 0、100、0、0，"到"选项颜色的 CMYK 值设置为 40、100、0、0，其他选项的设置如图 8-38 所示。单击"确定"按钮，填充图形，并去除图形的轮廓线，效果如图 8-39 所示。

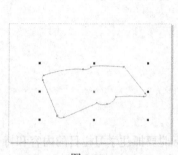
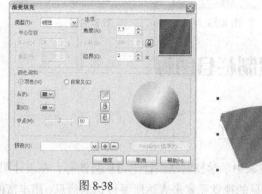

图 8-37　　　　　　　　　　图 8-38　　　　　　　　　　图 8-39

（3）选择"贝塞尔"工具，绘制一个不规则图形，如图 8-40 所示。设置图形颜色的 CMYK 值为 0、0、0、72，填充图形，并去除图形的轮廓线，效果如图 8-41 所示。

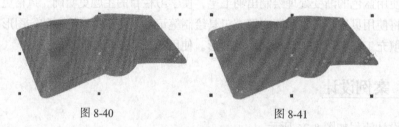

图 8-40　　　　　　　　　　图 8-41

（4）选择"透明度"工具，在属性栏中进行设置，如图 8-42 所示。按 Enter 键，图形的透明效果如图 8-43 所示。

图 8-42　　　　　　　　　　图 8-43

（5）选择"贝塞尔"工具，绘制一个不规则图形，如图 8-44 所示。设置图形颜色的 CMYK 值为 0、0、0、30，填充图形，并去除图形的轮廓线，效果如图 8-45 所示。

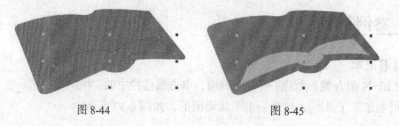

图 8-44　　　　　　　　　　图 8-45

（6）选择"贝塞尔"工具 ，绘制一个不规则图形，如图 8-46 所示。设置图形颜色的 CMYK 值为 0、0、0、36，填充图形，并去除图形的轮廓线，效果如图 8-47 所示。再次绘制一个不规则图形，设置图形颜色的 CMYK 值为 0、0、0、25，填充图形，并去除图形的轮廓线，效果如图 8-48 所示。

图 8-46　　　　　　　　　　图 8-47　　　　　　　　　　图 8-48

（7）选择"贝塞尔"工具 ，绘制一个不规则图形，如图 8-49 所示。设置图形颜色的 CMYK 值为 0、0、0、4，填充图形，并去除图形的轮廓线，效果如图 8-50 所示。再次绘制一个不规则图形，设置图形颜色的 CMYK 值为 0、0、0、6，填充图形，并去除图形的轮廓线，效果如图 8-51 所示。

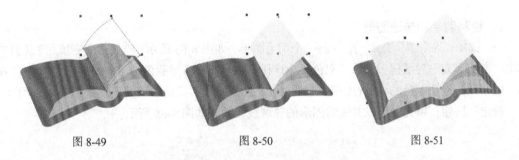

图 8-49　　　　　　　　　　图 8-50　　　　　　　　　　图 8-51

（8）选择"贝塞尔"工具 ，绘制一个四边形，如图 8-52 所示。设置图形颜色的 CMYK 值为 0、0、0、13，填充图形，并去除图形的轮廓线，效果如图 8-53 所示。

图 8-52　　　　　　　　　　图 8-53

（9）选择"贝塞尔"工具 ，绘制一个不规则图形，如图 8-54 所示。设置图形颜色的 CMYK 值为 0、100、0、0，填充图形，并去除图形的轮廓线。按 Shift+PageDown 组合键，将其置于最底层，效果如图 8-55 所示。

（10）选择"选择"工具 ，按两次数字键盘上的+键复制两个图形，分别将图形拖曳到适当的位置，效果如图 8-56 所示。同时选取两个图形，单击属性栏中的"移除前面对象"按钮 ，将两个图形剪切为一个图形，如图 8-57 所示。设置图形颜色的 CMYK 值为 40、100、0、0，填充图形，并将其拖曳到适当的位置，效果如图 8-58 所示。

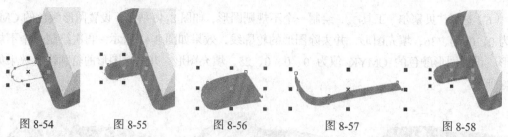

| 图 8-54 | 图 8-55 | 图 8-56 | 图 8-57 | 图 8-58 |

（11）选择"星形"工具，在属性栏中进行设置，如图 8-59 所示。拖曳鼠标绘制图形，效果如图 8-60 所示。设置图形轮廓线颜色的 CMYK 值为 0、0、100、0，填充图形的轮廓线，如图 8-61 所示。将图形拖曳到适当的位置，并旋转其角度，效果如图 8-62 所示。

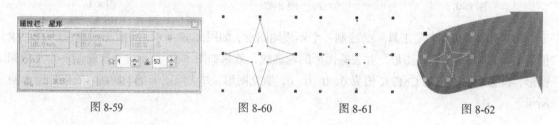

| 图 8-59 | 图 8-60 | 图 8-61 | 图 8-62 |

2. 绘制羽毛和墨迹图形

（1）选择"贝塞尔"工具，绘制一个羽毛图形，如图 8-63 所示。选择"渐变填充"工具，弹出"渐变填充"对话框。点选"双色"单选钮，将"从"选项颜色的 CMYK 值设置为 0、0、60、0，"到"选项颜色的 CMYK 值设置为 100、20、0、0，其他选项的设置如图 8-64 所示。单击"确定"按钮，填充图形，并去除图形的轮廓线，效果如图 8-65 所示。

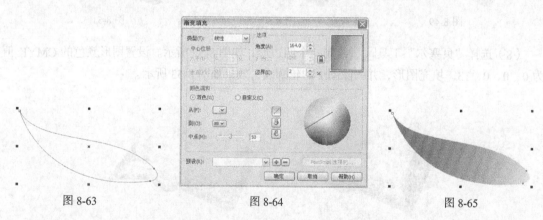

| 图 8-63 | 图 8-64 | 图 8-65 |

（2）选择"形状"工具，在羽毛图形的路径上双击光标，添加一个节点，如图 8-66 所示。用相同的方法添加多个节点，如图 8-67 所示。

| 图 8-66 | 图 8-67 |

（3）选择"形状"工具，单击选取一个节点，向内拖曳到适当的位置，如图 8-68 所示。单击属性栏中的"尖突节点"按钮，使平滑节点转换为尖突节点，并拖曳控制手柄到适当的位置，如图 8-69 所示。用相同的方法调整多个节点，效果如图 8-70 所示。

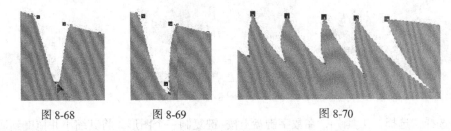

图 8-68　　　　　图 8-69　　　　　　　　　图 8-70

（4）选择"贝塞尔"工具，绘制一个不规则图形。设置图形颜色的 CMYK 值为 0、0、100、0，填充图形，并去除图形的轮廓线，效果如图 8-71 所示。

（5）选择"透明度"工具，在属性栏中进行设置，如图 8-72 所示。按 Enter 键，图形的透明效果如图 8-73 所示。

图 8-71　　　　　　　　　图 8-72　　　　　　　　　图 8-73

（6）选择"贝塞尔"工具，绘制一个不规则图形，如图 8-74 所示。选择"渐变填充"工具，弹出"渐变填充"对话钮。点选"双色"单选钮，将"从"选项颜色的 CMYK 值设置为 0、0、0、15，"到"选项颜色的 CMYK 值设置为 0、0、0、50，其他选项的设置如图 8-75 所示。单击"确定"按钮，填充图形，并去除图形的轮廓线，效果如图 8-76 所示。按 Shift+PageDown 组合键，将其置于最底层。

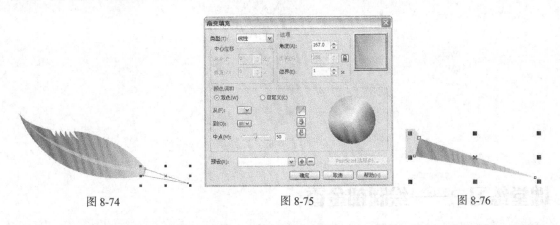

图 8-74　　　　　　　　　图 8-75　　　　　　　　　图 8-76

（7）选择"椭圆形"工具，绘制一个椭圆形，如图 8-77 所示。选择"渐变填充对话框"工具，弹出"渐变填充"对话框。点选"双色"单选钮，将"从"选项颜色的 CMYK 值设置为 0、0、0、65，"到"选项颜色的 CMYK 值设置为 0、0、0、35，其他选项的设置如图 8-78 所示。单击"确定"按钮，填充图形，并去除图形的轮廓线，效果如图 8-79 所示。

图 8-77

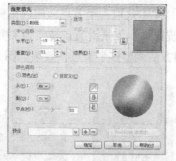

图 8-78

图 8-79

（8）选择"选择"工具 ，在数字键盘上按+键复制一个图形，将其缩小并拖曳到适当的位置，效果如图 8-80 所示。栏目图标绘制完成，如图 8-81 所示。

图 8-80　　　　　　　　　　图 8-81

课堂练习 1——绘制蜡烛

【练习知识要点】使用透明度工具制作火焰的光晕效果；使用贝塞尔工具和渐变填充工具制作蜡滴图形；使用调和工具制作火焰图形；使用扭曲工具制作灯芯图形。蜡烛效果如图 8-82 所示。

【效果所在位置】光盘/Ch08/效果/绘制蜡烛.cdr。

图 8-82

课堂练习 2——绘制郁金香

【练习知识要点】使用贝塞尔工具和基本形状工具绘制花和叶子图形；使用渐变填充工具为花瓣和花蕊填充颜色。郁金香效果如图 8-83 所示。

【效果所在位置】光盘/Ch08/效果/绘制郁金香.cdr。

图 8-83

课后习题 1——绘制钱币

【习题知识要点】使用椭圆形工具和矩形工具绘制钱币图形；使用插入字符命令为钱币添加花纹图案。使用添加透视点命令制作花纹图案的透视效果。钱币效果如图 8-84 所示。

【效果所在位置】光盘/Ch08/效果/绘制钱币.cdr。

图 8-84

课后习题 2——绘制写实物品

【习题知识要点】使用贝塞尔工具和渐变填充工具绘制鱼缸主体和细部；使用艺术笔工具绘制鱼缸中的水草和金鱼图形；通过使用贝塞尔工具、渐变工具和透明度工具绘制阴影。写实物品效果如图 8-85 所示。

【效果所在位置】光盘/Ch08/效果/绘制写实物品.cdr。

图 8-85

第9章
插画的绘制

现代插画艺术发展迅速，已经被广泛应用于杂志、周刊、广告、包装和纺织品领域。使用 CorelDRAW 绘制的插画简洁明快、独特新颖、形式多样，已经成为最流行的插画表现形式。本章以多个主题插画为例，讲解插画的多种绘制方法和制作技巧。

课堂学习目标

- 了解插画的概念和应用领域
- 了解插画的分类
- 了解插画的风格特点
- 掌握插画的绘制思路和过程
- 掌握插画的绘制方法和技巧

9.1　插画设计概述

插画，就是用来解释说明一段文字的图画。广告、杂志、说明书、海报、书籍、包装等平面作品中，凡是用来做"解释说明"用的图画都可以称之为插画。

9.1.1　插画的应用领域

通行于国外市场的商业插画包括出版物插图、卡通吉祥物插图、影视与游戏美术设计插图和广告插画 4 种形式。在中国，插画已经遍布于平面和电子媒体、商业场馆、公众机构、商品包装、影视演艺海报、企业广告，甚至 T 恤、日记本和贺年片中。

9.1.2　插画的分类

插画的种类繁多，可以分为商业广告类插画、海报招贴类插画、儿童读物类插画、艺术创作类插画、流行风格类插画，如图 9-1 所示。

商业广告类插画

海报招贴类插画

儿童读物类插画

艺术创作类插画

流行风格类插画

图 9-1

9.1.3　插画的风格特点

插画的风格和表现形式多样，有抽象手法、写实手法，有黑白的、彩色的、运用材料的、照片的、电脑制作的，现代插画运用到的技术手段更加丰富。

9.2 绘制时尚音乐插画

9.2.1 案例分析

本案例是要为时尚杂志绘制音乐节插画。栏目介绍的是时尚音乐节，在插画绘制上要通过简洁的绘画语言表现出音乐节热闹、欢快的氛围，给人时尚和潮流感。

在设计绘制过程中，先从背景入手，通过蓝色的背景营造出开放的空间，形成沉稳、安静的氛围，起到衬托的效果。在背景上方添加白色的斜线和放射状图形，产生由静到动、层层递进的效果。再通过添加立体装饰图形和乐器，突出宣传的主体，增加了画面的视觉冲击力。最后通过对宣传文字的艺术加工，点明宣传的主题，增强了设计的时尚感和潮流感。

本案例将使用矩形工具、渐变填充工具、多边形工具、变形工具、透明度工具和图框精确剪裁命令制作背景效果。使用星形工具、渐变填充工具和立体化工具制作立体星形。使用贝塞尔工具、椭圆形工具、渐变填充工具和轮廓笔命令制作装饰图形。

9.2.2 案例设计

本案例设计流程如图 9-2 所示。

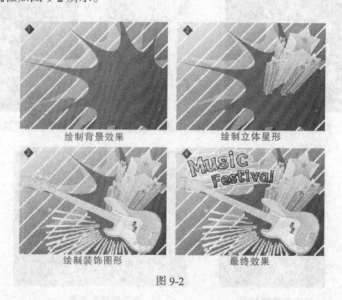

图 9-2

9.2.3 案例制作

1. 绘制背景效果

（1）按 Ctrl+N 组合键，新建一个 A4 页面。单击属性栏中的"横向"按钮，页面显示为横向。双击"矩形"工具，绘制一个与页面大小相等的矩形，如图 9-3 所示。

（2）选择"渐变填充"工具，弹出"渐变填充"对话框，点选"自定义"单选钮，在"位置"选项中分别添加 0、44、54、80、100 几个位置点，单击右下角的"其他"按钮，分别设置几个位置点颜色的 CMYK 值为 0（0、0、0、0）、44（24、0、0、0）、54（45、2、0、0）、80（82、40、0、0）、100（100、98、56、19），其他选项的设置如图 9-4 所示。单击"确定"按钮，填充图形，并去除图形的轮廓线，效果如图 9-5 所示。

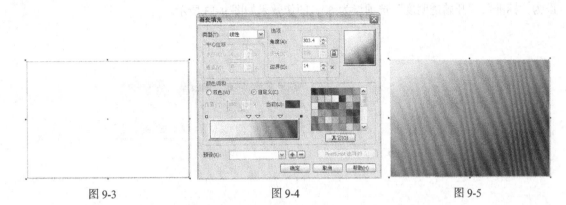

图 9-3　　　　　　　　　　　　　　图 9-4　　　　　　　　　　　　　　图 9-5

（3）选择"2 点线"工具 ，在属性栏中将"轮廓宽度" 0.2 mm 选项设为 3.5mm，绘制一条直线，如图 9-6 所示。选择"选择"工具 ，按数字键盘上的+键复制直线，并将其拖曳到适当的位置，如图 9-7 所示。

（4）选择"调和"工具 ，在两条直线上拖曳光标应用调和，在属性栏中将"调和步数"选项设为 12，按 Enter 键，效果如图 9-8 所示。

（5）选择"选择"工具 ，在"CMYK 调色板"中的"白"色块上单击鼠标右键，填充图形，效果如图 9-9 所示。

图 9-6　　　　　　　　　　　　　　图 9-7

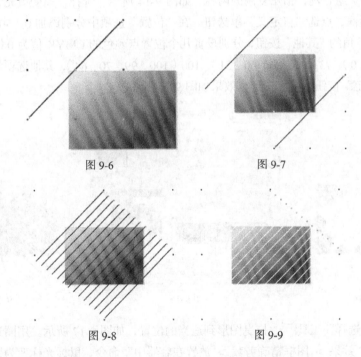

图 9-8　　　　　　　　　　　　　　图 9-9

（6）选择"多边形"工具 ，拖曳光标绘制一个多边形，填充为白色，并去除图形的轮廓线，效果如图 9-10 所示。

（7）选择"变形"工具，单击属性栏中的"推拉变形"按钮，其他选项的设置如图 9-11 所示。在图形中向右拖曳光标，效果如图 9-12 所示。

（8）按 Ctrl+C 组合键复制图形。选择"透明度"工具，在属性栏中将"透明度类型"选项设为"标准"，"开始透明度"选项设为 60，图像效果如图 9-13 所示。

图 9-10 图 9-11

图 9-12 图 9-13

（9）按 Ctrl+V 组合键，粘贴复制的内容，如图 9-14 所示。选择"渐变填充"工具，弹出"渐变填充"对话框，点选"自定义"单选钮，在"位置"选项中分别添加 0、50、73、100 几个位置点，单击右下角的"其他"按钮，分别设置几个位置点颜色的 CMYK 值为 0（69、64、0、0）、50（81、84、21、0）、73（96、96、60、51）、100（100、99、70、64），其他选项的设置如图 9-15 所示。单击"确定"按钮，填充图形，效果如图 9-16 所示。

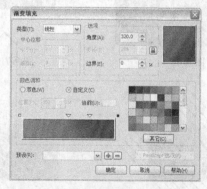

图 9-14 图 9-15 图 9-16

（10）选择"选择"工具，拖曳图形到适当的位置，如图 9-17 所示。用圈选的方法选取需要的图形。选择"效果 > 图框精确剪裁 > 放置在容器中"命令，鼠标光标变为黑色键头，在背景上单击，如图 9-18 所示。将图形置入矩形框中，如图 9-19 所示。

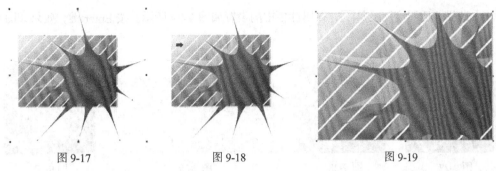

图 9-17　　　　　　图 9-18　　　　　　　　图 9-19

2. 绘制立体星形图形

（1）选择"星形"工具，其属性栏的设置如图 9-20 所示，按住 Ctrl 键的同时，拖曳光标绘制一个星形，如图 9-21 所示。选择"选择"工具，单击星形，使图形处于旋转状态。将其旋转到适当的角度，效果如图 9-22 所示。

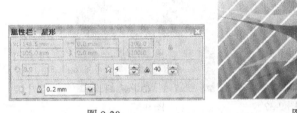

图 9-20　　　　　　　　图 9-21　　　　　　图 9-22

（2）按 F11 键，弹出"渐变填充"对话框，点选"双色"单选钮，将"从"选项颜色的 CMYK 值设为 0、57、17、0，"到"选项颜色的 CMYK 值设为 0、0、0、0，其他选项的设置如图 9-23 所示，单击"确定"按钮，填充图形，并去除图形的轮廓线，效果如图 9-24 所示。

（3）按 F12 键，弹出"轮廓笔"对话框，选项的设置如图 9-25 所示。单击"确定"按钮，效果如图 9-26 所示。

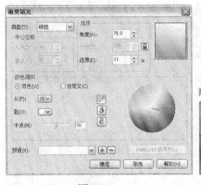

图 9-23　　　　　　图 9-24　　　　　　图 9-25　　　　　　图 9-26

（4）选择"选择"工具，按数字键盘上的+键复制星形。按住 Shift 键的同时，向内拖曳控制手柄，等比例缩小图形，效果如图 9-27 所示。在"CMYK 调色板"中的"无填充"按钮上单击鼠标，去除图形的填充，效果如图 9-28 所示。

（5）选择"透明度"工具，在属性栏中的设置如图 9-29 所示。按 Enter 键，效果如图 9-30 所示。

图 9-27

图 9-28

图 9-29

图 9-30

（6）选择"选择"工具，按数字键盘上的+键复制星形。按住 Shift 键的同时，向内拖曳控制手柄，等比例缩小图形，效果如图 9-31 所示。设置填充颜色的 CMYK 值为 0、57、17、0，填充图形，并去除图形的轮廓线，效果如图 9-32 所示。选择需要的图形，按 Ctrl+G 组合键将图形群组。用相同的方法制作其他图形，并分别填充适当的颜色，效果如图 9-33 所示。

图 9-31

图 9-32

图 9-33

（7）选择"选择"工具，选择需要的图形，按 Ctrl+G 组合键将图形群组，如图 9-34 所示。选择"立体化"工具，在图形上由中心向左下方拖曳光标。在属性栏中的设置如图 9-35 所示，效果如图 9-36 所示。

图 9-34

图 9-35

图 9-36

3. 添加素材图片并绘制装饰图形

（1）按 Ctrl+I 组合键，弹出"导入"对话框。选择光盘中的"Ch09＞素材 ＞绘制时尚音乐插画 ＞01"文件，单击"导入"按钮。在页面中单击导入的图片，将其拖曳到适当的位置，效果如图 9-37 所示。

（2）选择"贝塞尔"工具，绘制一个图形，如图 9-38 所示。选择"渐变填充"工具，弹出"渐变填充"对话

图 9-37

框，点选"自定义"单选钮，在"位置"选项中分别添加 0、44、86、100 几个位置点，单击右下角的"其他"按钮，分别设置几个位置点颜色的 CMYK 值为 0（0、0、0、0）、44（2、17、82、0）、86（0、47、98、0）、100（11、84、100、0），其他选项的设置如图 9-39 所示。单击"确定"按钮，填充图形，并去除图形的轮廓线，效果如图 9-40 所示。

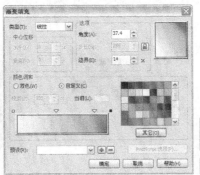

图 9-38　　　　　　　　　　　图 9-39　　　　　　　　　　　图 9-40

（3）按 F12 键，弹出"轮廓笔"对话框，选项的设置如图 9-41 所示。单击"确定"按钮，效果如图 9-42 所示。用相同的方法绘制其他图形，效果如图 9-43 所示。

图 9-41　　　　　　　　　　　图 9-42　　　　　　　　　　　图 9-43

（4）选择"星形"工具，按住 Ctrl 键的同时，拖曳光标绘制一个星形，如图 9-44 所示。选择"选择"工具，单击星形图形，使其处于旋转状态，向左拖曳右上角的控制手柄，旋转图形，效果如图 9-45 所示。

图 9-44　　　　　　　　　　　图 9-45

（5）选择"渐变填充"工具，弹出"渐变填充"对话框，点选"自定义"单选钮，在"位置"选项中分别添加 0、44、86、100 几个位置点，单击右下角的"其他"按钮，分别设置几个位置点颜色的 CMYK 值为 0（0、0、0、0）、44（2、17、82、0）、86（0、47、98、0）、100（11、84、100、0），其他选项的设置如图 9-46 所示。单击"确定"按钮，填充图形，效果如图 9-47 所示。

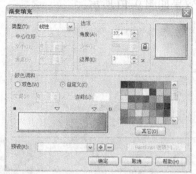

图 9-46　　　　　　　　　　　　　　　　　图 9-47

（6）按 F12 键，弹出"轮廓笔"对话框，在"颜色"选项中设置轮廓线颜色为白色，其他选项的设置如图 9-48 所示，单击"确定"按钮，效果如图 9-49 所示。用相同的方法绘制其他图形，效果如图 9-50 所示。

图 9-48　　　　　　　　　图 9-49　　　　　　　　　图 9-50

4．绘制文字装饰底图

（1）按 Ctrl+I 组合键，弹出"导入"对话框。选择光盘中的"Ch09 > 素材 > 绘制时尚音乐插画 > 02"文件，单击"导入"按钮。在页面中单击导入的图片，将其拖曳到适当的位置，效果如图 9-51 所示。

（2）选择"矩形"工具▢，在属性栏中将"圆角半径"选项均设为 5，绘制一个圆角矩形，如图 9-52 所示。

图 9-51　　　　　　　　　　　　　　　　　图 9-52

（3）选择"渐变填充"工具 ，弹出"渐变填充"对话框，点选"自定义"单选钮，在"位置"选项中分别添加 0、44、86、100 几个位置点，单击右下角的"其他"按钮，分别设置几个位置点颜色的 CMYK 值为 0（0、0、0、0）、44（0、32、17、0）、86（0、69、18、0）、100（18、100、100、0），其他选项的设置如图 9-53 所示。单击"确定"按钮，填充图形，并去除图形的轮廓线，效果如图 9-54 所示。

图 9-53

图 9-54

（4）按 F12 键，弹出"轮廓笔"对话框，选项的设置如图 9-55 所示。单击"确定"按钮，效果如图 9-56 所示。在属性栏中的"旋转角度"框 中设置数值为 7°，按 Enter 键，效果如图 9-57 所示。用相同的方法制作其他图形，效果如图 9-58 所示。

（5）选择"选择"工具 ，用圈选的方法选取需要的图形，按 Ctrl+G 组合键将图形群组，如图 9-59 所示。连续按两次按 Ctrl+PageDown 组合键，将图形向后移动，效果如图 9-60 所示。时尚音乐节插画制作完成。

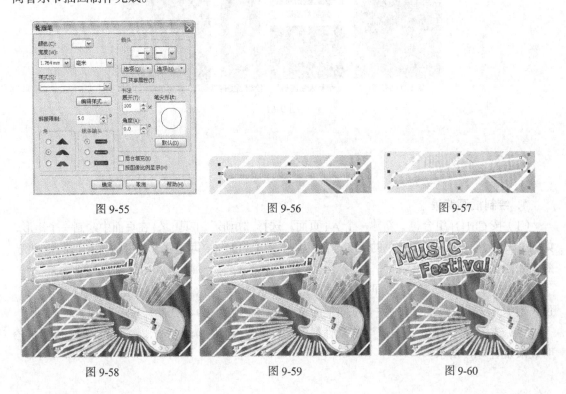

图 9-55　　　　　　　　　　图 9-56　　　　　　　　　　图 9-57

图 9-58　　　　　　　　　　图 9-59　　　　　　　　　　图 9-60

9.3 绘制时尚报纸插画

9.3.1 案例分析

本案例是为时尚报纸中的时尚生活栏目绘制插画，时尚生活栏目这期介绍的是美食时尚，在插画绘制上要以明快简约的风格表现出都市中的美食文化，营造出时尚现代的气息。

在设计绘制过程中，首先绘制出蓝色的玻璃幕墙，紫色网格状的沙发和棕色的餐桌，营造出浪漫高雅的就餐环境。再绘制出美酒、水果和甜点，特别是黄色的酒瓶放在醒目的位置，而背景玻璃幕墙中绘制出一个时尚女孩，显示出时尚美食生活的情调。

本案例将使用矩形工具、图样填充命令、贝塞尔工具和图框精确剪裁命令制作背景效果。使用椭圆形工具、贝塞尔工具和手绘工具绘制灯图形。使用螺纹工具和椭圆形工具绘制食物。使用文本工具添加酒图形上需要的文字。

9.3.2 案例设计

本案例设计流程如图 9-61 所示。

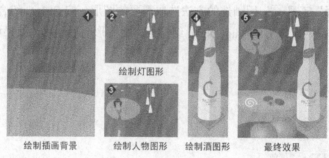

绘制插画背景　　绘制人物图形　　绘制酒图形　　最终效果

图 9-61

9.3.3 案例制作

1. 绘制插画背景

（1）按 Ctrl+N 组合键，新建一个 A4 页面。选择"矩形"工具 ，在页面中绘制一个矩形，如图 9-62 所示。设置图形颜色的 CMYK 值为 84、30、14、0，填充图形，并去除图形的轮廓线，效果如图 9-63 所示。

（2）选择"矩形"工具 ，再绘制一个矩形，如图 9-64 所示。在"CMYK 调色板"中的"蓝"色块上单击鼠标，填充图形，并去除图形的轮廓线，效果如图 9-65 所示。

（3）选择"透明度"工具 ，在属性栏中进行设置，如图 9-66 所示。按 Enter 键，图形的透明效果如图 9-67 所示。

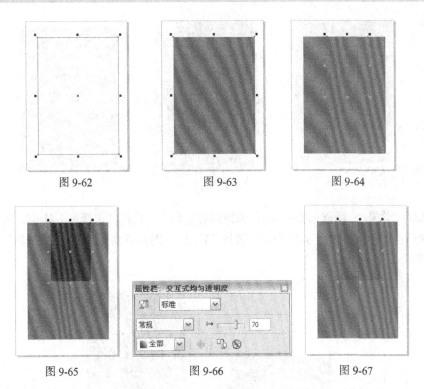

图 9-62   图 9-63   图 9-64

图 9-65   图 9-66   图 9-67

（4）选择"矩形"工具 ▢，绘制一个矩形，如图 9-68 所示。选择"图样填充"工具 ▦，弹出"图样填充"对话框。在"双色"面板中选择需要的图案，设置"前部"选项颜色的 CMYK 值为 100、20、0、0，设置"后部"选项颜色的 CMYK 值为 20、80、0、20，其他选项的设置如图 9-69 所示。单击"确定"按钮，效果如图 9-70 所示。

（5）选择"贝塞尔"工具 ✎，绘制一个不规则图形，设置图形颜色的 CMYK 值为 0、20、60、20，填充图形，并去除图形的轮廓线，效果如图 9-71 所示。

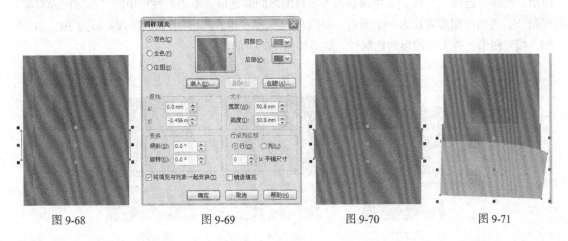

图 9-68   图 9-69   图 9-70   图 9-71

（6）选择"选择"工具 ▯，按住 Shift 键的同时，单击选取需要的图形，如图 9-72 所示。选择"效果 > 图框精确剪裁 > 放置在容器中"命令，鼠标的光标变为黑色箭头形状，在背景矩形上单击，如图 9-73 所示。将图形置入矩形中，如图 9-74 所示。

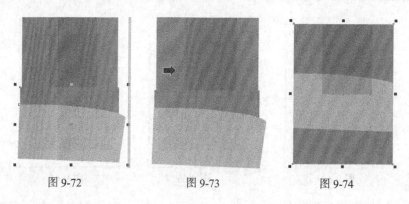

图 9-72　　　　　　　　图 9-73　　　　　　　　图 9-74

（7）选择"效果 > 图框精确剪裁 > 编辑内容"命令，选择"选择"工具，选取图形，并将其拖曳到适当的位置，如图 9-75 所示。选择"效果 > 图框精确剪裁 > 结束编辑"命令，效果如图 9-76 所示。

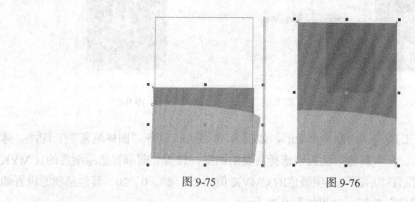

图 9-75　　　　　　　　　　图 9-76

2．绘制屋顶和灯图形

（1）选择"椭圆形"工具，分别绘制两个椭圆形，调整图形的位置及大小，效果如图 9-77 所示。选择"选择"工具，用圈选的方法将图形同时选取，单击属性栏中的"移除前面对象"按钮，将两个图形剪切为一个图形，如图 9-78 所示。设置图形颜色的 CMYK 值为 20、80、0、20，填充图形，并去除图形的轮廓线，效果如图 9-79 所示。

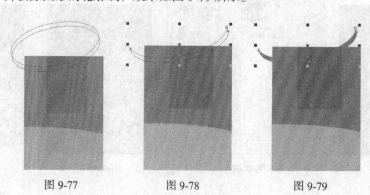

图 9-77　　　　　　　　图 9-78　　　　　　　　图 9-79

（2）选择"效果 > 图框精确剪裁 > 放置在容器中"命令，鼠标的光标变为黑色箭头形状，在背景矩形上单击，如图 9-80 所示。将图形置入矩形中，如图 9-81 所示。

（3）选择"效果 > 图框精确剪裁 > 编辑内容"命令，选择"选择"工具，选取图形，将

174

其向下移动到适当的位置，如图 9-82 所示。选择"效果 > 图框精确剪裁 > 结束编辑"命令，效果如图 9-83 所示。

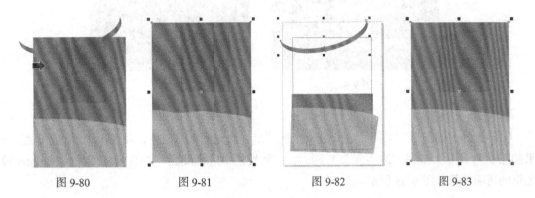

图 9-80　　　　　　　图 9-81　　　　　　　图 9-82　　　　　　　图 9-83

（4）选择"椭圆形"工具，绘制一个椭圆形，如图 9-84 所示。在"CMYK 调色板"中的"蓝"色块上单击鼠标，填充图形，并去除图形的轮廓线，效果如图 9-85 所示。

（5）选择"选择"工具，在数字键盘上按+键复制一个图形，调整图形的位置，设置图形颜色的 CMYK 值为 100、10、10、0，填充图形，效果如图 9-86 所示。

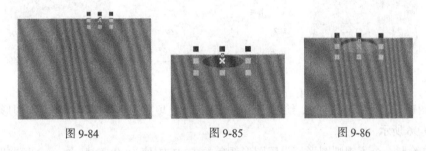

图 9-84　　　　　　　　图 9-85　　　　　　　　图 9-86

（6）选择"贝塞尔"工具，绘制一个不规则图形。在"CMYK 调色板"中的"淡黄"色块上单击鼠标，填充图形，并去除图形的轮廓线，效果如图 9-87 所示。选择"椭圆形"工具，绘制一个椭圆形，填充图形为白色，并去除图形的轮廓线，效果如图 9-88 所示。

（7）选择"手绘"工具，按住 Ctrl 键的同时绘制一条直线。在属性栏中将"轮廓宽度" 0.2 mm 选项设为 0.3，并在"CMYK 调色板"中的"淡黄"色块上单击鼠标右键，填充直线，效果如图 9-89 所示。用相同的方法，绘制多个灯图形，如图 9-90 所示。

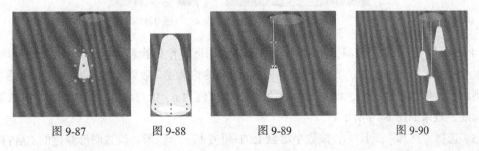

图 9-87　　　　　图 9-88　　　　　图 9-89　　　　　图 9-90

（8）选择"椭圆形"工具，分别绘制多个椭圆形，设置图形颜色的 CMYK 值为 0、20、40、0，填充图形，并去除图形的轮廓线，效果如图 9-91 所示。选择"选择"工具，按住 Shift 键的同时，单击右侧的两个椭圆形，按 Ctrl+PageDown 组合键，将其置后一位，如图 9-92 所示。

图 9-91　　　　　　　　　　　　　图 9-92

3. 绘制人物图形

（1）选择"椭圆形"工具 ，绘制一个椭圆形，填充图形为白色，并去除图形的轮廓线，效果如图 9-93 所示。选择"透明度"工具 ，在属性栏中进行设置，如图 9-94 所示。按 Enter 键，图形的透明效果如图 9-95 所示。

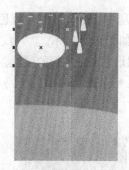

图 9-93　　　　　　　　图 9-94　　　　　　　　图 9-95

（2）选择"贝塞尔"工具 ，绘制一个不规则图形，填充图形为黑色，并去除图形的轮廓线，效果如图 9-96 所示。

（3）再绘制一个不规则图形，设置图形颜色的 CMYK 值为 40、40、0、0，填充图形，并去除图形的轮廓线，效果如图 9-97 所示。

图 9-96　　　　　　　　图 9-97

（4）选择"贝塞尔"工具 ，绘制一个不规则图形，作为脸和脖子图形，设置图形颜色的 CMYK 值为 30、5、24、10，填充图形，并去除图形的轮廓线，效果如图 9-98 所示。再绘制一个不规则图形，作为墨镜图形，设置图形颜色的 CMYK 值为 6、9、14、0，填充图形，并去除图形的轮廓线，效果如图 9-99 所示。

（5）选择"选择"工具 ，按数字键盘上的+键复制一个图形。设置图形颜色的 CMYK 值为 100、50、0、0，填充图形，微调图形到适当的位置，如图 9-100 所示。

（6）选择"贝塞尔"工具 ，绘制一个不规则图形作为嘴图形，设置图形颜色的 CMYK 值为 28、76、63、16，填充图形，并去除图形的轮廓线，效果如图 9-101 所示。

图 9-98   图 9-99   图 9-100   图 9-101

（7）选择"贝塞尔"工具，绘制一个不规则图形作为裙子图形，设置图形颜色的 CMYK 值为 60、60、0、0，填充图形，并去除图形的轮廓线，效果如图 9-102 所示。

（8）选择"贝塞尔"工具，再次绘制一个不规则图形作为手臂图形，设置图形颜色的 CMYK 值为 30、5、24、0，填充图形，并去除图形的轮廓线。按 Ctrl+PageDown 组合键，将其置后一位，如图 9-103 所示。

（9）选择"选择"工具，按数字键盘上的+键复制一个手臂图形。单击属性栏中的"水平镜像"按钮，水平翻转复制的图形，效果如图 9-104 所示。

（10）选择"贝塞尔"工具，分别绘制两个不规则图形作为腿图形，设置图形颜色的 CMYK 值为 30、5、24、0，填充图形，并去除图形的轮廓线，效果如图 9-105 所示。

图 9-102   图 9-103   图 9-104   图 9-105

4．绘制食品图形

（1）选择"椭圆形"工具，绘制一个椭圆形，在属性栏中的"轮廓宽度" 框中设置数值为 1.5，效果如图 9-106 所示。在"CMYK 调色板"中的"粉蓝"色块上单击鼠标右键，填充图形的轮廓线，效果如图 9-107 所示。

（2）选择"椭圆形"工具，绘制一个椭圆形，设置图形颜色的 CMYK 值为 20、20、0、0，填充图形，并去除图形的轮廓线，效果如图 9-108 所示。

图 9-106   图 9-107   图 9-108

（3）选择"螺纹"工具 ，在属性栏中单击"对称式螺纹"按钮 ，将"螺纹回圈"选项设为2，如图9-109所示。在页面中绘制螺旋线，如图9-110所示。在属性栏中将"轮廓宽度" 选项设为2，并在"CMYK调色板"中的"白"色块上单击鼠标右键，填充轮廓线的颜色，效果如图9-111所示。

图9-109   图9-110   图9-111

（4）选择"选择"工具 ，选取白色图形，单击属性栏中的"垂直镜像"按钮 ，垂直翻转图形，效果如图9-112所示。选择"椭圆形"工具 ，分别绘制几个椭圆形，填充图形适当的颜色，并去除图形的轮廓线，效果如图9-113所示。

图9-112   图9-113

5. 绘制酒图形

（1）选择"贝塞尔"工具 ，绘制一个不规则图形，设置图形颜色的CMYK值为0、10、70、0，填充图形，并去除图形的轮廓线，效果如图9-114所示。

（2）选择"选择"工具 ，在数字键盘上按+键复制一个图形，单击属性栏中的"水平镜像"按钮 ，水平翻转复制的图形，并将图形拖曳到适当的位置，如图9-115所示。设置图形颜色的CMYK值为0、20、100、0，填充图形，效果如图9-116所示。

图9-114   图9-115   图9-116

（3）选择"贝塞尔"工具 ，绘制一个不规则图形，在属性栏中将"轮廓宽度" 选项设为0.353，效果如图9-117所示。在"CMYK调色板"中的"绿"色块上单击鼠标，填充图形；在"红"色块上单击鼠标右键，填充图形的轮廓线。效果如图9-118所示。

（4）选择"选择"工具 ，在数字键盘上按+键复制一个图形。选择"效果 > 图框精确剪裁 > 放置在容器中"命令，鼠标的光标变为黑色箭头形状，在左侧的图形上单击，如图9-119所示，将复制的叶子图形置入图形中。选择"效果 > 图框精确剪裁 > 编辑内容"命令，选取图形，将其拖曳到适当的位置，选择"效果 > 图框精确剪裁 > 结束编辑"命令，效果如图 9-120 所示。将原叶子图形置入右侧的图形中，效果如图 9-121 所示。

图 9-117　　　　　　图 9-118　　　　　　图 9-119　　　图 9-120　　　图 9-121

（5）选择"文本"工具，输入需要的文字。选择"选择"工具，在属性栏中选择合适的字体并设置文字大小，旋转文字到适当的角度，如图 9-122 所示。设置文字颜色的 CMYK 值为 0、0、100、0，填充文字，效果如图 9-123 所示。

（6）选择"矩形"工具，绘制一个矩形，设置图形颜色的 CMYK 值为 0、0、20、0，填充图形，并去除图形的轮廓线，效果如图 9-124 所示。按 Ctrl+Q 组合键，将图形转换为曲线。选择"形状"工具，选取并调整需要的节点，效果如图 9-125 所示。

（7）选择"效果 > 图框精确剪裁 > 放置在容器中"命令，鼠标的光标变为黑色箭头形状，在左侧的图形上单击，如图 9-126 所示，将不规则图形置入左侧的图形中。选择"效果 > 图框精确剪裁 > 编辑内容"命令，选取图形，将其向下拖曳到适当的位置，选择"效果 > 图框精确剪裁 > 结束编辑"命令，效果如图 9-127 所示。

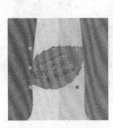

图 9-122　　　　　　图 9-123　　　　　　图 9-124　　　图 9-125　　图 9-126　　图 9-127

（8）选择"贝塞尔"工具，绘制一个不规则图形，如图 9-128 所示。在"CMYK 调色板"中的"绿"色块上单击鼠标，填充图形，并去除图形的轮廓线，效果如图 9-129 所示。

（9）选择"矩形"工具，绘制一个矩形，设置图形颜色的 CMYK 值为 0、60、100、0，填充图形，并去除图形的轮廓线，效果如图 9-130 所示。

（10）选择"文本"工具，分别输入需要的文字。选择"选择"工具，在属性栏中分别选择合适的字体并设置文字大小，分别填充适当的颜色，如图 9-131 所示。用圈选的方法，将酒瓶图形和文字同时选取，按 Ctrl+G 组合键将其群组。

（11）选择"矩形"工具，绘制一个矩形。按 Ctrl+Q 组合键，将图形转换为曲线。选择"形状"工具，选取并调整需要的节点，如图 9-132 所示。设置图形颜色的 CMYK 值为 20、0、40、40，填充图形，并去除图形的轮廓线，效果如图 9-133 所示。将图形旋转到适当的角度，效果如图 9-134 所示。

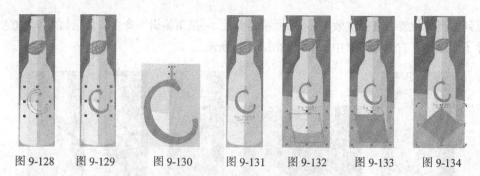

| 图 9-128 | 图 9-129 | 图 9-130 | 图 9-131 | 图 9-132 | 图 9-133 | 图 9-134 |

（12）选择"选择"工具，按住 Shift 键的同时，向内拖曳图形右上方的控制手柄，在适当的位置单击鼠标右键，复制一个图形。按 F12 键，弹出"轮廓笔"对话框。在"颜色"选项中设置轮廓线颜色的 CMYK 值为 40、0、0、0，其他选项的设置如图 9-135 所示。单击"确定"按钮，效果如图 9-136 所示。

（13）选择"选择"工具，用圈选的方法将图形同时选取，按 Ctrl+G 组合键将其群组。按 Ctrl+PageDown 组合键，将其置后一位，如图 9-137 所示。

（14）选择"文件 > 打开"命令，弹出"打开绘图"对话框。选择光盘中的"Ch09 > 素材 > 绘制时尚报纸插画 > 01"文件，单击"打开"按钮，将图形粘贴到页面中，并拖曳到适当的位置，效果如图 9-138 所示。

| 图 9-135 | 图 9-136 | 图 9-137 | 图 9-138 |

（15）选择"效果 > 图框精确剪裁 > 放置在容器中"命令，鼠标的光标变为黑色箭头形状，在背景上单击，如图 9-139 所示。将图形置入背景中，如图 9-140 所示。

（16）选择"效果 > 图框精确剪裁 > 编辑内容"命令，选取图形，将图形移动到适当的位置，选择"效果 > 图框精确剪裁 > 结束编辑"命令，效果如图 9-141 所示。时尚报纸插画绘制完成。

| 图 9-139 | 图 9-140 | 图 9-141 |

课堂练习 1——绘制水上派对插画

【练习知识要点】使用贝塞尔工具、轮廓图工具和渐变填充工具绘制小船图形；使用贝塞尔工具绘制卡通图形；使用椭圆形工具绘制眼睛图形。水上派对插画效果如图 9-142 所示。

【效果所在位置】光盘/Ch09/效果/绘制水上派对插画.cdr。

图 9-142

课堂练习 2——绘制乡村插画

【练习知识要点】使用贝塞尔工具和填充工具绘制雪山；使用贝塞尔工具和矩形工具绘制道路和山洞；使用椭圆形工具和移除前面对象命令绘制月亮；使用文本工具添加文字。乡村插画效果如图 9-143 所示。

【效果所在位置】光盘/Ch09/效果/绘制乡村插画.cdr。

图 9-143

课后习题 1——绘制生态保护插画

【习题知识要点】使用贝塞尔工具绘制鲸鱼图形；使用贝塞尔工具和手绘工具绘制嘴巴；使用椭圆形工具和贝塞尔工具绘制眼睛。生态保护插画效果如图 9-144 所示。

【效果所在位置】光盘/Ch09/效果/绘制生态保护插画.cdr。

图 9-144

课后习题 2——绘制猫咪插画

【习题知识要点】使用贝塞尔工具绘制猫的身体；使用 3 点椭圆形工具、透明度工具和星形工具绘制猫的眼睛；使用艺术笔工具绘制猫的胡须。猫咪插画效果如图 9-145 所示。

【效果所在位置】光盘/Ch09/效果/绘制猫咪插画.cdr。

图 9-145

第10章

书籍装帧设计

　　精美的书籍装帧设计可以使读者享受到阅读的愉悦。书籍装帧整体设计所考虑的项目包括开本设计、封面设计、版本设计、使用材料等内容。本章以多个类别的书籍封面为例，讲解封面的设计方法和制作技巧。

课堂学习目标

- 了解书籍装帧设计的概念
- 了解书籍装帧的主体设计要素
- 掌握书籍封面的设计思路和过程
- 掌握书籍封面的制作方法和技巧

10.1 书籍装帧设计概述

书籍装帧设计是指书籍的整体设计。它包括的内容很多，封面、扉页和插图设计是其中的三大主体设计要素。

10.1.1 书籍结构图

书籍结构图效果如图 10-1 所示。

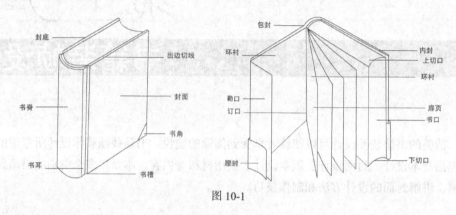

图 10-1

10.1.2 封面

封面是书籍的外表和标志，兼有保护书籍内文页和美化书籍外在形态的作用，是书籍装帧的重要组成部分，如图 10-2 所示。封面包括平装和精装两种。

要把握书籍的封面设计，就要注意把握书籍封面的 5 个要素：文字、材料、图案、色彩和工艺。

图 10-2

10.1.3 扉页

扉页是指封面或环衬页后的那一页。上面所载的文字内容与封面的要求类似，但要比封面文字的内容详尽。扉页的背面可以空白，也可以适当加一点图案作装饰点缀。

扉页除向读者介绍书名、作者名和出版社名外，还是书的入口和序曲，因而是书籍内部设计的重点，它的设计能表现出书籍的内容、时代精神和作者风格。

10.1.4　插图

插图设计是活跃书籍内容的一个重要因素。有了它，更能发挥读者的想象力和对内容的理解力，并获得一种艺术的享受。

10.1.5　正文

书籍的核心和最基本的部分是正文，它是书籍设计的基础。正文设计的主要任务是方便读者，减少阅读的困难和疲劳，同时给读者以美的享受。

正文包括几大要素：开本、版心、字体、行距、重点标志、段落起行、页码、页标题、注文以及标题。

10.2　制作倍速学习法书籍封面

10.2.1　案例分析

本案例是为一本介绍学习方法的书籍设计的封面，书名是"倍速学习法"，书的内容是介绍如何快速掌握所学知识的方法和技巧。在设计上要通过对书名的设计和其他文字的编排，制作出醒目且不失活泼的封面。

在设计制作中，首先使用灰色的背景给人认真冷静的印象，搭配同色系的装饰图形，增添了活泼的气氛；使用红色、黑体的文字制作书名，使其醒目突出、在点明主题的同时，强化了视觉冲击力；通过学士帽、铅笔和黑板等图形的添加使整个设计显得生动活泼而不呆板，增加了学习的乐趣，让读者有学习的欲望。

本案例将使用矩形工具、2 点线工具、调和工具、图框精确剪裁命令制作背景效果。使用椭圆形工具、轮廓图工具和阴影工具制作书籍装饰图形。使用椭圆形工具和合并命令制作云朵图形。使用文本工具、轮廓图工具和阴影工具制作文字效果。使用形状工具调整文字的间距。

10.2.2　案例设计

本案例设计流程如图 10-3 所示。

图 10-3

10.2.3　案例制作

1. 制作书籍正面图形

（1）按 Ctrl+N 组合键，新建一个页面，在属性栏的"页面度量"选项中分别设置宽度为 316mm、高度为 216mm，按 Enter 键，页面尺寸显示为设置的大小。

（2）选择"视图 > 标尺"命令，在视图中显示标尺，从左侧标尺上拖曳出一条辅助线，并将其拖曳到 3mm 的位置。用相同的方法，分别在 151mm、165mm、313mm 的位置上添加一条辅助线。从上边标尺上拖曳出一条辅助线，并将其拖曳到 213mm 的位置。用相同的方法，在 3mm 的位置添加一条辅助线，效果如图 10-4 所示。双击"矩形"工具，绘制一个与页面大小相等的矩形。如图 10-5 所示。

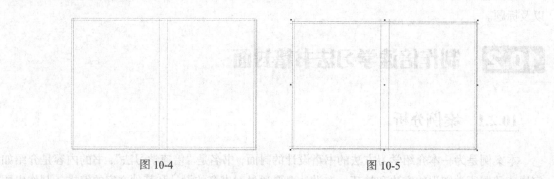

图 10-4　　　　　　　　　　　　　图 10-5

（3）选择"矩形"工具，在属性栏中将"圆角半径"选项设为 8mm，在页面中适当的位置绘制一个圆角矩形，如图 10-6 所示。设置图形颜色的 CMYK 值为 11、7、7、0，填充图形，并去除图形的轮廓线，效果如图 10-7 所示。用相同的方法再绘制一个圆角矩形，并填充相同的颜色，效果如图 10-8 所示。

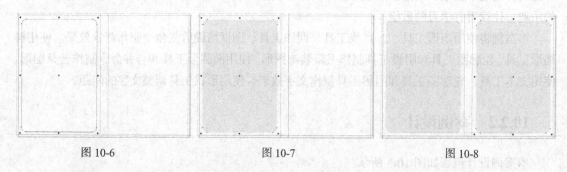

图 10-6　　　　　　　　　　图 10-7　　　　　　　　　　图 10-8

（4）选择"2 点线"工具，在页面中分别绘制两条直线，如图 10-9 所示。选择"调和"工具，在两条直线上拖曳光标应用调和，在属性栏中将"调和步数"设为 100，按 Enter 键，效果如图 10-10 所示。按 Shift+PageDown 组合键，将该图像置于最后一层，效果如图 10-11 所示。

（5）选择"选择"工具，选取需要的图形，如图 10-12 所示。选择"效果 > 图框精确裁剪 > 放置在容器中"命令，鼠标光标变为黑色箭头，在矩形上单击，如图 10-13 所示。将图形置入矩形中，效果如图 10-14 所示。

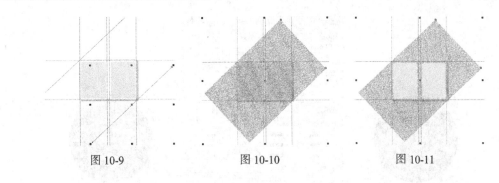

图 10-9　　　　　　　　　　图 10-10　　　　　　　　　　图 10-11

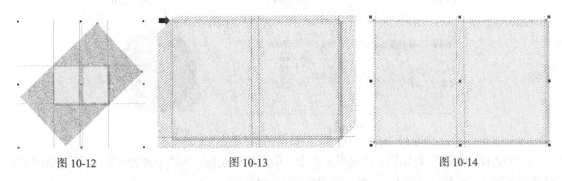

图 10-12　　　　　　　　　图 10-13　　　　　　　　　图 10-14

（6）在"CMYK 调色板"中的"20%黑"色块上单击鼠标右键，填充轮廓线，如图 10-15 所示。按 Shift+PageUp 组合键，将该图层置于最上层，效果如图 10-16 所示。按 Ctrl+I 组合键，弹出"导入"对话框，选择光盘中的"Ch10 > 素材 > 制作倍速学习法书籍封面 > 01"文件，单击"导入"按钮。在页面中单击导入的图片，将其拖曳到适当的位置，效果如图 10-17 所示。

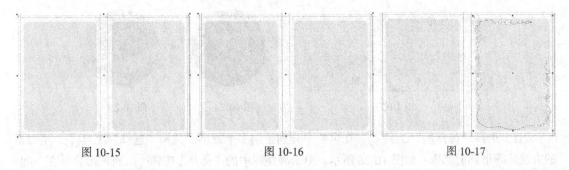

图 10-15　　　　　　　　　图 10-16　　　　　　　　　图 10-17

（7）选择"椭圆形"工具，按住 Ctrl 键的同时，在页面中绘制一个圆形。设置图形填充颜色的 CMYK 值为 10、97、59、0，填充图形，效果如图 10-18 所示。按 F12 键，弹出"轮廓笔"对话框。将"颜色"选项设为白色，其他选项的设置如图 10-19 所示。单击"确定"按钮，效果如图 10-20 所示。

（8）选择"轮廓图"工具，将鼠标放在图形上，按住鼠标左键向外侧拖曳光标，为图形添加轮廓化的效果。将"轮廓色"选项的 CMYK 值设为 0、0、40、0，其他选项的设置如图 10-21 所示。按 Enter 键，效果如图 10-22 所示。

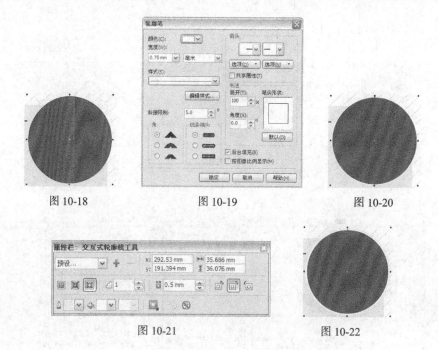

图 10-18   图 10-19   图 10-20

图 10-21   图 10-22

（9）选择"阴影"工具🔲，在图形上由中心向右拖曳光标，为图形添加阴影效果，属性栏中的设置如图 10-23 所示。按 Enter 键，效果如图 10-24 所示。

（10）按 Ctrl+I 组合键，弹出"导入"对话框。选择光盘中的"Ch10 > 素材 > 制作倍速学习法书籍封面 > 02"文件，单击"导入"按钮。在页面中单击导入的图片，将其拖曳到适当的位置，效果如图 10-25 所示。

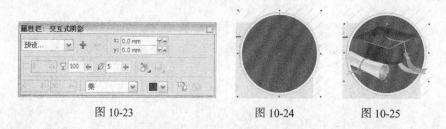

图 10-23   图 10-24   图 10-25

（11）选择"椭圆形"工具🔘，在页面中分别绘制多个圆形。选择"选择"工具🔖，用圈选的方法将圆形同时选取，如图 10-26 所示。单击属性栏中的"合并"按钮🔲，将图形合并在一起，效果如图 10-27 所示。将合并的图形填充为白色，并去除图形的轮廓线，效果如图 10-28 所示。用相同的方法再绘制两个云朵，并填充相同的颜色，效果如图 10-29 所示。

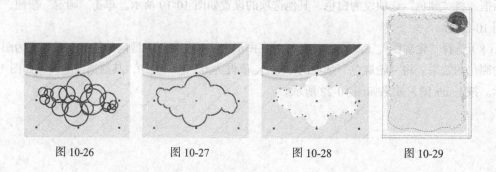

图 10-26   图 10-27   图 10-28   图 10-29

2. 制作书籍正面文字

（1）选择"文本"工具 字，分别输入需要的文字。选择"选择"工具 ，分别在属性栏中选择合适的字体并设置文字大小。将文字颜色的 CMYK 值设置为 10、97、59、0，填充文字，效果如图 10-30 所示。

（2）选择"选择"工具 ，选择"倍速"文字。按 F12 键，弹出"轮廓笔"对话框。将"颜色"选项设为白色，其他选项的设置如图 10-31 所示。单击"确定"按钮，效果如图 10-32 所示。

图 10-30　　　　　　　　　图 10-31　　　　　　　　　图 10-32

（3）选择"轮廓图"工具 ，将鼠标放在图形上，按住鼠标左键向外侧拖曳光标，为图形添加轮廓化的效果。将"轮廓色"选项的 CMYK 值设为 0、0、40、0，其他选项的设置如图 10-33 所示。按 Enter 键，效果如图 10-34 所示。

图 10-33　　　　　　　　　　　　　图 10-34

（4）选择"阴影"工具 ，在图形上由中心向右拖曳光标，为图形添加阴影效果，属性栏中的设置如图 10-35 所示。按 Enter 键，效果如图 10-36 所示。用相同的方法制作其他文字效果，如图 10-37 所示。

图 10-35　　　　　　　　　图 10-36　　　　　　　　　图 10-37

（5）选择"选择"工具 ，选取需要的图形，如图 10-38 所示。按 Shift+PageUp 组合键，将该图层置于最上层，效果如图 10-39 所示。

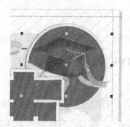

图 10-38   图 10-39

（6）选择"文本"工具字，输入需要的文字。选择"选择"工具，在属性栏中选择合适的字体并设置文字大小，效果如图 10-40 所示。用上述方法制作的文字效果，如图 10-41 所示。

（7）选择"文本"工具字，输入需要的文字。选择"选择"工具，在属性栏中选择合适的字体并设置文字大小，效果如图 10-42 所示。

图 10-40   图 10-41   图 10-42

（8）按 Ctrl+I 组合键，弹出"导入"对话框。选择光盘中的"Ch10 > 素材 > 制作倍速学习法书籍封面 > 03"文件，单击"导入"按钮。在页面中单击导入的图片，将其拖曳到适当的位置，效果如图 10-43 所示。

（9）选择"文本"工具字，输入需要的文字。选择"选择"工具，在属性栏中选择合适的字体并设置文字大小，填充文字为白色，效果如图 10-44 所示。

（10）选择"文本"工具字，分别输入需要的文字。选择"选择"工具，在属性栏中分别选择合适的字体并设置文字大小，并填充适当的颜色，效果如图 10-45 所示。

图 10-43   图 10-44   图 10-45

（11）选择"选择"工具，选取需要的图形，如图 10-46 所示。按数字键盘上的+键复制一个圆形，拖曳图形到适当的位置并调整其大小，效果如图 10-47 所示。

（12）选择"文本"工具字，输入需要的文字。选择"选择"工具，在属性栏中选择合适的字体并设置文字大小，填充文字为白色，效果如图 10-48 所示。

（13）选择"文本"工具字，输入需要的文字。选择"选择"工具，在属性栏中选择合适的字体并设置文字大小，填充文字为黑色，效果如图 10-49 所示。

图 10-46　　　　　　图 10-47　　　　　　图 10-48　　　　　　图 10-49

3．制作书籍侧面图形和文字

（1）选择"椭圆形"工具，按住 Ctrl 键的同时，在页面中绘制一个圆形。设置图形填充颜色的 CMYK 值为 10、97、59、0，填充图形，并去除图形的轮廓线，效果如图 10-50 所示。

（2）选择"矩形"工具，在属性栏中将"圆角半径"选项设为 8mm，在页面中适当的位置绘制一个圆角矩形。设置图形颜色的 CMYK 值为 10、97、59、0，填充图形，并去除图形的轮廓线，效果如图 10-51 所示。

图 10-50　　　　　　　　　图 10-51

（3）选择"选择"工具，选取书籍正面需要的图形。按数字键盘上的+键复制图形，并调整其位置和大小，如图 10-52 所示。

（4）选择"选择"工具，选取书籍正面需要的文字。按数字键盘上的+键复制文字，并调整其位置和大小，如图 10-53 所示。用上述方法制作的文字效果，如图 10-54 所示。

（5）选择"文本"工具，输入需要的文字。选择"选择"工具，在属性栏中选择合适的字体并设置文字大小，填充文字为白色，效果如图 10-55 所示。

图 10-52　　　　　　图 10-53　　　　　　图 10-54　　　　　　图 10-55

（6）选择"段落格式化"命令，弹出"段落格式化"面板，选项的设置如图 10-56 所示。按

Enter 键，效果如图 10-57 所示。

（7）选择"选择"工具，选取部分文字，设置文字颜色的 CMYK 值为 0、0、100、0，填充文字，效果如图 10-58 所示。

（8）按 Ctrl+I 组合键，弹出"导入"对话框。选择光盘中的"Ch10 > 素材 > 制作倍速学习法书籍封面 > 04"文件，单击"导入"按钮。在页面中单击导入的图片，将其拖曳到适当的位置，效果如图 10-59 所示.

图 10-56　　　　　图 10-57　　　　　图 10-58　　　　　图 10-59

4. 制作书籍图形和文字

（1）选择"选择"工具，选取书籍正面需要的图形。按数字键盘上的+键复制图形，并调整其位置和大小，如图 10-60 所示。

（2）选择"文本"工具，单击属性栏中的"将文本更改为垂直方向"按钮，输入需要的文字。选择"选择"工具，在属性栏中选择合适的字体并设置文字大小。设置文字颜色的 CMYK 值为 10、97、59、0，填充文字，效果如图 10-61 所示。

（3）选择"矩形"工具，在页面中绘制一个矩形。设置图形颜色的 CMYK 值为 11、7、7、0，填充图形，并去除图形的轮廓线，效果如图 10-62 所示。

（4）选择"文本"工具，单击属性栏中的"将文本更改为垂直方向"按钮，输入需要的文字。选择"选择"工具，在属性栏中选择合适的字体并设置文字大小，效果如图 10-63 所示。用上述方法制作的文字效果，如图 10-64 所示。

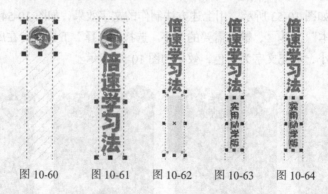

图 10-60　　　图 10-61　　　图 10-62　　　图 10-63　　　图 10-64

（5）选择"文本"工具，单击属性栏中的"将文本更改为垂直方向"按钮，分别输入需要的文字。选择"选择"工具，在属性栏中选择合适的字体并设置文字大小，并填充适当的颜色，效果如图 10-65 所示。

（6）选择"文本"工具，输入需要的文字。选择"选择"工具，在属性栏中选择合适的字体并设置文字大小，效果如图 10-66 所示。

（7）选择"选择"工具，选取书籍正面需要的图形。按数字键盘上的+键复制图形，并调整其位置和大小，如图 10-67 所示。倍速学习法书籍封面制作完成，效果如图 10-68 所示。

图 10-65　　图 10-66　　图 10-67　　　　　　图 10-68

10.3　制作巴厘岛旅游攻略

10.3.1　案例分析

本案例是一本旅游类书籍的封面设计。书的内容讲解的是巴厘岛的旅游攻略，在封面设计上要通过对书名的设计和风景图片的编排，表现出巴厘岛的美景，营造出放松休闲的氛围。

在设计过程中，使用绿色的背景营造出安宁、平静的氛围，通过与景色图片的结合展示出景区的美景，一目了然。使用装饰图形突出书籍名称，使读者的视线都集中在书名上，达到宣传的效果。在封底和书脊的设计上巧妙地使用文字和图形组合，增加读者对旅游景区的兴趣，增强读者的购书欲望。

本案例将使用矩形工具和透明度工具制作背景效果。使用椭圆形工具、贝塞尔工具、合并命令和轮廓笔命令制作装饰图形。使用文本工具添加文字。使用形状工具调整文字的间距。

10.3.2　案例设计

本案例设计流程如图 10-69 所示。

图 10-69

10.3.3 案例制作

1. 制作书籍正面背景图形

（1）按 Ctrl+N 组合键，新建一个页面。在属性栏的"页面度量"选项中分别设置宽度为 351mm，高度为 246mm。按 Enter 键，页面尺寸显示为设置的大小。

图 10-70

（2）选择"视图 > 标尺"命令。在视图中显示标尺，从左侧标尺上拖曳出一条辅助线，并将其拖曳到 3mm 的位置。用相同的方法，分别在 169mm、181mm、348mm 的位置添加一条辅助线。从上方标尺上拖曳出一条辅助线，并将其拖曳到 243mm 的位置。用相同的方法，在 3mm 的位置上添加一条辅助线，效果如图 10-70 所示。

（3）双击"矩形"工具，绘制一个与页面大小相等的矩形，如图 10-71 所示。设置图形填充颜色的 CMYK 值为 60、0、30、0，填充图形，并去除图形的轮廓线，效果如图 10-72 所示。

（4）选择"选择"工具，按数字键盘上的+键复制图形，拖曳上方中间的控制手柄到适当的位置，设置图形填充颜色的 CMYK 值为 0、0、100、0，填充图形，效果如图 10-73 所示。

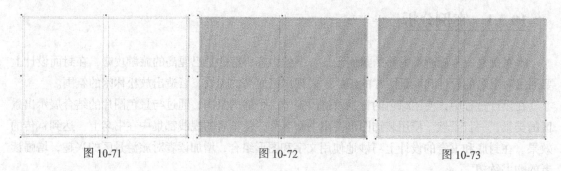

图 10-71　　　　　　　　图 10-72　　　　　　　　图 10-73

（5）按 Ctrl+I 组合键，弹出"导入"对话框。选择光盘中的"Ch10 > 素材 > 制作巴厘岛旅游攻略 > 01"文件，单击"导入"按钮。在页面中单击导入的图片，并将其拖曳到适当的位置，效果如图 10-74 所示。

（6）选择"透明度"工具，在图片上从下向上拖曳光标，为图形添加透明效果。在属性栏中进行设置，如图 10-75 所示。按 Enter 键，效果如图 10-76 所示。

图 10-74　　　　　　　　　　图 10-75　　　　　　　　　图 10-76

2. 制作标题文字和装饰图形

（1）选择"椭圆形"工具 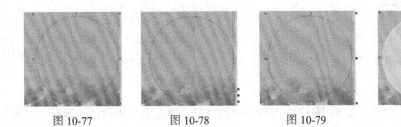，按住 Ctrl 键的同时，绘制一个圆形，如图 10-77 所示。选择"贝塞尔"工具 ，绘制一个图形，如图 10-78 所示。选择"选择"工具 ，用圈选的方法选取需要的图形，单击属性栏中的"合并"按钮 ，将两个图形合并为一个图形，效果如图 10-79 所示。设置图形填充颜色的 CMYK 值为 40、0、20、0，填充图形，并去除图形的轮廓线，效果如图 10-80 所示。

图 10-77　　　　图 10-78　　　　图 10-79　　　　图 10-80

（2）按 F12 键，弹出"轮廓笔"对话框，选项的设置如图 10-81 所示。单击"确定"按钮，效果如图 10-82 所示。

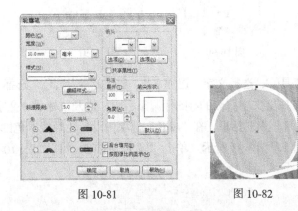

图 10-81　　　　　　　　图 10-82

（3）选择"选择"工具 ，用圈选的方法选取需要的图形，如图 10-83 所示。选择"效果 >图框精确剪裁 > 放置在容器中"命令，鼠标光标变为黑色箭头，在背景图形上单击，如图 10-84所示。将图形置入矩形框中，如图 10-85 所示。

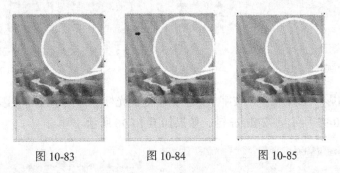

图 10-83　　　　图 10-84　　　　图 10-85

（4）选择"文本"工具 ，分别输入需要的文字。选择"选择"工具 ，分别在属性栏中选择适当的字体并设置文字大小，效果如图 10-86 所示。选择文字"Traveler"，选择"文本"工具 ，分别选取需要的文字，填充适当的颜色，效果如图 10-87 所示。按 F12 键，弹出"轮廓笔"对话框，选项的设置如图 10-88 所示。单击"确定"按钮，效果如图 10-89 所示。

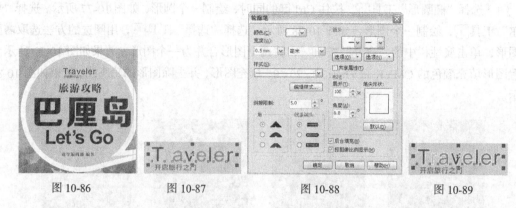

图 10-86   图 10-87   图 10-88   图 10-89

（5）选择"选择"工具，选择文字"开启旅行之门"，填充文字为白色。选择"形状"工具，文字的编辑状态如图 10-90 所示，向右拖曳文字右侧的图标调整字距，松开鼠标后，文字效果如图 10-91 所示。

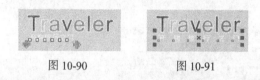

图 10-90   图 10-91

（6）选择"选择"工具，选择文字"巴厘岛"，填充文字为黄色。选择"形状"工具，使文字处于编辑状态，向左拖曳文字右侧的图标调整字距，松开鼠标后，文字效果如图 10-92 所示。按 F12 键，弹出"轮廓笔"对话框，在"颜色"选项中设置轮廓线颜色的 CMYK 值为 80、0、60、50，其他选项的设置如图 10-93 所示。单击"确定"按钮，效果如图 10-94 所示。

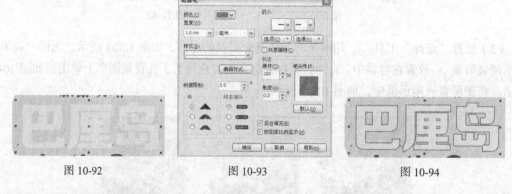

图 10-92   图 10-93   图 10-94

（7）选择"阴影"工具。在文字上从上向下拖曳光标，为文字添加阴影效果。在属性栏中进行设置，如图 10-95 所示。按 Enter 键，效果如图 10-96 所示。

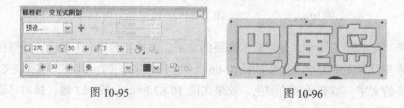

图 10-95   图 10-96

3. 制作装饰图形并添加内容文字

（1）选择"文本"工具 字，输入需要的文字。选择"选择"工具，在属性栏中选择适当的字体并设置文字大小，效果如图 10-97 所示。选择"形状"工具，文字的编辑状态如图 10-98 所示。向下拖曳文字下方的 ⧦图标调整行距，松开鼠标后，文字效果如图 10-99 所示。

图 10-97　　　　　　　　　　　图 10-98　　　　　　　　图 10-99

（2）选择"文本 > 插入符号字符"命令，弹出"插入字符"对话框，在对话框中按需要进行设置并选择需要的字符，如图 10-100 所示。单击"插入"按钮，将字符插入，拖曳字符到适当的位置并调整其大小，效果如图 10-101 所示。设置字符填充颜色的 CMYK 值为 0、100、100、0，填充字符，并去除字符的轮廓线，效果如图 10-102 所示。

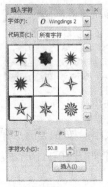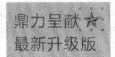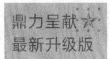

图 10-100　　　　　　　　图 10-101　　　　　　　　图 10-102

（3）选择"文本"工具 字，单击"将文本更改为垂直方向"按钮，分别输入需要的文字。选择"选择"工具，分别在属性栏中选择合适的字体并设置文字大小和角度，效果如图 10-103 所示。用圈选的方法选取需要的文字，在"CMYK 调色板"中的"黄"色块上单击鼠标，填充文字，效果如图 10-104 所示。

（4）选择"贝塞尔"工具，绘制一个图形。设置填充颜色的 CMYK 值为 40、0、20、0，填充图形，并去除图形的轮廓线，效果如图 10-105 所示。用相同的方法再绘制一个图形，并填充相同的颜色，效果如图 10-106 所示。

（5）按 Ctrl+I 组合键，弹出"导入"对话框。选择光盘中的"Ch10 > 素材 > 制作巴厘岛旅游攻略 > 02"文件，单击"导入"按钮。在页面中单击导入的图片，并将其拖曳到适当的位置，效果如图 10-107 所示。

 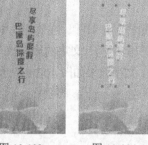   

图 10-103 　　　 图 10-104 　　　 图 10-105 　　　 图 10-106 　　　 图 10-107

（6）按 Ctrl+I 组合键，弹出"导入"对话框。选择光盘中的"Ch10 > 素材 > 制作巴厘岛旅游攻略 > 03、04"文件，单击"导入"按钮。在页面中分别单击导入的图片，并将其拖曳到适当的位置，效果如图 10-108 所示。

（7）选择"文本"工具，单击"将文本更改为水平方向"按钮，分别输入需要的文字。选择"选择"工具，分别在属性栏中选择合适的字体并设置文字大小，填充适当的颜色，效果如图 10-109 所示。

图 10-108

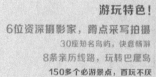

图 10-109

（8）选择"选择"工具，用圈选的方法选取需要的文字。按 F12 键，弹出"轮廓笔"对话框，选项的设置如图 10-110 所示。单击"确定"按钮，效果如图 10-111 所示。

图 10-110

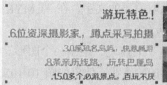

图 10-111

（9）选择"文本 > 插入符号字符"命令，弹出"插入字符"对话框，在对话框中按需要进行设置并选择需要的字符，如图 10-112 所示。单击"插入"按钮，插入字符，拖曳字符到适当的位置并调整其大小，效果如图 10-113 所示，

图 10-112

图 10-113

（10）选择"文本"工具 <u>字</u>，分别输入需要的文字。选择"选择"工具 <u> </u>，分别在属性栏中选择合适的字体并设置文字大小，效果如图 10-114 所示。选择文字"Literature Publishing House"。选择"形状"工具 <u> </u>，文字的编辑状态如图 10-115 所示，向左拖曳文字右方的 <u>⊪</u> 图标调整字距，松开鼠标后，文字效果如图 10-116 所示。选择"2 点线"工具 <u> </u>，绘制一条直线，效果如图 10-117 所示。

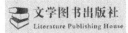

图 10-114

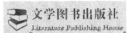

图 10-115

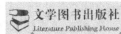

图 10-116

图 10-117

4. 制作书籍背面图形和文字

（1）选择"矩形"工具 <u> </u>，绘制一个矩形，将其填充为白色，并去除图形的轮廓线，效果如图 10-118 所示。

（2）按 Ctrl+I 组合键，弹出"导入"对话框。选择光盘中的"Ch10 > 素材 > 制作巴厘岛旅游攻略 > 05"文件，单击"导入"按钮。在页面中单击导入的图片，并将其拖曳到适当的位置，效果如图 10-119 所示。按 Ctrl+PageDown 组合键，将图片向后移动一层，效果如图 10-120 所示。

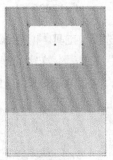

图 10-118

图 10-119

图 10-120

（3）选择"效果 > 图框精确剪裁 > 放置在容器中"命令，鼠标光标变为黑色箭头，在白色矩形上单击，如图 10-121 所示。将图片置入矩形框中，如图 10-122 所示。

（4）按 F12 键，弹出"轮廓笔"对话框，选项的设置如图 10-123 所示。单击"确定"按钮，效果如图 10-124 所示。

图 10-121

图 10-122

图 10-123

图 10-124

（5）选择"阴影"工具，在图形上从上向下拖曳光标，为文字添加阴影效果。在属性栏中进行设置，如图 10-125 所示。按 Enter 键，效果如图 10-126 所示。

图 10-125

图 10-126

（6）选择"文本"工具，输入需要的文字。选择"选择"工具，在属性栏中选择合适的字体并设置文字大小，效果如图 10-127 所示。选择"形状"工具，文字的编辑状态如图 10-128 所示。向下拖曳文字下方的图标调整行距，松开鼠标后，文字效果如图 10-129 所示。

图 10-127

图 10-128

图 10-129

（7）选择"文本"工具，分别选取需要的文字，填充适当的颜色，效果如图 10-130 所示。

输入需要的文字，选择"选择"工具，在属性栏中选择合适的字体并设置文字大小，将文字填充为白色，效果如图 10-131 所示。在"CMYK 调色板"中的"黑"色块上单击鼠标右键，为文字添加轮廓线，效果如图 10-132 所示。

图 10-130   图 10-131   图 10-132

（8）按 Ctrl+I 组合键，弹出"导入"对话框。选择光盘中的"Ch10 > 素材 > 制作巴厘岛旅游攻略 > 06"文件，单击"导入"按钮。在页面中单击导入的图片，并将其拖曳到适当的位置，效果如图 10-133 所示。

（9）选择"文本"工具，输入需要的文字。选择"选择"工具，在属性栏中选择合适的字体并设置文字大小，效果如图 10-134 所示。选择"形状"工具，将文字处于编辑状态，向下拖曳文字下方的 ⇟ 图标调整行距，松开鼠标后，文字效果如图 10-135 所示。

图 10-133   图 10-134   图 10-135

5. 制作书籍图形和文字

（1）选择"矩形"工具，绘制一个矩形，设置填充颜色的 CMYK 值为 40、100、0、0，并去除图形的轮廓线，效果如图 10-136 所示。连续多次按数字键盘上的+键复制矩形，并分别拖曳到适当的位置，填充适当的颜色，效果如图 10-137 所示。

（2）选择"文本"工具，单击"将文本更改为垂直方向"按钮，分别输入需要的文字。选择"选择"工具，分别在属性栏中选择合适的字体并设置文字大小，填充适当的颜色，效果如图 10-138 所示。

（3）选择"选择"工具，选择文字"巴厘岛"。按 F12 键，弹出"轮廓笔"对话框。在"颜色"选项中设置轮廓线颜色的 CMYK 值为 80、0、60、50，其他选项的设置如图 10-139 所示。单击"确定"按钮，效果如图 10-140 所示。

图 10-136   图 10-137   图 10-138   图 10-139   图 10-140

（4）选择"文本"工具，单击"将文本更改为水平方向"按钮，输入需要的文字。选择"选择"工具，在属性栏中选择合适的字体并设置文字大小和角度，填充为白色，效果如图 10-141 所示。

（5）选择"文本"工具，单击"将文本更改为垂直方向"按钮，分别输入需要的文字。选择"选择"工具，分别在属性栏中选择合适的字体并设置文字大小，填充适当的颜色，效果如图 10-142 所示。

（6）选择"选择"工具，选取书籍正面需要的图形。按数字键盘上的+键复制图形，并调整其位置和大小，效果如图 10-143 所示。巴厘岛旅游攻略制作完成，效果如图 10-144 所示。

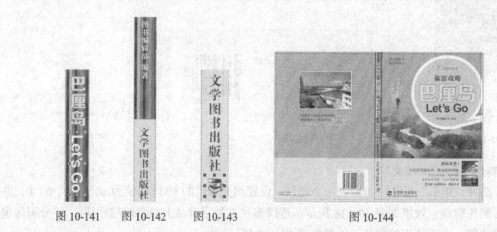

图 10-141   图 10-142   图 10-143   图 10-144

课堂练习1——制作古物鉴赏书籍封面

【练习知识要点】使用图样填充工具和透明度工具制作书籍封面背景；使用移除前面对象命令修整图形；使用图框精确剪裁命令将图形置入不规则图形中；使用文本工具输入直排、横排文字；使用插入条形码命令制作条形码。古物鉴赏书籍封面效果如图 10-145 所示。

【效果所在位置】光盘/Ch10/效果/制作古物鉴赏书籍封面.cdr。

图 10-145

课堂练习 2——制作古城风景书籍封面

【练习知识要点】使用辅助线命令添加辅助线；使用透明度工具制作背景图片；使用文本工具和阴影工具制作文字效果；使用钢笔工具和文本工具制作图章；使用椭圆形工具和透明度工具制作装饰图形；使用插入条码命令制作书籍条形码。古城风景书籍封面效果如图 10-146 所示。

【效果所在位置】光盘/Ch10/效果/制作古城风景书籍封面.cdr。

图 10-146

课后习题 1——制作异域兵主书籍封面

【习题知识要点】使用辅助线命令添加辅助线；使用矩形工具和贝塞尔工具制作背景效果；使用文本工具、转化为曲线命令和形状工具制作标题文字；使用文本工具添加文字；使用插入条码命令制作书籍条形码。异域兵主书籍封面效果如图 10-147 所示。

【效果所在位置】光盘/Ch10/效果/制作异域兵主书籍封面.cdr。

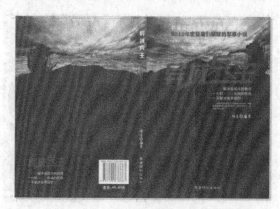

图 10-147

课后习题 2——制作女性养生堂书籍封面

【习题知识要点】使用 2 点线工具、调和工具和图框精确剪裁命令制作背景效果；使用文本工具和渐变填充工具制作文字效果；使用 2 点线工具和椭圆形工具绘制装饰图形。女性养生堂书籍封面效果如图 10-148 所示。

【效果所在位置】光盘/Ch10/效果/制作女性养生堂书籍封面.cdr。

图 10-148

第11章

杂志设计

　　杂志是比较专项的宣传媒介之一，它具有目标受众准确、实效性强、宣传力度大、效果明显等特点。时尚生活类杂志的设计可以轻松活泼、色彩丰富。版式内的图文编排可以灵活多变，但要注意把握风格的整体性。本章以多个杂志栏目为例，讲解杂志的设计方法和制作技巧。

课堂学习目标

- 了解杂志设计的特点和要求
- 了解杂志设计的主要设计要素
- 掌握杂志栏目的设计思路和过程
- 掌握杂志栏目的制作方法和技巧

11.1　杂志设计的概述

随着社会的发展，杂志已经逐渐变成一个多方位多媒体集合的产物。杂志的设计不同于其他的广告设计，其主要是根据杂志所属的行业和杂志的内容来进行设计和排版的，这点在封面上尤其突出。

11.1.1　封面

杂志封面的设计是一门艺术类的学科。不管是用什么形式去表现，必须按照杂志本身的一些特性和规律去设计。杂志封面上的元素一般分为 3 部分：杂志名称 LOGO 和杂志月号、杂志栏目和文章标题、条形码，如图 11-1 所示。

图 11-1

11.1.2　目录

目录又叫目次，是全书内容的纲领，它显示出结构层次的先后，设计要眉目清楚、条理分明，才有助于读者迅速了解全部内容，如图 11-2 所示。目录可以放在前面或者后面。科技书籍的目录必须放在前面，起指导作用。文艺书籍的目录也可放在书的末尾。

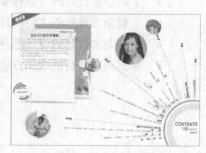

图 11-2

11.1.3　内页

杂志的内页设计是以文字为主、图片为辅的形式。文字又包括正文部分、大标题、小标题等，如图 11-3 所示。整个文字和图片又在一定的内芯尺寸范围之内，这部分是整个杂志的重要部分，位于整个杂志的中间部分。上面是页眉，下面是页码。

图 11-3

11.2 制作新娘杂志封面

11.2.1 案例分析

新娘杂志是一本为即将步入婚姻殿堂的女性奉献的新婚类杂志。杂志的主要内容是介绍和新婚相关的如服饰美容、婚嫁现场、蜜月新居等信息。本杂志在封面设计上，要营造出新婚幸福浪漫的氛围，通过对杂志内容的精心设计，表现出现代婚礼的时尚温馨。

在设计制作中，首先用新娘杂志专业模特的婚纱照片来作为杂志封面的背景，烘托出温馨幸福的新婚气氛。通过对杂志名称文字的艺术化处理，表现出杂志浪漫活泼的文化气息。通过不同样式的栏目标题表达杂志的核心内容。封面中文字与图形的编排布局要相对集中紧凑，使页面布局合理有序。

本案例将使用图框精确剪裁命令制作背景图片。使用文本工具、形状工具和基本形状工具制作标题文字。使用文本工具添加栏目名称。使用阴影工具为文字添加阴影效果。使用轮廓笔对话框为文字添加轮廓。

11.2.2 案例设计

本案例设计流程如图 11-4 所示。

编辑素材图片　　　添加并编辑文字　　　添加素材图片　　　最终效果

图 11-4

11.2.3 案例制作

1. 制作杂志背景

（1）按 Ctrl+N 组合键，新建一个页面，在属性栏的"页面度量"选项中分别设置宽度为 216mm、高度为 303mm，按 Enter 键，页面尺寸显示为设置的大小。双击"矩形"工具 ，绘制一个与页面大小相等的矩形，效果如图 11-5 所示。

（2）按 Ctrl+I 组合键，弹出"导入"对话框。选择光盘中的"Ch11 > 素材 > 制作新娘杂志封面 > 01"文件，单击"导入"按钮。在页面中单击导入的图片，将其拖曳到适当的位置，效果如图 11-6 所示。

（3）选择"效果 > 图框精确剪裁 > 放置在容器中"命令，鼠标的光标变为黑色箭头形状，在矩形背景上单击，如图 11-7 所示。将人物图片置入矩形背景中，效果如图 11-8 所示。

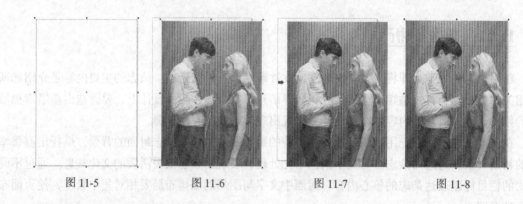

图 11-5　　　　　　图 11-6　　　　　　图 11-7　　　　　　图 11-8

2. 制作杂志标题文字

（1）选择"文本"工具 ，输入需要的文字。选择"选择"工具 ，在属性栏中选择合适的字体并设置文字大小，效果如图 11-9 所示。设置文字颜色的 CMYK 值为 0、100、60、0，填充文字，效果如图 11-10 所示。按 Ctrl+K 组合键将文字进行拆分，拆分后的文字效果如图 11-11 所示。

图 11-9　　　　　　　　　　图 11-10　　　　　　　　　图 11-11

（2）按 Ctrl+Q 组合键，将文字转换为曲线。选择"形状"工具 ，用圈选的方法将不需要的节点同时选取，如图 11-12 所示。按 Delete 键删除节点，效果如图 11-13 所示。选择"选择"工具 ，选取文字"娘"，按 Ctrl+Q 组合键，将文字转换为曲线。选择"形状"工具 ，用相同的方法选取并删除不需要的节点，效果如图 11-14 所示。

图 11-12　　　　　　　图 11-13　　　　　　　图 11-14

（3）选择"贝塞尔"工具 ，绘制一个不规则图形，如图 11-15 所示。设置图形颜色的 CMYK 值为 0、100、60、0，填充图形，并去除图形的轮廓线，效果如图 11-16 所示。

（4）选择"基本形状"工具 ，在属性栏中单击"完美图形"按钮 ，在弹出的下拉列表中选择需要的图标，如图 11-17 所示。拖曳鼠标绘制图形，效果如图 11-18 所示。

图 11-15　　　　图 11-16　　　　　图 11-17　　　　　　图 11-18

（5）设置图形颜色的 CMYK 值为 0、100、60、0，填充图形，并去除图形的轮廓线，效果如图 11-19 所示。选择"选择"工具 ，在数字键盘上按+键复制一个图形，在属性栏中的"旋转角度" 框中设置数值为 320，按 Enter 键，旋转复制的图形，效果如图 11-20 所示。选择"选择"工具 ，用圈选的方法选取文字和图形，按 Ctrl+L 组合键将其结合，效果如图 11-21 所示。

图 11-19　　　　　　图 11-20　　　　　　图 11-21

（6）按 F12 键，弹出"轮廓笔"对话框。在"颜色"选项中设置轮廓线的颜色为白色，其他选项的设置如图 11-22 所示。单击"确定"按钮，效果如图 11-23 所示。

图 11-22　　　　　　　　　　图 11-23

（7）选择"文本"工具 ，输入需要的文字。选择"选择"工具 ，在属性栏中选择合适的字体并设置文字大小，填充文字为白色，效果如图 11-24 所示。选择"形状"工具 ，向左拖曳文字下方的 ，调整文字的间距，效果如图 11-25 所示。

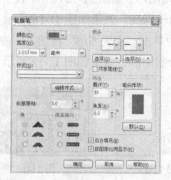

图 11-24　　　　　　　　　　　　　图 11-25

（8）按 F12 键，弹出"轮廓笔"对话框。在"颜色"选项中设置轮廓线颜色的 CMYK 值为 0、100、60、0，其他选项的设置如图 11-26 所示。单击"确定"按钮，效果如图 11-27 所示。

图 11-26　　　　　　　　　　　　　图 11-27

3．添加内容文字

（1）选择"文本"工具，输入需要的文字。选择"选择"工具，在属性栏中选择合适的字体并设置文字大小，填充文字为白色，效果如图 11-28 所示。选择"形状"工具，向下拖曳文字左侧的，调整文字的行距，效果如图 11-29 所示。

图 11-28　　　　　　　　　　　　　图 11-29

（2）选择"文本"工具，输入需要的文字。选择"选择"工具，在属性栏中选择合适的字体并设置文字大小。设置文字颜色的 CMYK 值为 0、100、60、0，填充文字，效果如图 11-30 所示。

（3）按 F12 键，弹出"轮廓笔"对话框。在"颜色"选项中设置轮廓线的颜色为白色，其他选项的设置如图 11-31 所示。单击"确定"按钮，效果如图 11-32 所示

图 11-30　　　　　　　　图 11-31　　　　　　　　图 11-32

（4）选择"文本"工具 字，输入需要的文字。选择"选择"工具 ，在属性栏中选择合适的字体并设置文字大小，填充文字为白色，效果如图 11-33 所示。

（5）选择"文本"工具 字，输入需要的文字。选择"选择"工具 ，在属性栏中选择合适的字体并设置文字大小，填充文字为白色，效果如图 11-34 所示。选取文字"七"，在属性栏中选择适当的文字大小，效果如图 11-35 所示。

图 11-33

图 11-34

图 11-35

（6）选择"椭圆形"工具 ，按住 Ctrl 键的同时绘制一个圆形，如图 11-36 所示。设置图形颜色的 CMYK 值为 0、100、60、0，填充图形，在"无填充"按钮 上单击鼠标右键，去除图形的轮廓线，效果如图 11-37 所示。按 Ctrl+PageDown 组合键，调整图形的前后顺序，效果如图 11-38 所示。

图 11-36

图 11-37

图 11-38

（7）选择"文本"工具 字，输入需要的文字。选择"选择"工具 ，在属性栏中选择合适的字体和文字大小。设置文字颜色的 CMYK 值为 0、100、60、0，填充文字，效果如图 11-39 示。

（8）选择"选择"工具 ，在数字键盘上按+键复制文字，并将其填充为白色，效果如图 11-40 所示。

（9）按 Ctrl+PageDown 组合键，调整图形的前后顺序。按 F12 键，弹出"轮廓笔"对话框。在"颜色"选项中设置轮廓线的颜色为白色，将"宽度"选项设为 2.5，其他选项设置为默认值，单击"确定"按钮，效果如图 11-41 所示。

图 11-39

图 11-40

图 11-41

（10）选择"阴影"工具 ，在文字上从左至右拖曳光标，为文字添加阴影效果，属性栏中的设置如图 11-42 所示。按 Enter 键，效果如图 11-43 所示。

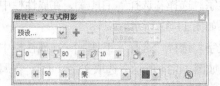

图 11-42

图 11-43

（11）选择"文本"工具，分别输入需要的文字。选择"选择"工具，分别选取需要的文字，在属性栏中选择合适的字体并设置文字大小，效果如图 11-44 所示。选择"文本"工具，分别选取需要的文字，调整文字的大小并填充适当的颜色，效果如图 11-45 所示。

图 11-44

图 11-45

4．打开并编辑素材图片

（1）选择"文本"工具，输入需要的文字。分别选取需要的文字，在属性栏中选择合适的字体并设置文字大小，填充文字为白色，效果如图 11-46 所示。选择"形状"工具，向上拖曳文字左侧的，调整文字的行距，效果如图 11-47 所示。

图 11-46

图 11-47

（2）选择"文本"工具，输入需要的文字。选择"选择"工具，在属性栏中选择合适的字体并设置文字大小，填充文字为白色，效果如图 11-48 所示。

（3）选择"文本"工具，输入需要的文字。选择"选择"工具，在属性栏中选择合适的字体并设置文字大小。设置文字颜色的 CMYK 值为 0、100、60、0，填充文字，效果如图 11-49 所示。再次单击文字，使文字处于旋转状态，拖曳右上角的控制手柄，将文字旋转到适当的角度，效果如图 11-50 所示。

图 11-48

图 11-49

图 11-50

（4）按 F12 键，弹出"轮廓笔"对话框。在"颜色"选项中设置轮廓线的颜色为白色，其他选项的设置如图 11-51 所示。单击"确定"按钮，效果如图 11-52 所示。用上述方法制作文字"漫"，效果如图 11-53 所示。

图 11-51　　　　　　　　图 11-52　　　　　　　　图 11-53

（5）选择"文本"工具，输入需要的文字。选择"选择"工具，在属性栏中选择合适的字体并设置文字大小，填充文字为白色，效果如图 11-54 所示。选取文字"矛盾"，调整文字的大小并填充适当的颜色，效果如图 11-55 所示。

（6）选择"文件 > 打开"命令，弹出"打开绘图"对话框。选择光盘中的"Ch11 > 素材 > 制作新娘杂志封面 > 02、03"文件，单击"打开"按钮，将图形粘贴到页面中，并分别拖曳到适当的位置，效果如图 11-56 所示。新娘杂志封面制作完成。

图 11-54　　　　　　　　图 11-55　　　　　　　　图 11-56

11.3　制作美容栏目

11.3.1　案例分析

美容栏目主要是为现在时尚女性设计的专业栏目，栏目的宗旨就是使女性更加美丽健康。美容栏目主要介绍的有护肤、化妆、美发、健康、香水等内容。在栏目的页面设计上要抓住栏目特色，营造出女性追求热爱美的氛围。

在设计制作中，首先用紫色的装饰图形和白色的文字展示栏目标题，给读者温柔靓丽的印象。

通过一张漂亮女性人物图片突出栏目的时尚感，点明美容的主题。使用不同的颜色和装饰手法，使文本内容详尽而富于变化，使其具有现代感。整个栏目设计条理清晰，主题突出。

本案例将使用矩形工具、手绘工具和椭圆形工具绘制标题底图。使用文本工具和形状工具制作栏目标题。使用轮廓图工具制作内容标题。使用插入符号字符命令添加字符图形。使用段落格式化面板调整行距。

11.3.2　案例设计

本案例设计流程如图 11-57 所示。

图 11-57

11.3.3　案例制作

1．制作标题图形并添加文字

（1）按 Ctrl+N 组合键，新建一个页面，在属性栏的"页面度量"选项中分别设置宽度为 216mm、高度为 303mm，按 Enter 键，页面尺寸显示为设置的大小。

（2）选择"矩形"工具 □，在页面中绘制一个矩形，如图 11-58 所示。选择"渐变填充"工具 ■，弹出"渐变填充"对话框。点选"双色"单选钮，将"从"选项颜色的 CMYK 值设置为 60、80、0、40，"到"选项颜色的 CMYK 值设置为 60、80、0、0，其他选项的设置如图 11-59 所示。单击"确定"按钮，填充图形，并去除图形的轮廓线，效果如图 11-60 所示。

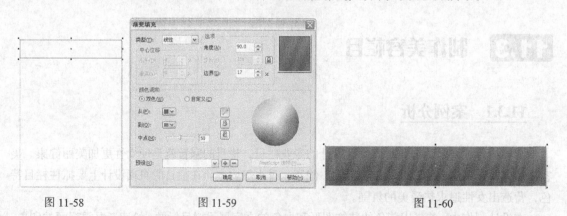

图 11-58　　　　　　　　　　图 11-59　　　　　　　　　　　　　图 11-60

（3）选择"手绘"工具 ✎，按住 Ctrl 键的同时绘制一条直线，如图 11-61 所示。在属性栏中将"轮廓宽度" 选项设为 1，在"线条样式" 框中选择需要的轮廓样式，效果如图 11-62 所示。

图 11-61   图 11-62

（4）在"CMYK 调色板"中的"白"色块上单击鼠标右键，填充虚线，效果如图 11-63 所示。选择"选择"工具 ，选取虚线，在数字键盘上按+键复制一条虚线。按住 Shift 键的同时，垂直向下拖曳复制的虚线到适当的位置，效果如图 11-64 所示。

图 11-63   图 11-64

（5）选择"椭圆形"工具 ，按住 Ctrl 键的同时绘制一个圆形，效果如图 11-65 所示。选择"渐变填充对话框"工具 ，弹出"渐变填充"对话框。点选"双色"单选钮，将"从"选项颜色的 CMYK 值设置为 60、80、0、40，"到"选项颜色的 CMYK 值设置为 60、80、0、0，其他选项的设置如图 11-66 所示。单击"确定"按钮，填充图形，并去除图形的轮廓线，效果如图 11-67 所示。

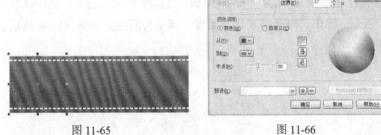

图 11-65   图 11-66   图 11-67

（6）选择"椭圆形"工具 ，按住 Ctrl 键的同时绘制一个圆形，如图 11-68 所示。在属性栏中将"轮廓宽度" 选项设为 1，在"线条样式" 框中选择需要的轮廓样式，效果如图 11-69 所示。在"CMYK 调色板"中的"白"色块上单击鼠标右键，填充轮廓线，效果如图 11-70 所示。

　　　　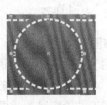

图 11-68   图 11-69   图 11-70

（7）选择"基本形状"工具 ，在属性栏中单击"完美图形"按钮 ，在弹出的面板中选择需要的图形，如图 11-71 所示。拖曳鼠标绘制图形，效果如图 11-72 所示。设置图形颜色的 CMYK 值为 5、61、6、0，填充图形，并去除图形的轮廓线，效果如图 11-73 所示。

（8）选择"文本"工具 ，输入需要的文字。选择"选择"工具 ，在属性栏中选择合适的字体并设置文字大小，填充字体为白色，效果如图 11-74 所示。

图 11-71　　　　　　图 11-72　　　　　　图 11-73　　　　　　图 11-74

（9）选择"文本"工具 ，分别输入需要的文字。选择"选择"工具 ，在属性栏中分别选择合适的字体并设置文字大小，填充文字为白色，效果如图 11-75 所示。

（10）选择"形状"工具 ，选取文字"HAIRDRESSING"，向左拖曳文字下方的 图标，调整文字的间距，效果如图 11-76 所示。

图 11-75　　　　　　　　　　　　　　图 11-76

（11）选择"文本"工具 ，分别输入需要的文字。选择"选择"工具 ，在属性栏中分别选择合适的字体并设置文字大小，填充文字为白色，效果如图 11-77 所示。选取左侧的文字，选择"文本 > 段落格式化"命令，弹出"段落格式化"面板，调整行间距，如图 11-78 所示。按 Enter 键，效果如图 11-79 所示。

图 11-77　　　　　　　　图 11-78　　　　　　　图 11-79

2．制作装饰图形并添加文字

（1）选择"钢笔"工具 ，在页面下方绘制路径，如图 11-80 所示。选择"填充"工具 ，弹出"均匀填充"对话框，设置填充颜色的 CMYK 值为 60、80、0、20，单击"确定"按钮，填充图形，并去除图形的轮廓线，效果如图 11-81 所示。

（2）选择"文件 > 导入"命令，弹出"导入"对话框。选择光盘中的"Ch11 > 素材 > 制作美容栏目 > 01"文件，单击"导入"按钮。在页面中单击导入的图片，调整图片的大小和位置，效果如图 11-82 所示。

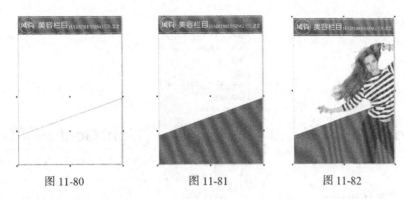

图 11-80   图 11-81   图 11-82

（3）选择"文本"工具，输入需要的文字。选择"选择"工具，在属性栏中分别选择合适的字体并设置文字大小，设置文字颜色的 CMYK 值为 0、0、20、0，填充文字，效果如图 11-83 所示。选择"文本"工具，选取文字"3 分钟"，在属性栏中设置适当的文字大小，并设置文字颜色的 CMYK 值为 0、20、100、0，填充文字，效果如图 11-84 所示。

图 11-83   图 11-84

（4）选择"轮廓图"工具，在属性栏中将"填充色"选项颜色的 CMYK 值设置为 60、80、0、20，其他选项的设置如图 11-85 所示，效果如图 11-86 所示。

图 11-85   图 11-86

（5）选择"文本"工具，分别输入需要的文字。选择"选择"工具，在属性栏中分别选择合适的字体并设置文字大小，适当调整文字间距，效果如图 11-87 所示。选择"文本"工具，分别选取需要的文字，填充适当的颜色，效果如图 11-88 所示。

图 11-87   图 11-88

（6）选择"文本"工具，拖曳出一个文本框，在属性栏中选择合适的字体并设置文字大小，输入需要的文字，效果如图 11-89 所示。选择"文本 > 段落格式化"命令，弹出"段落格式化"面板，选项的设置如图 11-90 所示。按 Enter 键，效果如图 11-91 所示。

图 11-89　　　　　　　　　　图 11-90　　　　　　　　　　图 11-91

（7）选择"文本"工具，输入需要的文字。选择"选择"工具，在属性栏中分别选择合适的字体并设置文字大小，效果如图 11-92 所示。设置文字颜色的 CMYK 值为 60、80、0、20，填充文字，效果如图 11-93 所示。

图 11-92　　　　　　　　　　　　图 11-93

（8）选择"文本"工具，在文字最前方插入光标。选择"文本 > 插入符号字符"命令，弹出"插入字符"面板，选择需要的字符，如图 11-94 所示。单击"插入"按钮插入字符，调整其大小，效果如图 11-95 所示。

图 11-94　　　　　　　　　图 11-95

（9）选择"文本"工具，输入需要的文字。选择"选择"工具，在属性栏中分别选择合适的字体并设置文字大小，适当调整文字间距，效果如图 11-96 所示。用相同的方法添加其他文字，效果如图 11-97 所示。

（10）选择"文件 > 导入"命令，弹出"导入"对话框。选择光盘中的"Ch11 > 素材 > 制

作美容栏目 > 01"文件,单击"导入"按钮。在页面中单击导入的图片,调整图片的大小和位置,效果如图 11-98 所示。多次按 Ctrl+PageDown 组合键,调整图层顺序,效果如图 11-99 所示。

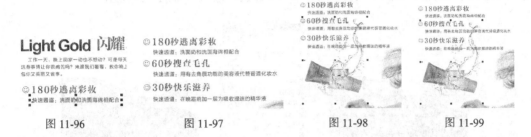

图 11-96　　　　　　　　图 11-97　　　　　　　　图 11-98　　　　　　　　图 11-99

3．添加并编辑文字

(1)选择"文本"工具,输入需要的文字。选择"选择"工具,在属性栏中分别选择合适的字体并设置文字大小,设置文字颜色的 CMYK 值为 0、0、20、0,填充文字,效果如图 11-100 所示。选择"形状"工具,向右拖曳文字下方的图标,调整文字间距。

图 11-100

(2)选择"轮廓图"工具,在文字上拖曳光标,为文字添加轮廓化的效果。在属性栏中将"轮廓色"选项颜色设为白色,将"填充色"选项颜色的 CMYK 值设置为 60、80、0、20,其他选项的设置如图 11-101 所示。按 Enter 键,文字效果如图 11-102 所示。

图 11-101　　　　　　　　　　　图 11-102

(3)选择"文本"工具,分别输入需要的文字。选择"选择"工具,在属性栏中分别选择合适的字体并设置文字大小,分别填充适当的颜色,效果如图 11-103 所示。

(4)选择"选择"工具,选择文字"时尚女装"。按 F12 键,弹出"轮廓笔"对话框,将轮廓颜色设为白色,其他选项的设置如图 11-104 所示。单击"确定"按钮,效果如图 11-105 所示。

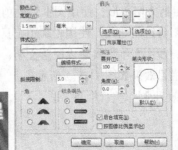

图 11-103　　　　　　　图 11-104　　　　　　　图 11-105

219

（5）选择"文本"工具 ，拖曳一个文本框，在属性栏中选择合适的字体并设置文字大小，输入需要的文字，填充文字为白色，效果如图 11-106 所示。选择"选择"工具 ，在"段落格式化"面板中进行设置，如图 11-107 所示。按 Enter 键，效果如图 11-108 所示。

图 11-106   图 11-107   图 11-108

（6）选择"文本"工具 ，分别输入需要的文字。选择"选择"工具 ，在属性栏中分别选择合适的字体并设置文字大小，设置文字颜色的 CMYK 值为 0、0、100、0，填充文字，效果如图 11-109 所示。选择文字"Fashion Cloth"，选择"形状"工具 ，向左拖曳文字下方的 图标，调整文字间距，效果如图 11-110 所示。美容栏目制作完成，效果如图 11-111 所示。

图 11-109   图 11-110   图 11-111

课堂练习 1——制作美食栏目

【练习知识要点】使用刻刀工具剪切图形；使用图框精确剪裁命令将图形置入到矩形中；使用贝塞尔工具绘制曲线；使用轮廓图工具为文字添加轮廓；使用星形工具绘制星形；使用文本工具输入段落文字；使用段落格式化面板调整段落行距。美食栏目效果如图 11-112 所示。

【效果所在位置】光盘/Ch11/效果/制作美食栏目.cdr。

图 11-112

课堂练习2——制作旅游栏目

【练习知识要点】使用矩形工具和贝塞尔工具绘制图形；使用阴影工具为图形添加阴影效果；使用贝塞尔工具绘制不规则图形；使用矩形工具绘制色块图形；使用文本工具输入文字；使用渐变填充工具为文字填充渐变色；使用图框精确剪裁命令将图形置入到矩形中。旅游栏目效果如图11-113所示。

【效果所在位置】光盘/Ch11/效果/制作旅游栏目.cdr。

图 11-113

课后习题1——制作科技栏目

【习题知识要点】使用矩形工具绘制背景图形；使用形状工具调整图形节点；使用贝塞尔工具和轮廓笔工具制作线条；使用阴影工具为图形和文字添加阴影效果；使用椭圆形工具和移除后面对象命令制作圆环图形；使用椭圆形工具和透明度工具制作透明圆形；使用文本工具输入文字。科技栏目效果如图11-114所示。

【效果所在位置】光盘/Ch11/效果/制作科技栏目.cdr。

图 11-114

课后习题2——制作服饰栏目

【习题知识要点】使用贝塞尔工具、转换为位图命令和高斯模糊命令制作背景曲线；使用手绘工具绘制直线；使用直线命令、矩形工具和阴影工具制作手提袋；使用橡皮擦工具擦除页面边缘不需要的人物图像；使用文本工具输入内容文字。服饰栏目效果如图11-115所示。

【效果所在位置】光盘/Ch11/效果/制作服饰栏目.cdr。

图 11-115

第12章

海报设计

海报是广告艺术中的一种大众化载体，又名"招贴"或"宣传画"。由于海报具有尺寸大、远视性强、艺术性高的特点，因此，在宣传媒介中占有重要的位置。本章以各种不同主题的海报为例，讲解海报的设计方法和制作技巧。

课堂学习目标

- 了解海报的概念和功能
- 了解海报的种类和特点
- 掌握海报的设计思路和过程
- 掌握海报的制作方法和技巧

12.1　海报设计概述

海报分布在各街道、影剧院、展览会、商业闹区、车站、码头、公园等公共场所，用来完成一定的宣传任务。文化类的海报招贴更加接近于纯粹的艺术表现，是最能张扬个性的一种设计艺术形式，可以在其中注入一个民族的精神，一个国家的精神，一个企业的精神，或是一个设计师的精神。商业类的海报招贴具有一定的商业意义，其艺术性服务于商业目的，并为商业目的而努力。

12.1.1　海报的种类

海报按其应用不同大致可以分为商业海报、文化海报、电影海报和公益海报等，如图 12-1 所示。

　　　　商业海报　　　　　　　文化海报　　　　　　　电影海报　　　　　　　公益海报

图 12-1

12.1.2　海报的特点

尺寸大：海报张贴于公共场所，会受到周围环境和各种因素的干扰，所以必须以大画面及突出的形象和色彩展现在人们面前。其画面尺寸有全开、对开、长三开及特大画面（八张全开）等。

远视强：为了给来去匆忙的人们留下视觉印象，除了尺寸大之外，海报设计还要充分体现定位设计的原理。以突出的商标、标志、标题、图形，或对比强烈的色彩，或大面积的空白，或简练的视觉流程海报成为视觉焦点。

艺术性高：商业海报的表现形式以具体艺术表现力的摄影、造型写实的绘画或漫画形式表现为主，给消费者留下真实感人的画面和富有幽默情趣的感受；而非商业海报内容广泛、形式多样，艺术表现力丰富。特别是文化艺术类的海报，根据广告主题可以充分发挥想象力，尽情施展艺术才华。

12.2 制作开业庆典海报

12.2.1 案例分析

本例是为祝贺游乐园开业制作的宣传海报。主要针对的客户是想要放松自己，在游乐园中享受热闹欢乐的人们。要求能展示出活泼欢乐的氛围，给人积极参与的欲望。

在设计制作中，首先通过红色的背景给人蓄事待发的能量感。使用聚光灯、灿烂的烟火和立体化的文字在突出宣传主题的同时，带来视觉上的强力冲击，展现出热情和活力感，形成喜庆、欢快的氛围。再用其他装饰图形和介绍性文字使画面更加丰富活泼，达到宣传的效果。

本案例将使用艺术笔工具绘制烟花图形；使用文本工具和渐变填充工具添加标题文字；使用立体化工具制作文字的立体化效果；使用椭圆形工具和透明度工具制作文字的阴影效果；使用贝塞尔工具绘制装饰图形。

12.2.2 案例设计

本案例设计流程如图 12-2 所示。

制作背景效果

制作标题文字

添加装饰图形和文字

最终效果

图 12-2

12.2.3 案例制作

1. 制作标题文字效果

（1）选择"文件 > 打开"命令，弹出"打开绘图"对话框。选择光盘中的"Ch12 > 素材 > 制作开业庆典海报 > 01"文件，单击"打开"按钮，效果如图 12-3 所示。

（2）选择"艺术笔"工具，单击属性栏中的"喷罐"按钮，在"类别"选项中选择"其他"选项，在"喷射图样"选项的下拉列表中选择需要的图样，其他选项的设置如图 12-4 所示。在适当的位置拖曳鼠标绘制图形，效果如图 12-5 所示。

图 12-3　　　　　　　　　　　　图 12-4　　　　　　　　　　　　图 12-5

（3）选择"文本"工具，分别输入需要的文字。选择"选择"工具，在属性栏中分别选择合适的字体并设置文字大小，效果如图 12-6 所示。

（4）选择需要的文字。选择"渐变填充"工具，弹出"渐变填充"对话框。点选"双色"单选钮，将"从"选项颜色的 CMYK 值设置为 0、0、100、0，"到"选项颜色的 CMYK 值设置为 0、80、100、0，其他选项的设置如图 12-7 所示。单击"确定"按钮填充文字，效果如图 12-8 所示。

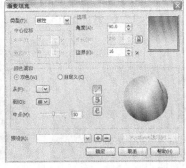

图 12-6　　　　　　　　　　　　图 12-7　　　　　　　　　　　　图 12-8

（5）选择"立体化"工具，在文字上由中心向下方拖曳光标，为文字添加立体化效果。在属性栏中单击"立体化颜色"按钮，在弹出的面板中单击"使用递减的颜色"按钮，将"从"选项的颜色设置为黄色，"到"选项的颜色设为黑色，其他选项的设置如图 12-9 所示。按 Enter 键，效果如图 12-10 所示。用相同的方法制作下方的文字效果，如图 12-11 所示。

图 12-9　　　　　　　　　　　　图 12-10　　　　　　　　　　　　图 12-11

（6）选择"椭圆形"工具，在适当的位置拖曳光标绘制一个图形。在"CMYK 调色板"中"黑"色块上单击鼠标，填充图形，并去除图形的轮廓线，效果如图 12-12 所示。

（7）选择"透明度"工具，在椭圆形上从上向下拖曳光标，为图形添加透明效果。在属性栏中进行设置，如图 12-13 所示。按 Enter 键，效果如图 12-14 所示。按 Ctrl+PageDown 组合键，将该图形向后移动一层，效果如图 12-15 所示。

图 12-12 图 12-13

图 12-14 图 12-15

2. 制作装饰图形并添加文字

（1）按 Ctrl+I 组合键，弹出"导入"对话框。选择光盘中的"Ch12 > 素材 > 制作开业庆典海报 > 02"文件，单击"导入"按钮。在页面中单击导入的图片，将其拖曳到适当的位置，效果如图 12-16 所示。

（2）选择"贝塞尔"工具，在适当的位置绘制一个图形。设置填充色的 CMYK 值为 0、0、100、0，填充图形，并去除图形的轮廓线，效果如图 12-17 所示。

图 12-16 图 12-17

（3）选择"阴影"工具，在图形上从上向下拖曳光标，为图形添加阴影效果。在属性栏中将"阴影羽化"选项设为 5，按 Enter 键，效果如图 12-18 所示。按 Ctrl+PageDown 组合键，将该图形向后移动一层，效果如图 12-19 所示。

图 12-18 图 12-19

（4）选择"椭圆形"工具，按住 Ctrl 键的同时绘制一个图形，填充图形为白色，并去除图形的轮廓线，效果如图 12-20 所示。按数字键盘上的+键复制圆形。按住 Shift 键的同时，向内拖曳控制手柄，制作同心圆效果。按 F12 键，弹出"轮廓笔"对话框，将"颜色"选项设为红色，其他选项的设置如图 12-21 所示。单击"确定"按钮，效果如图 12-22 所示。

226

（5）选择"贝塞尔"工具 ，绘制一个图形。在"CMYK 调色板"中"红"色块上单击鼠标，填充图形，并去除图形的轮廓线，效果如图 12-23 所示。

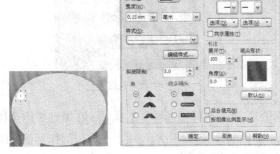

| 图 12-20 | 图 12-21 | 图 12-22 | 图 12-23 |

（6）选择"文本"工具 字，分别输入需要的文字。分别选取文字，在属性栏中选择合适的字体并分别设置适当的文字大小，填充文字为红色，效果如图 12-24 所示。选择"选择"工具 ，选择需要的文字。按 F12 键，弹出"轮廓笔"对话框，将"颜色"选项设为白色，其他选项的设置如图 12-25 所示。单击"确定"按钮，效果如图 12-26 所示。用相同的方法制作其他文字效果，如图 12-27 所示。用上述方法制作其他图形和文字效果，如图 12-28 所示。

图 12-24

| 图 12-25 | 图 12-26 | 图 12-27 | 图 12-28 |

（7）选择"矩形"工具 ，在属性栏中将"圆角半径"选项设为 1.8mm，在页面中适当的位置绘制一个圆角矩形。在"CMYK 调色板"中"橘红"色块上单击鼠标，填充图形，并去除图形的轮廓线，效果如图 12-29 所示。按数字键盘上的+键复制图形。在"CMYK 调色板"中"白"色块上单击鼠标，填充图形，效果如图 12-30 所示。

| 图 12-29 | 图 12-30 |

（8）选择"透明度"工具，在白色矩形上从上向下拖曳光标，为图形添加透明效果。在属性栏中进行设置，如图12-31所示。按Enter键，效果如图12-32所示。

图12-31 图12-32

（9）选择"文本"工具，输入需要的文字。选择"选择"工具，在属性栏中选择合适的字体并设置文字大小，填充文字为白色，效果如图12-33所示。用上述方法制作其他的图形和文字，效果如图12-34所示。选择文字"办卡三重礼"，选择"文本 > 段落格式化"命令，在弹出的面板中进行设置，如图12-35所示。按Enter键，效果如图12-36所示。

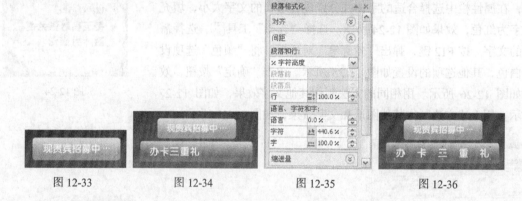

图12-33 图12-34 图12-35 图12-36

（10）选择"贝塞尔"工具，绘制一个图形。设置填充色的CMYK值为0、40、0、0，填充图形，并去除图形的轮廓线，效果如图12-37所示。按数字键盘上的+键复制一个图形。按住Shift键的同时，向内拖曳控制手柄，等比例缩小图形，如图12-38所示。按F12键，弹出"轮廓笔"对话框，将"颜色"选项设为白色，其他选项的设置如图12-39所示。单击"确定"按钮，效果如图12-40所示。

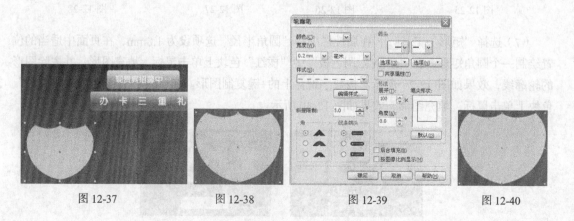

图12-37 图12-38 图12-39 图12-40

（11）选择"文本"工具 字 ，输入需要的文字。选择"选择"工具 ，在属性栏中选择合适的字体并设置文字大小，效果如图 12-41 所示。选择需要的文字，单击属性栏中的"文本对齐"按钮 ，在弹出的面板中选择"居中"命令，文字效果如图 12-42 所示。

图 12-41　　　　　　图 12-42

（12）选择"椭圆形"工具 ，在适当的位置拖曳光标绘制一个图形，填充图形为黑色，并去除图形的轮廓线，效果如图 12-43 所示。

（13）选择"透明度"工具 ，在椭圆形上从上向下拖曳光标，为图形添加透明效果。在属性栏中进行设置，如图 12-44 所示。按 Enter 键，效果如图 12-45 所示。连续按 Ctrl+PageDown 组合键，将该图形向后移动到适当的位置，效果如图 12-46 所示。用上述方法制作其他图形和文字，效果如图 12-47 所示。开业庆典海报制作完成，效果如图 12-48 所示。

图 12-43　　　　　　图 12-44　　　　　　图 12-45　　　　图 12-46

图 12-47　　　　　　　　　　图 12-48

12.3　制作音乐会海报

12.3.1　案例分析

本案例是为即将在体育馆演出的流行音乐会设计海报。音乐会邀请了众多的明星参与，主题是点燃激情，放飞梦想。在海报的设计上要表现出号召力和音乐感染力，要调动形象、色彩、构图和形式感等元素营造出强烈的视觉效果，使主题更加突出明确。

在设计制作中，首先设计出黄色的背景和白色的放射状图形，烘托出热烈的气氛，好像礼花在燃放。接着通过一个大的彩色渐变圆环和多个粉色圆环图形表现出生活的丰富多彩。通过多个透视的星形和装饰花纹，表现出音乐会上群星闪耀。陶醉在音乐中的青年图片，更是展示出了海报的音乐主题。通过灵活的设计和编排在海报下方给出了音乐会的相关信息。整个海报设计年轻时尚、绚丽多彩，充分体现了点燃激情，放飞梦想的主题。

本案例将使用矩形工具和添加透镜命令制作图形变形；使用复制命令和透明度工具制作背景的扩散效果；使用文本工具、形状工具和轮廓图工具制作宣传文字。

12.3.2　案例设计

本案例设计流程如图 12-49 所示。

制作背景效果　　　绘制装饰图形　　　添加并编辑文字　　　最终效果

图 12-49

12.3.3　案例制作

1．制作海报背景

（1）按 Ctrl+N 组合键，新建一个页面，在属性栏的"页面度量"选项中分别设置宽度为 216mm、高度为 303mm，按 Enter 键，页面尺寸显示为设置的大小。双击"矩形"工具 ▢，绘制一个与页面大小相等的矩形，如图 12-50 所示。

（2）设置图形填充颜色的 CMYK 值为 1、16、96、0，填充图形，并去除图形的轮廓线，效果如图 12-51 所示。

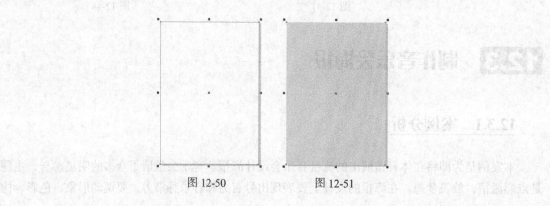

图 12-50　　　　　　　图 12-51

（3）选择"矩形"工具□，在页面中绘制一个矩形，如图 12-52 所示。选择"效果 > 添加透镜"命令，调整图形最上方的两个节点，将其透视变形，如图 12-53 所示。

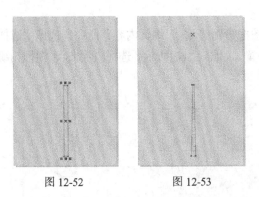

图 12-52　　　　　　　　图 12-53

（4）选择"选择"工具▨，在"CMYK 调色板"中的"白"色块上单击鼠标，填充图形，并去除图形的轮廓线，效果如图 12-54 所示。

（5）选择"选择"工具▨，再次单击图形，使其处于旋转状态，在数字键盘上按+键复制一个图形。将旋转中心拖曳到适当的位置，拖曳右下角的控制手柄，将图形旋转到需要的角度，如图 12-55 所示。按住 Ctrl 键的同时，再连续点按 D 键，再复制出多个图形，效果如图 12-56 所示。用圈选的方法将图形全部选取，按 Ctrl+L 组合键将其结合，调整其大小并拖曳到适当的位置，效果如图 12-57 所示。

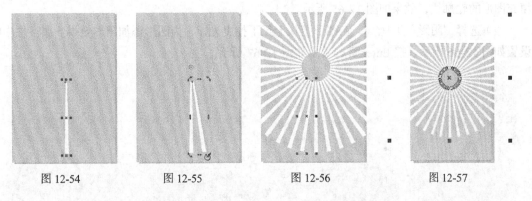

图 12-54　　　　　　图 12-55　　　　　　图 12-56　　　　　　图 12-57

（6）选择"透明度"工具▨，鼠标的光标变为▸图标，在图形上由中心向右拖曳光标，为图形添加透明效果。在属性栏中进行设置，如图 12-58 所示。按 Enter 键，透明效果如图 12-59 所示。

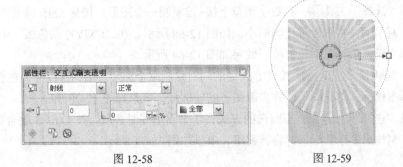

图 12-58　　　　　　　　　　图 12-59

（7）选择"选择"工具 ，选择"效果 > 图框精确剪裁 > 放置在容器中"命令，鼠标光标变为黑色箭头形状，在黄色矩形上单击，如图 12-60 所示。将透明图形置入矩形中，效果如图 12-61 所示。

（8）选择"效果 > 图框精确剪裁 > 编辑内容"命令，选择"选择"工具 ，选取图形，将图形向上拖曳到适当的位置，如图 12-62 所示。选择"效果 > 图框精确剪裁 > 结束编辑"命令，效果如图 12-63 所示。

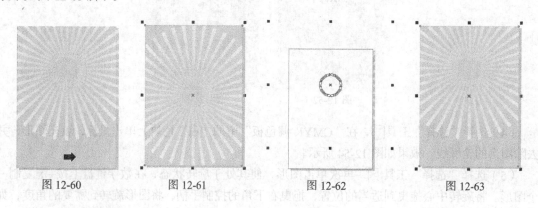

图 12-60　　　　　　　　图 12-61　　　　　　　　图 12-62　　　　　　　　图 12-63

2．制作圆圈图形

（1）选择"椭圆形"工具 ，按住 Ctrl 键的同时绘制一个圆形，如图 12-64 所示。在属性栏中将"轮廓宽度" 选项设为 3，在"CMYK 调色板"中的"洋红"色块上单击鼠标右键，填充图形的轮廓线，效果如图 12-65 所示。

（2）选择"阴影"工具 ，在图形上从上至下拖曳光标，为图形添加阴影效果。属性栏中的设置如图 12-66 所示，按 Enter 键，效果如图 12-67 所示。

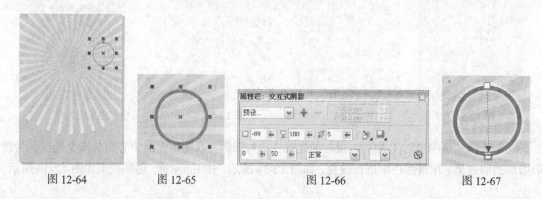

图 12-64　　　　　　　　图 12-65　　　　　　　　图 12-66　　　　　　　　图 12-67

（3）选择"选择"工具 ，在数字键盘上按+键复制一个图形。按住 Shift 键的同时，拖曳图形右上角的控制手柄，将图形等比例缩小，如图 12-68 所示。在"CMYK 调色板"中的"红"色块上单击鼠标右键，填充图形轮廓线，效果如图 12-69 所示。

（4）选择"椭圆形"工具 ，按住 Ctrl 键的同时绘制一个圆形。在"CMYK 调色板"中的"洋红"色块上单击鼠标，填充图形，并去除图形的轮廓线，效果如图 12-70 所示。

（5）选择"选择"工具 ，用圈选的方式将 3 个图形同时选取，按 Ctrl+G 组合键将其编组。用上述方法，制作出多个图形，并将其编组，效果如图 12-71 所示。

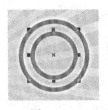
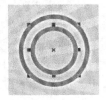

图 12-68　　　　图 12-69　　　　图 12-70　　　　图 12-71

3．导入图片并制作文字

（1）选择"文件 > 导入"命令，弹出"导入"对话框。选择光盘中的"Ch12 > 素材 > 制作音乐会海报 > 01"文件，单击"导入"按钮。在页面中单击导入的图片，并调整其大小和位置，效果如图 12-72 所示。

（2）选择"文本"工具，输入需要的文字。选择"选择"工具，在属性栏中选择合适的字体并设置文字大小，效果如图 12-73 所示。按 Ctrl+Q 组合键，将文字转换为曲线。选择"形状"工具，选取不需要的节点，如图 12-74 所示。按 Delete 键删除选取的节点，并在"CMYK 调色板"中的"白"色块上单击鼠标，填充文字，效果如图 12-75 所示。

图 12-72　　　　　图 12-73　　　　　图 12-74　　　　　图 12-75

（3）选择"选择"工具，按 F12 键，弹出"轮廓笔"对话框。在"颜色"选项中设置轮廓线的颜色为"洋红"，其他选项的设置如图 12-76 所示。单击"确定"按钮，效果如图 12-77 所示。

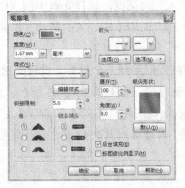

图 12-76　　　　　　　　　图 12-77

（4）选择"轮廓图"工具，在属性栏中进行设置，如图 12-78 所示。按 Enter 键，效果如图 12-79 所示。

图 12-78　　　　　　　　　　图 12-79

（5）选择"星形"工具，在属性栏中进行设置，如图 12-80 所示。拖曳鼠标绘制图形。在"CMYK 调色板"中的"洋红"色块上单击鼠标，填充图形，并去除图形的轮廓线，效果如图 12-81 所示。

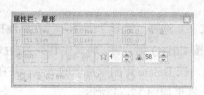

图 12-80　　　　　　　　　　图 12-81

（6）选择"选择"工具，按住 Shift 键的同时，将文字与星形同时选取，按 Ctrl+G 组合键将其群组。再次单击图形，使其处于旋转状态，拖曳右下方的控制手柄，将其旋转到适当的角度，效果如图 12-82 所示。用相同的方法制作其他文字，效果如图 12-83 所示。

图 12-82　　　　　　　　　　图 12-83

（7）选择"文件 > 导入"命令，弹出"导入"对话框。选择光盘中的"Ch12 > 素材 > 制作音乐会海报 > 02"文件，单击"导入"按钮。在页面中单击导入的图片，并调整其大小和位置，效果如图 12-84 所示。

（8）选择"椭圆形"工具，按住 Ctrl 键的同时绘制一个圆形。设置图形颜色的 CMYK 值为 40、100、20、0，填充图形，并去除图形的轮廓线，效果如图 12-85 所示。选择"选择"工具，按住 Ctrl 键的同时，按住鼠标左键水平向右拖曳图形，并在适当的位置上单击鼠标右键，复制一个图形，效果如图 12-86 所示。按住 Ctrl 键，再连续按两次 D 键，按需要再复制出两个图形，效果如图 12-87 所示。

图 12-84   图 12-85   图 12-86   图 12-87

（9）选择"文本"工具 🄵，输入需要的文字。选择"选择"工具 🄺，在属性栏中选择合适的字体并设置文字大小，效果如图 12-88 所示。按 Ctrl+Q 组合键，将文字转换为曲线。

（10）选择"渐变填充"工具 🄼，弹出"渐变填充"对话框。点选"自定义"单选钮，在"位置"选项中分别添加 0、47、100 几个位置点，分别设置几个位置点的颜色为黄、白、黄，其他选项的设置如图 12-89 所示。单击"确定"按钮填充图形，并去除图形的轮廓线，效果如图 12-90 所示。

图 12-88   图 12-89   图 12-90

4. 打开图形并添加内容文字

（1）选择"文件 > 打开"命令，弹出"打开绘图"对话框。选择光盘中的"Ch12 > 素材 > 制作音乐会海报 > 03、04"文件，单击"打开"按钮。将图形和文字粘贴到页面中，并分别将其拖曳到适当的位置，效果如图 12-91、图 12-92 所示。

图 12-91   图 12-92

（2）选择"文本"工具 🄵，输入需要的文字。选择"选择"工具 🄺，在属性栏中选择合适的字体并设置文字大小，效果如图 12-93 所示。选择"文本"工具 🄵，选取部分文字，在"CMYK

调色板"中的"洋红"色块上单击鼠标，填充文字，如图 12-94 所示。

（3）选择"文本"工具 字，选取剩余的文字，在"CMYK 调色板"中的"红"色块上单击鼠标，填充文字，并在属性栏中调整文字大小，效果如图 12-95 所示。

图 12-93

图 12-94

图 12-95

（4）用上述方法添加其他文字，效果如图 12-96 所示。选择"文本"工具 字，在页面上方输入需要的文字。选择"选择"工具 ，在属性栏中选择合适的字体并设置文字大小，效果如图 12-97 所示。音乐会海报制作完成，如图 12-98 所示。

图 12-96

图 12-97

图 12-98

课堂练习 1——制作比萨海报

【练习知识要点】使用星形工具、扭曲工具制作螺旋图形；使用文本工具添加文字；使用椭圆形工具、轮廓笔命令、图框精确剪裁命令和阴影工具制作装饰图形。比萨海报效果如图 12-99 所示。

【效果所在位置】光盘/Ch12/效果/制作比萨海报.cdr。

图 12-99

课堂练习 2——制作夕阳百货

【练习知识要点】使用矩形工具和渐变填充工具制作海报背景；使用手绘工具和透明度工具制作线条；使用椭圆形工具绘制装饰圆形；使用贝塞尔工具、渐变填充工具和椭圆形工具绘制气球图形；使用艺术笔工具绘制装饰图形；使用文本工具和轮廓笔工具制作文字。夕阳百货宣传海报效果如图 12-100 所示。

　　【效果所在位置】光盘/Ch12/效果/制作夕阳百货宣传海报.cdr。

图 12-100

课后习题 1——制作影视海报

　　【习题知识要点】使用矩形工具和透明度工具制作楼房图形；使用贝塞尔工具、椭圆形工具和透明度工具制作灯和灯束图形；使用图框精确剪裁命令将图形置入到矩形中；使用文本工具和阴影工具添加宣传性文字。影视海报效果如图 12-101 所示。

　　【效果所在位置】光盘/Ch12/效果/制作影视海报.cdr。

图 12-101

课后习题 2——制作手机海报

　　【习题知识要点】使使用贝塞尔工具绘制装饰图形；使用文本工具添加标题文字；使用轮廓笔命令、渐变填充工具和阴影工具制作标题文字效果；使用文本工具、贝塞尔工具和使文本适合路径命令制作文字按路径排列效果；使用立体化工具制作文字的立体效果。手机海报效果如图 12-102 所示。

　　【效果所在位置】光盘/Ch12/效果/制作手机海报.cdr。

图 12-102

第13章
宣传单设计

宣传单是直销广告的一种，对宣传活动和促销商品有着重要的作用。宣传单通过派送、邮递等形式，可以有效地将信息传达给目标受众。本章以各种不同主题的宣传单为例，讲解宣传单的设计方法和制作技巧。

课堂学习目标

- 了解宣传单的概念
- 了解宣传单的功能
- 掌握宣传单的设计思路和过程
- 掌握宣传单的制作方法和技巧

13.1 宣传单设计概述

宣传单是将产品和活动信息传播出去的一种广告形式，其最终目的都是为了帮助客户推销产品，如图 13-1 所示。宣传单可以是单页，也可以做成多页形成宣传册。

图 13-1

13.2 制作西餐厅宣传单

13.2.1 案例分析

本案例是为一家西餐厅设计制作的宣传单。这家西餐厅以比萨、点心、牛排为主要经营项目，每日定期会有不同的特价套餐。要求宣传单能够运用图片和宣传文字，主题鲜明地展示西餐厅的特色口味和经营特点。

在设计过程中，首先使用背景和装饰图形形成柔和放松的氛围，给人安心、可靠的印象。蔬菜、水果和餐具组合而成的图片在展示公司主营项目的同时，体现出餐厅食材新鲜丰富、制作安全放心的经营特点。通过对套餐的介绍和对菜单的展示，体现出公司不断发展、不断创新的经营理念。最后添加标志、介绍文字和网址，达到宣传的效果。

本案例将使用椭圆形工具和合并命令绘制云朵图形；使用矩形工具和 2 点线工具绘制装饰图形；使用文本工具添加文字；使用形状工具调整文字的字距和行距。

13.2.2 案例设计

本案例设计流程如图 13-2 所示。

制作背景效果

添加食物和菜单

添加标志和介绍性文字　　　最终效果

图 13-2

239

13.2.3　案例制作

1. 绘制背景图形和装饰图形

（1）按 Ctrl+N 组合键，新建一个 A4 页面。单击属性栏中的"横向"按钮，页面显示为横向。双击"矩形"工具，绘制一个与页面大小相等的矩形，如图 13-3 所示。设置填充颜色的 CMYK 值为 7、26、58、0，填充图形，并去除图形的轮廓线，效果如图 13-4 所示。

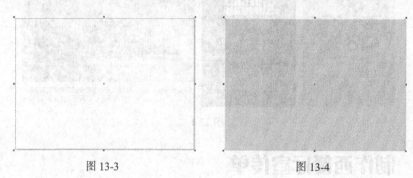

图 13-3　　　　　　　　　　　　　　　图 13-4

（2）选择"椭圆形"工具，绘制多个椭圆形，如图 13-5 所示。选择"选择"工具，用圈选的方法选取需要的图形，单击属性栏中的"合并"按钮，将其合并为一个图形，效果如图 13-6 所示。填充图形为白色，并去除图形的轮廓线，效果如图 13-7 所示。

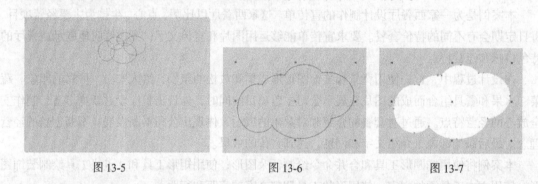

图 13-5　　　　　　　　　　　图 13-6　　　　　　　　　　　图 13-7

（3）选择"透明度"工具，在属性栏中将"透明度类型"选项设为"标准"，其他选项的设置如图 13-8 所示，效果如图 13-9 所示。选择"选择"工具，单击数字键盘上的+键复制图形。按住 Ctrl 键的同时，向下拖曳图形上方中间的控制手柄到适当的位置，调整图形的大小，效果如图 13-10 所示。

图 13-8　　　　　　　　　　　图 13-9　　　　　　　　　　　图 13-10

（4）选择"选择"工具 📐，用圈选的方法选取云朵图形。按 Ctrl+G 组合键将图形群组，如图 13-11 所示。多次单击数字键盘上的+键复制图形，并分别将复制的图形拖曳到适当的位置，效果如图 13-12 所示。

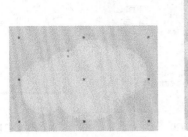

图 13-11　　　　　　　　　　　　　　图 13-12

（5）选择"选择"工具 📐，用圈选的方法选取需要的图形，如图 13-13 所示。选择"效果 > 图框精确剪裁 > 放置在容器中"命令，鼠标光标变为黑色箭头，在背景图形上单击，如图 13-14 所示。将云朵图形置入背景图形中，效果如图 13-15 所示。

图 13-13　　　　　　　　图 13-14　　　　　　　　图 13-15

（6）双击"矩形"工具 🔲，绘制一个与页面大小相等的图形，向上拖曳下方中间的控制手柄到适当的位置，如图 13-16 所示。设置填充颜色的 CMYK 值为 74、84、100、67，填充图形，并去除图形的轮廓线，效果如图 13-17 所示。用相同的方法再绘制一个图形，并填充相同的颜色，效果如图 13-18 所示。

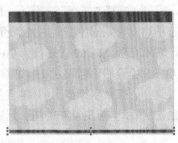

图 13-16　　　　　　　　图 13-17　　　　　　　　图 13-18

（7）选择"2 点线"工具 ✏️，按住 Shift 键的同时绘制一条直线，如图 13-19 所示。按 F12 键，弹出"轮廓笔"对话框，在"颜色"选项中设置轮廓线颜色的 CMYK 值为 33、83、100、1，其他选项的设置如图 13-20 所示。单击"确定"按钮，效果如图 13-21 所示。

241

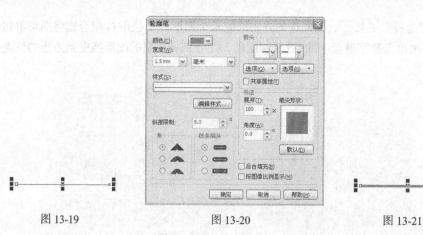

图 13-19　　　　　　　　　　图 13-20　　　　　　　　　　图 13-21

（8）选择"选择"工具 ，将直线拖曳到页面中适当的位置并调整其大小，效果如图 13-22 所示。连续按两次数字键盘上的+键复制 2 条线段，并分别将其拖曳到适当的位置，效果如图 13-23 所示。

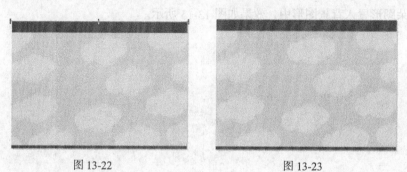

图 13-22　　　　　　　　　　　　　　　图 13-23

2. 导入图片并编辑内容文字

（1）按 Ctrl+I 组合键，弹出"导入"对话框。选择光盘中的"Ch13 > 素材 > 制作西餐厅宣传单 > 01"文件，单击"导入"按钮。在页面中单击导入的图片，并将其拖曳到适当的位置，效果如图 13-24 所示。

（2）选择"矩形"工具 ，在属性栏中将"圆角半径"选项均设为 6mm，绘制一个圆角矩形，如图 13-25 所示。设置填充颜色的 CMYK 值为 20、27、45、0，填充图形，并去除图形的轮廓线，效果如图 13-26 所示。选择"选择"工具 ，按数字键盘上的+键复制图形。设置图形填充颜色为 3、7、20、0，填充图形，效果如图

图 13-24

13-27 所示。拖曳复制的图形到适当的位置，效果如图 13-28 所示。

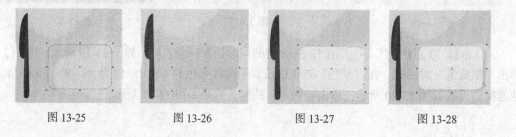

图 13-25　　　　　　图 13-26　　　　　　图 13-27　　　　　　图 13-28

（3）按 Ctrl+I 组合键，弹出"导入"对话框。选择光盘中的"Ch13 > 素材 > 制作西餐厅宣传单 > 02"文件，单击"导入"按钮。在页面中单击导入的图片，并将其拖曳到适当的位置，效果如图 13-29 所示。

（4）选择"文本"工具字，分别在页面中输入需要的文字。选择"选择"工具，分别在属性栏中选取适当的字体并设置文字大小，效果如图 13-30 所示。选择"文本"工具字，选取需要的文字，单击属性栏中的"将文本更改为垂直方向"按钮，更改文字方向，效果如图 13-31 所示。

图 13-29　　　　　　　　图 13-30　　　　　　　　图 13-31

（5）选择"文本"工具字，绘制一个文本框，输入需要的文字。选择"选择"工具，在属性栏中选取适当的字体并设置文字大小，效果如图 13-32 所示。选择"形状"工具，文字的编辑状态如图 13-33 所示。向下拖曳文字下方的图标调整行距，松开鼠标后，效果如图 13-34 所示。用相同的方法制作出其他效果，如图 13-35 所示。

图 13-32　　　　　　图 13-33　　　　　　图 13-34　　　　　　图 13-35

（6）按 Ctrl+I 组合键，弹出"导入"对话框。选择光盘中的"Ch13 > 素材 > 制作西餐厅宣传单 > 04"文件，单击"导入"按钮。在页面中单击导入的图片，并将其拖曳到适当的位置，效果如图 13-36 所示。

（7）选择"文本"工具字，绘制一个文本框，输入需要的文字。选择"选择"工具，在属性栏中选取适当的字体并设置文字大小，效果如图 13-37 所示。选择"形状"工具，向下拖曳文字下方的图标调整行距，松开鼠标后，效果如图 13-38 所示。

图 13-36

图 13-37　　　　　　　　　图 13-38

（8）按 Ctrl+I 组合键，弹出"导入"对话框。选择光盘中的"Ch13 > 素材 > 制作西餐厅宣传单 > 05"文件，单击"导入"按钮。在页面中单击导入的图片，并将其拖曳到适当的位置，效果如图 13-39 所示。

（9）选择"文本"工具[字]，输入需要的文字。选择"选择"工具[🔲]，在属性栏中选取适当的字体并设置文字大小和角度，效果如图 13-40 所示。用圈选的方法选取需要的图形，按 Ctrl+G 组合键将其群组，如图 13-41 所示。

图 13-39

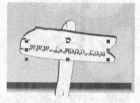
图 13-40

图 13-41

（10）选择"效果 > 图框精确剪裁 > 放置在容器中"命令，鼠标光标变为黑色箭头，在背景上单击，如图 13-42 所示。将图形置入背景中，效果如图 13-43 所示。西餐厅宣传单制作完成，效果如图 13-44 所示。

图 13-42

图 13-43

图 13-44

13.3 制作我为歌声狂宣传单

13.3.1 案例分析

本案例是为庆祝我为歌声狂大赛成功举办 3 周年而举行的庆祝活动宣传单。在宣传单的设计上要表现出热烈欢快的气氛和好礼不断、惊喜不断的活动特点。

在设计制作过程中，首先使用蓝绿色的背景散发出轻松自然的气息，起到衬托的效果。下方的人物剪影和彩虹图片形成热闹、欢快的氛围。再添加飞机和漫开飘落的礼物图片，突显出活动中礼物不断、惊喜连连的活动特点，勾起人们参与的欲望。最后通过对宣传语和其他介绍性文字的编排，将欢快的气氛推向高潮，点明主题并起到宣传的效果。

本案例将使用文本工具添加文字；使用轮廓笔命令、渐变填充命令和阴影工具制作标题文字效果；使用贝塞尔工具和使文本适合路径命令制作文字绕路径效果；使用轮廓笔命令、转换为位图命令、高斯式模糊命令和阴影工具制作文本装饰效果；使用贝塞尔工具和透明度工具绘制装饰图形。

13.3.2　案例设计

本案例设计流程如图 13-52 所示。

背景图　　　　　　　　添加图片和文字　　　　　　　最终效果

图 13-45

13.3.3　案例制作

1. 制作标题文字

（1）选择"文件 > 打开"命令，弹出"打开绘图"对话框。选择"Ch13 > 素材 >制作我为歌声狂宣传单 >01"文件，单击"打开"按钮，效果如图 13-46 所示。

（2）选择"文本"工具，分别在页面中输入需要的文字，分别选取需要的文字，在属性栏中选取需要的字体并调整其大小，填充适当的颜色，效果如图 13-47 所示。

图 13-46　　　　　　　　图 13-47

（3）选择"选择"工具，选择文字"庆祝"。再次单击文字，使文字处于旋转状态。向上拖曳右侧中间的控制手柄到适当的位置，将文字倾斜，效果如图 13-48 所示。用相同的方法调整其他文字，效果如图 13-49 所示。

图 13-48　　　　　　　　　　　　　　　　　图 13-49

（4）选择"选择"工具 ，选择文字"庆祝"。按 F12 键，弹出"轮廓笔"对话框，在"颜色"选项中设置轮廓线颜色的 CMYK 值为 2、0、27、0，其他选项的设置如图 13-50 所示，单击"确定"按钮，效果如图 13-51 所示。

图 13-50　　　　　　　　　　　　　图 13-51

（5）选择"选择"工具 ，选择文字"3 周年"。按数字键盘上的+键复制文字，并填充文字为白色，效果如图 13-52 所示。按 F12 键，弹出"轮廓笔"对话框，在"颜色"选项中设置轮廓线颜色为白色，其他选项的设置如图 13-53 所示。单击"确定"按钮，效果如图 13-54 所示。

图 13-52　　　　　　　　　　图 13-53　　　　　　　　　　图 13-54

（6）选择"位图 > 转换为位图"命令，弹出"转换为位图"对话框，单击"确定"按钮，效果如图 13-55 所示。选择"位图 > 模糊 > 高斯式模糊"命令，在弹出的对话框中进行设置，如图 13-56 所示，单击"确定"按钮，效果如图 13-57 所示。按 Ctrl+PageDown 组合键，将图形向后移动一层，效果如图 13-58 所示。

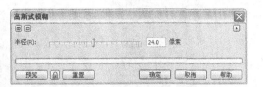

图 13-55　　　　　　　　　　　　　图 13-56

图 13-57　　　　　　　　　　　　图 13-58

（7）选择"选择"工具，选择文字"我为歌声狂!"。按 F12 键，弹出"轮廓笔"对话框，在"颜色"选项中设置轮廓线颜色的 CMYK 值为 2、0、27、0，其他选项的设置如图 13-59 所示。单击"确定"按钮，效果如图 13-60 所示。

图 13-59　　　　　　　　　　　　　图 13-60

（8）选择"阴影"工具，在图形上从上向下拖曳光标，为图形添加阴影效果。在属性栏中的设置如图 13-61 所示。按 Enter 键，效果如图 13-62 所示。

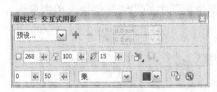

图 13-61　　　　　　　　　　　　　图 13-62

2. 导入装饰图形并添加文字

（1）选择"贝塞尔"工具，绘制一条曲线，如图 13-63 所示。选择"文本"工具，输入需要的文字。选择"选择"工具，在属性栏中选取适当的字体并设置文字大小，填充文字为白色，效果如图 13-64 所示。

图 13-63　　　　　　　　　　　图 13-64

（2）选择"文本 > 使文本适合路径"命令，将文字拖曳到曲线上，文字自动绕路径排列，单击鼠标，文字效果如图 13-65 所示。选择"选择"工具，选择路径，在"无填充"按钮上单击鼠标右键，去除路径的轮廓线，效果如图 13-66 所示。

（3）按 Ctrl+I 组合键，弹出"导入"对话框。选择光盘中的"Ch13 > 素材 > 制作我为歌声狂宣传单 > 02"文件，单击"导入"按钮。在页面中单击导入的图片，将其拖曳到适当的位置，效果如图 13-67 所示。

（4）选择"选择"工具，用圈选的方法选取需要的图形，连续 3 次按 Ctrl+PageDown 组合键，将图形向后移动，效果如图 13-68 所示。

图 13-65　　　　　　图 13-66　　　　　　图 13-67　　　　　　图 13-68

（5）按 Ctrl+I 组合键，弹出"导入"对话框。选择光盘中的"Ch13 > 素材 > 制作我为歌声狂宣传单 > 03"文件，单击"导入"按钮。在页面中单击导入的图片，将其拖曳到适当的位置，效果如图 13-69 所示。

（6）选择"文本"工具，分别在页面中输入需要的文字。选择"选择"工具，在属性栏中选取适当的字体并设置文字大小。在"CMYK 调色板"中的"红"色块上单击鼠标左键，填充文字，效果如图 13-70 所示。

图 13-69　　　　　　　　　　　图 13-70

（7）选择"选择"工具 ，选择文字"你想成就梦想……"。选择"形状"工具 ，文字的编辑状态如图 13-71 所示。向下拖曳文字下方的 图标调整行距，松开鼠标后，效果如图 13-72 所示。

图 13-71

图 13-72

（8）选择"选择"工具 ，选择文字"2012 我为……"。按 F12 键，弹出"轮廓笔"对话框，在"颜色"选项中设置轮廓线颜色的 CMYK 值为 2、0、27、0，其他选项的设置如图 13-73 所示。单击"确定"按钮，效果如图 13-74 所示。用相同的方法制作其他文字效果，如图 13-75 所示。

图 13-73

图 13-74

图 13-75

3. 制作装饰底纹

（1）选择"贝塞尔"工具 ，绘制一个图形，设置填充颜色的 CMYK 值为 32、43、0、0，填充图形，并去除图形的轮廓线，效果如图 13-76 所示。

（2）选择"透明度"工具 ，在图形中从中心向上拖曳光标，为图形添加透明度效果。在属性栏中的设置如图 13-77 所示。按 Enter 键，效果如图 13-78 所示。

图 13-76

图 13-77

图 13-78

（3）选择"选择"工具，按数字键盘上的+键复制图形。再次单击图形，使其处于旋转状态，将旋转中心移动到适当的位置，如图 13-79 所示。向右拖曳右上角的控制手柄到适当的位置，将图形旋转，效果如图 13-80 所示。按 Ctrl+D 组合键复制图形，效果如图 13-81 所示。用上述方法制作其他图形，并填充适当的颜色，效果如图 13-82 所示。

图 13-79　　　　　图 13-80　　　　　图 13-81　　　　　图 13-82

（4）选择"选择"工具，用圈选的方法选取需要的图形，如图 13-83 所示。选择"效果 > 图框精确剪裁 > 放置在容器中"命令，鼠标光标变为黑色箭头，在背景上单击，如图 13-84 所示。将图形置入背景中，效果如图 13-85 所示。我为歌声狂宣传单制作完成。

图 13-83　　　　　　图 13-84　　　　　　图 13-85

课堂练习 1——制作咖啡宣传单

【练习知识要点】使用透明度工具和图框精确剪裁命令制作背景效果；使用钢笔工具和渐变填充工具制作装饰图形；使用文本工具添加文字；使用表格工具制作表格图形。咖啡宣传单效果如图 13-86 所示。

【效果所在位置】光盘/Ch13/效果/制作咖啡宣传单.cdr。

图 13-86

课堂练习 2——制作播放器宣传单

【练习知识要点】使用文本工具和轮廓笔命令制作标题文字效果；使用矩形工具、椭圆形工具、渐变填充工具和透明度工具制作装饰图形；使用文本工具添加文字。播放器宣传单效果如图 13-87 所示。

【效果所在位置】光盘/Ch13/效果/制作播放器宣传单.cdr。

图 13-87

课后习题 1——制作房地产宣传单

【习题知识要点】使用文本工具添加相关信息；使用星形工具制作装饰图形；使用导入命令编辑素材图片；使用多边形工具制作箭头图形。房地产宣传单效果如图 13-88 所示。

【效果所在位置】光盘/Ch13/效果/制作房地产宣传单.cdr。

图 13-88

课后习题 2——制作商城宣传单

【习题知识要点】使用文本工具、轮廓笔命令和阴影工具制作标题文字效果；使用矩形工具和形状工具绘制装饰图形；使用文本工具添加文字；使用插入符号字符命令插入装饰图形。商城宣传单效果如图 13-89 所示。

【效果所在位置】光盘/Ch13/效果/制作商城宣传单.cdr。

图 13-89

第14章

广告设计

广告以多样的形式出现在城市中，是城市商业发展的写照。广告通过电视、报纸、霓虹灯等媒体来发布。好的户外广告要强化视觉冲击力，抓住观众的视线。本章以多种题材的广告为例，讲解广告的设计方法和制作技巧。

课堂学习目标

- 了解广告的概念
- 了解广告的本质和功能
- 掌握广告的设计思路和过程
- 掌握广告的制作方法和技巧

14.1 广告设计概述

广告是为了某种特定的需要，通过一定的媒体形式公开而广泛地向公众传递信息的宣传手段，它的本质是传播。平面广告的效果如图 14-1 所示。

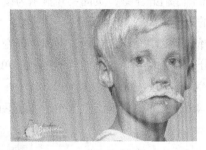

图 14-1

14.2 制作运动广告

14.2.1 案例分析

本案例是为宣传健康运动制作的宣传广告。在广告设计上要充分利用丰富的设计手段和表现形式，表现出丰富的运动项目和健康活力的运动理念。

在设计制作过程中，利用蓝色和玫红色的背景形成富有朝气和活力的氛围。不同的人物运动剪影散落在画面中，展现出丰富多彩的运动生活，紧扣宣传的主题。简洁直观的白色宣传文字醒目突出，视觉冲击力强。

本案例将使用矩形工具、渐变填充工具、2 点线工具和调和工具制作背景效果；使用文本工具、矩形工具、合并命令和阴影工具制作标题文字；使用贝塞尔工具和渐变填充工具绘制装饰图形。

14.2.2 案例设计

本案例设计流程如图 14-2 所示。

制作背景效果　　　绘制装饰图形　　　最终效果

图 14-2

14.2.3　案例制作

1．制作背景效果

（1）按 Ctrl+N 组合键，新建一个页面，在属性栏的"页面度量"选项中分别设置宽度为180mm、高度为297mm，按 Enter 键，页面尺寸显示为设置的大小。双击"矩形"工具，绘制一个与页面大小相等的矩形，如图 14-3 所示。

（2）选择"渐变填充"工具，弹出"渐变填充"对话框，点选"自定义"单选钮，在"位置"选项中分别添加 0、41、100 几个位置点，单击右下角的"其它"按钮，分别设置几个位置点颜色的 CMYK 值为 0（100、0、0、0）、41（76、4、0、0）、100（0、100、0、0），其他选项的设置如图 14-4 所示。单击"确定"按钮，填充图形，效果如图 14-5 所示。

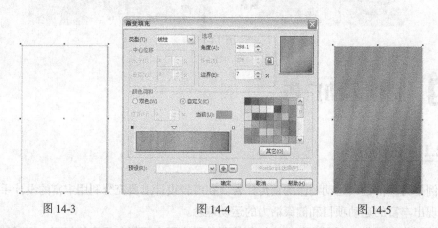

图 14-3　　　　　　　图 14-4　　　　　　　图 14-5

（3）选择"2点线"工具，绘制一条直线，填充直线为白色，效果如图 14-6 所示。选择"选择"工具，按数字键盘上的+键复制直线，并拖曳到适当的位置，如图 14-7 所示。

（4）选择"调和"工具，在两条直线之间拖曳鼠标，为其添加调和效果。在属性栏中进行设置，如图 14-8 所示。按 Enter 键，效果如图 14-9 所示。

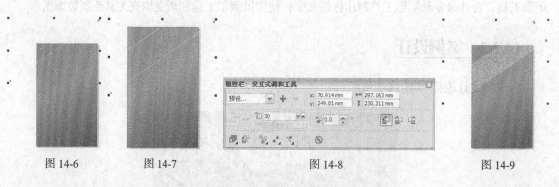

图 14-6　　　　图 14-7　　　　　　　　图 14-8　　　　　　　　图 14-9

（5）选择"透明度"工具，在图形上从左下方向右上方拖曳光标，为图形添加透明效果。在属性栏中进行设置，如图 14-10 所示。按 Enter 键，效果如图 14-11 所示。用上述方法分别制作其他调和图形，效果如图 14-12 所示。

图 14-10　　　　　　　图 14-11　　　　　　　图 14-12

（6）选择"选择"工具 ，用圈选的方法选取需要的图形。选择"效果 > 图框精确剪裁 > 放置在容器中"命令，鼠标光标变为黑色箭头，在背景上单击，如图 14-13 所示。将图形置入矩形框中，如图 14-14 所示。

（7）按 Ctrl+I 组合键，弹出"导入"对话框。选择光盘中的"Ch14 > 素材 > 制作运动广告 > 01"文件，单击"导入"按钮。在页面中单击导入的图片，将其拖曳到适当的位置，效果如图 14-15 所示。

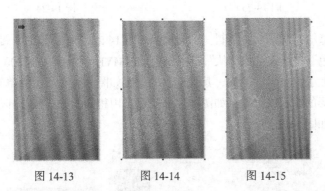

图 14-13　　　　　　　图 14-14　　　　　　　图 14-15

2．制作装饰图形并添加文字

（1）选择"文本"工具 ，输入需要的文字。选择"选择"工具 ，在属性栏中选取适当的字体并设置文字大小，填充文字为白色，效果如图 14-16 所示。选择"形状"工具 ，文字的编辑状态如图 14-17 所示。向左拖曳文字下方的 图标调整字距，松开鼠标后，效果如图 14-18 所示。

图 14-16　　　　　　　图 14-17　　　　　　　图 14-18

（2）选择"矩形"工具 ，绘制两个矩形，如图 14-19 所示。选择"选择"工具 ，用圈选的方法将两个矩形同时选取，单击属性栏中的"合并"按钮 ，将两个图形合并为一个图形，效果如图 14-20 所示。填充图形为白色，并去除图形的轮廓线，效果如图 14-21 所示。用相同的方法制作其他图形，并填充相同的颜色，效果如图 14-22 所示。用圈选的方法将文字和图形同时选取，按 Ctrl+G 组合键将其群组。

图 14-19

图 14-20

图 14-21

图 14-22

（3）选择"阴影"工具，在群组的图形上从上向下拖曳光标，为图形添加阴影效果。在属性栏中进行设置，如图 14-23 所示。按 Enter 键，效果如图 14-24 所示。

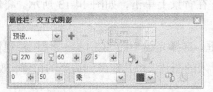
图 14-23

图 14-24

（4）选择"贝塞尔"工具，绘制一个图形，如图 14-25 所示。按 F11 键，弹出"渐变填充"对话框，点选"双色"单选钮，将"从"选项颜色的 CMYK 值设为 47、100、49、2，"到"选项颜色的 CMYK 值设为 0、100、0、0，其他选项的设置如图 14-26 所示。单击"确定"按钮，填充图形，并去除图形的轮廓线，效果如图 14-27 所示。用相同的方法制作其他图形，并分别填充适当的颜色，效果如图 14-28 所示。

图 14-25

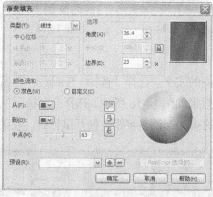
图 14-26

图 14-27   图 14-28

（5）选择"文本"工具，分别输入需要的文字。选择"选择"工具，分别在属性栏中选取适当的字体并调整其大小和角度，填充文字为白色，效果如图 14-29 所示。

（6）选择"选择"工具，选取需要的图形，如图 14-30 所示。按 Shift+PageUp 组合键，将图形向上移动到最顶层，效果如图 14-31 所示。

（7）按 Ctrl+I 组合键，弹出"导入"对话框。选择光盘中的"Ch14 > 素材 > 制作运动广告 > 02"文件，单击"导入"按钮。在页面中单击导入的图片，将其拖曳到适当的位置，效果如图 14-32 所示。

图 14-29　　　　　图 14-30　　　　　图 14-31　　　　　图 14-32

（8）按 Ctrl+U 组合键，取消群组。选择"选择"工具，选取需要的图形，如图 14-33 所示。多次单击 Ctrl+PageDown 组合键，将图形向下移动多层，效果如图 14-34 所示。运动广告制作完成，效果如图 14-35 所示。

图 14-33　　　　　　　图 14-34　　　　　　　图 14-35

14.3　制作手机广告

14.3.1　案例分析

本案例是为手机公司设计制作宣传广告。这是一款功能强大的手机，广告的设计要用全新的设计观念和时尚的表现手法，展示出这款手机的新功能。

在设计制作过程中，使用褐色的渐变背景营造出平稳可靠的氛围，添加悦动的音符和五线谱，形成动静结合的画面。浅色的手机在蝴蝶、音符和文字元素的映衬下，给人时尚大方、醒目直观的印象。通过对广告语和产品说明文字的设计编排，强化了产品的特性。广告整体设计简洁大方，主题鲜明突出。

本案例将使用贝塞尔工具和调和工具制作背景曲线；使用阴影工具制作手机图片的阴影效果；使用文本插入符号字符命令插入音乐字符；使用添加透视命令制作宣传文字；使用立体化工具制作装饰"十"字形。

14.3.2　案例设计

本案例设计流程如图 14-39 所示。

制作背景效果

编辑素材图片

插入符号　　　添加宣传性文字

最终效果

图 14-36

14.3.3　案例制作

1．制作背景图形

（1）按 Ctrl+N 组合键，新建一个页面，在属性栏的"页面度量"选项中分别设置宽度为 330mm、高度为 230mm，按 Enter 键，页面尺寸显示为设置的大小。选择"矩形"工具，在页面中绘制一个矩形，如图 14-37 所示。

（2）选择"文件 > 导入"命令，弹出"导入"对话框。选择光盘中的"Ch14 > 素材 > 制作手机广告 > 01"文件，单击"导入"按钮。在页面中单击导入的图片，将其拖曳到适当的位置并调整其大小，效果如图 14-38 所示。按 Ctrl+PageDown 组合键，将图片置后一层，效果如图 14-39 所示。

图 14-37

图 14-38

图 14-39

（3）选择"效果 > 图框精确剪裁 > 放置在容器中"命令，鼠标的光标变为黑色箭头形状，在矩形框上单击，如图 14-40 所示。将图片置入矩形中，效果如图 14-41 所示。在"CMYK 调色板"中的"无填充"按钮☒上单击鼠标右键，取消图形的轮廓线。

图 14-40 　　　　　　　　　　　图 14-41

（4）选择"贝塞尔"工具，绘制两条曲线，如图 14-42
所示。选择"选择"工具，分别选取曲线，在属性栏中
将"轮廓宽度" 0.2 mm 选项设为 0.8，在"CMYK 调色
板"中的"白"色块上单击鼠标右键，填充曲线，效果如
图 14-43 所示。

（5）选择"调和"工具，在两条直线之间应用调和，
在属性栏中进行设置，如图 14-44 所示。按 Enter 键，效果
如图 14-45 所示。

图 14-42

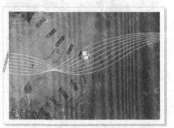

图 14-43 　　　　　　　　图 14-44 　　　　　　　　图 14-45

（6）选择"透明度"工具，在属性栏中将"透明度类型"选项设为"标准"，其他选项
的设置如图 14-46 所示。按 Enter 键，效果如图 14-47 所示。

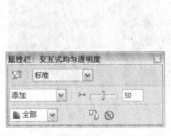

图 14-46 　　　　　　　　　　　图 14-47

（7）选择"效果 > 图框精确剪裁 > 放置在容器中"命令，鼠标的光标变为黑色箭头形状，
在矩形背景上单击，如图 14-48 所示。将调和图形置入到矩形背景中，效果如图 14-49 所示。

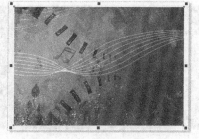

图 14-48   图 14-49

2. 导入并编辑图片

（1）选择"文件 > 导入"命令，弹出"导入"对话框。选择光盘中的"Ch14 > 素材 > 制作手机广告 > 02"文件，单击"导入"按钮。在页面中单击导入的图片，将图片拖曳到适当的位置，并调整其大小，效果如图 14-50 所示。

（2）选择"阴影"工具，在图片上从中心向右拖曳光标，为图片添加阴影效果。在属性栏中进行设置，如图 14-51 所示。按 Enter 键，效果如图 14-52 所示。

图 14-50   图 14-51   图 14-52

（3）选择"文件 > 打开"命令，弹出"打开绘图"对话框。选择光盘中的"Ch14 > 素材 > 制作手机广告 > 03"文件，单击"打开"按钮。将图形粘贴到页面中，并拖曳到适当的位置，效果如图 14-53 所示。选择"选择"工具，按 Ctrl+PageDown 组合键将其置后一位，如图 14-54 所示。

图 14-53   图 14-54

（4）选择"透明度"工具，在属性栏中将"透明度类型"选项设为"标准"，其他选项的设置如图 14-55 所示。按 Enter 键，效果如图 14-56 所示。

（5）选择"文件 > 导入"命令，弹出"导入"对话框。选择光盘中的"Ch14 > 素材 > 制作手机广告 > 04"文件，单击"导入"按钮。在页面中单击导入的图片，将图片拖曳到适当的位置，效果如图 14-57 所示。

图 14-55 　　　　　　　　　　图 14-56 　　　　　　　　　　图 14-57

（6）选择"文本 > 插入符号字符"命令，弹出"插入字符"面板。在面板中进行设置，如图 14-58 所示。选择"选择"工具，分别拖曳需要的字符到适当的位置，并调整其大小，填充字符为白色，并去除字符的轮廓线，如图 14-59 所示。

（7）选择"选择"工具，再次复制多个字符，分别将其拖曳到适当的位置，并旋转到适当的角度，效果如图 14-60 所示。

图 14-58 　　　　　　　　　图 14-59 　　　　　　　　　图 14-60

（8）选择"选择"工具，按住 Shift 键的同时，将音符图形同时选取。按 Ctrl+G 组合键将图形群组，效果如图 14-61 所示。多次单击 Ctrl+PageDown 组合键，将图形置后到适当的位置，效果如图 14-62 所示。

图 14-61 　　　　　　　　　　　　图 14-62

3．添加内容文字

（1）选择"文本"工具，输入需要的文字。选择"选择"工具，在属性栏中选择合适的字体并设置文字大小。选择"形状"工具，向左拖曳文字下方的图标，调整文字的字距，效果如图 14-63 所示。设置文字颜色的 CMYK 值为 0、100、0、0，填充文字。按 F12 键，弹出"轮廓笔"对话框。在"颜色"选项中设置轮廓线的颜色为白色，其他选项的设置如图14-64所示。单击"确定"按钮，效果如图14-65所示。

图14-63　　　　　　　　　　图14-64　　　　　　　　　　图14-65

（2）选择"效果 > 添加透视"命令，为文字添加透视点，如图14-66所示。分别拖曳各个透视点到适当的位置，如图14-67所示。文字效果如图14-68所示。

图14-66　　　　　　　　　　图14-67　　　　　　　　　　图14-68

（3）选择"文本"工具字，输入需要的文字。选择"选择"工具，在属性栏中选择合适的字体并设置文字大小，选择"形状"工具，向左拖曳文字下方的┃┃▶图标，调整文字的字距。设置文字颜色的CMYK值为100、0、0、0，填充文字，效果如图14-69所示。按F12键，弹出"轮廓笔"对话框。在"颜色"选项中选择轮廓线的颜色为白色，其他选项的设置如图14-70所示。单击"确定"按钮，效果如图14-71所示。

图14-69　　　　　　　　　　图14-70　　　　　　　　　　图14-71

（4）选择"效果 > 添加透视"命令，为文字添加透视点，如图14-72所示。分别拖曳各个透视点到适当的位置，如图14-73所示。文字效果如图14-74所示。

图 14-72　　　　　　　　　　图 14-73　　　　　　　　　　图 14-74

（5）选择"文本"工具，输入需要的文字。选择"选择"工具，在属性栏中选择合适的字体并设置文字大小。设置图形颜色的 CMYK 值为 0、0、100、0，填充文字，效果如图 14-75 所示。

（6）选择"文本"工具，输入需要的文字。选择"选择"工具，在属性栏中选择合适的字体并设置文字大小，填充文字为白色，效果如图 14-76 所示。选择"文本 > 段落格式化"面板，选项的设置如图 14-77 所示。按 Enter 键，效果如图 14-78 所示。

图 14-75　　　　　　图 14-76　　　　　　图 14-77　　　　　　图 14-78

（7）选择"基本形状"工具，在属性栏中单击"完美图形"按钮，在弹出的面板中选择需要的图形，如图 14-79 所示。拖曳鼠标绘制图形，效果如图 14-80 所示。

（8）选择"形状"工具，将光标移到图形的红色菱形块上，拖曳红色菱形块到适当的位置，效果如图 14-81 所示。

（9）选择"选择"工具，向外拖曳图形右上方的控制手柄，将图形放大。设置图形填充颜色的 CMYK 值为 0、0、100、0，填充图形，并去除图形的轮廓线。按 Ctrl+Q 组合键，将十字形转换为曲线，效果如图 14-82 所示。

图 14-79　　　　　　图 14-80　　　　　　图 14-81　　　　　　图 14-82

（10）选择"立体化"工具，鼠标的光标变为图标，在图形上从中心向右上方拖曳鼠标。单击属性栏中的"颜色"按钮，在弹出的"颜色"面板中单击"使用递减的颜色"按钮，将"从"选项的颜色设为"橘红"，"到"选项的颜色设置为"蓝紫"，其他选项的设置如图 14-83 所示。按 Enter 键，效果如图 14-84 所示。手机广告制作完成，效果如图 14-85 所示。

图 14-83 图 14-84 图 14-85

课堂练习 1——制作化妆品广告

【练习知识要点】使用轮廓笔命令和阴影工具制作标题文字效果；使用矩形工具、透明度工具和星形工具制作装饰图形；使用文本工具添加内容文字。化妆品广告效果如图 14-86 所示。

【效果所在位置】光盘/Ch14/效果/制作化妆品广告.cdr。

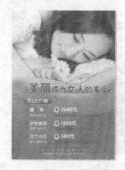

图 14-86

课堂练习 2——制作香水广告

【练习知识要点】使用矩形工具和渐变填充工具制作背景效果；使用导入命令、透明度工具阴影工具和图框精确剪裁命令编辑背景图片；使用文本工具、形状工具和椭圆形工具制作产品名称；使用文本工具添加内容文字；使用箭头形状工具绘制装饰图形。香水广告效果如图 14-87 所示。

【效果所在位置】光盘/Ch14/效果/制作香水广告.cdr。

图 14-87

课后习题 1——制作红酒广告

【习题知识要点】使用渐变填充工具、贝塞尔工具和透明度工具制作背景效果；使用文本工具、轮廓笔命令和阴影工具制作标题文字效果；使用贝塞尔工具、椭圆形工具和移除前面对象命令绘制装饰图形；使用文本工具添加文字。红酒广告效果如图 14-88 所示。

【习题知识要点】光盘/Ch14/效果/制作红酒广告.cdr。

图 14-88

课后习题 2——制作啤酒广告

【习题知识要点】使用文本工具、形状工具、转换为位图命令、渐变填充工具和轮廓图工具制作标题文字；使用插入符号字符命令插入需要的图形。啤酒广告效果如图 14-89 所示。

【习题知识要点】光盘/Ch14/效果/制作啤酒广告.cdr。

图 14-89

第15章
包装设计

　　包装代表着一个商品的品牌形象。好的包装设计可以让商品在同类产品中脱颖而出，吸引消费者的注意力并引发其购买行为。包装设计可以起到美化商品及传达商品信息的作用，更可以极大地提高商品的价值。本章以多个类别的包装为例，讲解包装的设计方法和制作技巧。

课堂学习目标

- 了解包装的概念
- 了解包装的功能和分类
- 掌握包装的设计思路和过程
- 掌握包装的制作方法和技巧

15.1　包装设计概述

　　包装最主要的功能是保护商品，其次是美化商品和传达信息。好的包装设计除了遵循设计中的基本原则外，还要着重研究消费者的心理活动，才能在同类商品中脱颖而出。包装设计如图 15-1 所示。

图 15-1

　　按包装在流通中的作用分类：可分为运输包装和销售包装。

　　按包装材料分类：可分为纸板、木材、金属、塑料、玻璃和陶瓷、纤维织品、复合材料等包装。

　　按销售市场分类：可分为内销商品包装和出口商品包装。

　　按商品种类分类：可分成建材商品包装、农牧水产品商品包装、食品和饮料商品包装、轻工日用品商品包装、纺织品和服装商品包装、化工商品包装、医药商品包装、机电商品包装、电子商品包装、兵器包装等。

15.2　制作 MP3 包装

15.2.1　案例分析

　　本案例是为电子产品公司设计制作的 MP3 包装盒效果图。这款 MP3 的设计非常炫酷，造型简洁，可以更换彩色外壳面板，而且功能强大，还可以存放上千首的 MP3 歌曲。在包装盒的设计上要运用现代设计元素和语言表现出产品的前卫和时尚。

　　在设计制作过程中，使用蓝紫色的渐变背景烘托出宁静放松的氛围；使用典雅现代的装饰花纹表现出产品的现代感和时尚感；使用陶醉在音乐中的女性图片，寓意 MP3 良好的音质和完美的功能特色；在画面左下角用 MP3 产品图片来表现产品的款式和颜色；使用文字详细介绍产品性能。整个包装元素的设计和应用和谐统一。

　　本案例将使用手绘工具和调和工具制作背景线条；使用垂直镜像命令垂直翻转手机图片；使用透明度工具制作手机图片的倒影效果；使用文本工具和形状工具制作产品名称；使用形状工具调整文字间距。

15.2.2　案例设计

本案例设计流程如图 15-2 所示。

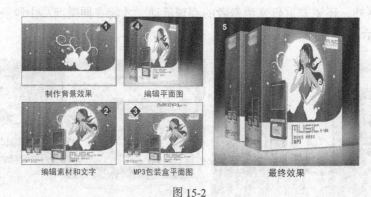

制作背景效果　　　　编辑平面图

编辑素材和文字　　　MP3包装盒平面图　　　　最终效果

图 15-2

15.2.3　案例制作

1. 制作包装盒正面背景图形

（1）按 **Ctrl+N** 组合键，新建一个页面，在属性栏的"页面度量"选项中分别设置宽度为 130mm、高度为 110mm，按 **Enter** 键，页面尺寸显示为设置的大小。双击"矩形"工具 ，绘制一个与页面大小相等的矩形，效果如图 15-3 所示。填充矩形为白色，并去除图形的轮廓线，效果如图 15-4 所示。

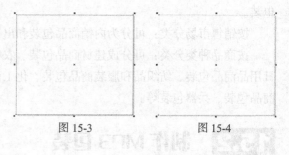

图 15-3　　　　　　　　　　　　图 15-4

（2）选择"矩形"工具 ，在属性栏中进行设置，如图 15-5 所示。拖曳鼠标绘制一个矩形，效果如图 15-6 所示。

（3）选择"选择"工具 ，按 **Ctrl+Q** 组合键，将图形转换为曲线。选择"形状"工具 ，选取图形右下方的节点，拖曳节点两端的控制手柄调整图形的形状，如图 15-7 所示。

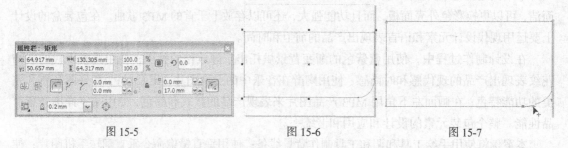

图 15-5　　　　　　　　图 15-6　　　　　　　　图 15-7

（4）选择"渐变填充"工具 ，弹出"渐变填充"对话框。点选"双色"单选钮，将"从"选项颜色的 CMYK 值设置为 100、100、0、0，"到"选项颜色的 CMYK 值设置为 100、0、0、0，其他选项的设置如图 15-8 所示。单击"确定"按钮填充图形，并去除图形的轮廓线，效果如图 15-9 所示。

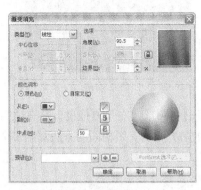

图 15-8

图 15-9

（5）选择"手绘"工具，按住 Ctrl 键的同时绘制一条直线，如图 15-10 所示。在"CMYK 调色板"中的"白"色块上单击鼠标右键，填充直线。

（6）选择"排列 > 变换 > 位置"命令，弹出"变换"面板，选项的设置如图 15-11 所示。单击"应用"按钮，效果如图 15-12 所示。

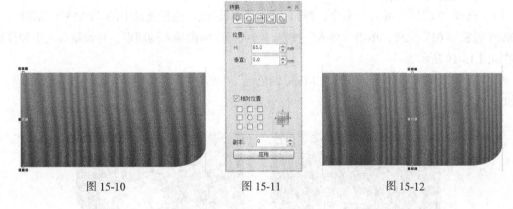

图 15-10　　　　　　　　图 15-11　　　　　　　　图 15-12

（7）选择"选择"工具，单击选取左侧的直线。选择"调和"工具，在两条直线之间从左至右拖曳，在属性栏中进行设置，如图 15-13 所示。按 Enter 键，效果如图 15-14 所示。

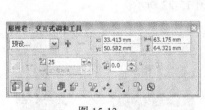

图 15-13

图 15-14

（8）选择"选择"工具，选取调和后的图形。按数字键盘上的+键复制一个图形，并将复制出的图形水平向右拖曳到适当的位置，效果如图 15-15 所示。

（9）选择"椭圆形"工具，按住 Ctrl 键的同时绘制一个圆形，填充图形为白色，并去除图形的轮廓线，效果如图 15-16 所示。

图 15-15

图 15-16

（10）选择"选择"工具 ，按住鼠标左键将白色圆形向左下方拖曳，并在适当的位置单击鼠标右键，复制图形，并调整其大小，效果如图 15-17 所示。用相同的方法复制多个白色圆形，并分别调整其大小，效果如图 15-18 所示。

图 15-17

图 15-18

2．导入图片并编辑文字

（1）选择"文件 > 导入"命令，弹出"导入"对话框。选择光盘中的"Ch15 > 素材 > 制作 MP3 包装 > 01"文件，单击"导入"按钮。在页面中单击导入的图形，并调整其大小和位置，效果如图 15-19 所示。

（2）选择"选择"工具，在"CMYK 调色板"中的"白"色块上单击鼠标，填充图形，效果如图 15-20 所示。

图 15-19

图 15-20

（3）选择"椭圆形"工具，按住 Ctrl 键的同时，拖曳鼠标绘制圆形，效果如图 15-21 所示。填充图形为白色，并去除图形的轮廓线，效果如图 15-22 所示。

图 15-21

图 15-22

（4）选择"阴影"工具，在图形上从上至下拖曳光标，为图形添加阴影效果。在属性栏中将阴影颜色设为白色，其他选项的设置如图 15-23 所示。按 Enter 键，效果如图 15-24 所示。

图 15-23

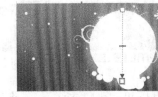

图 15-24

（5）选择"文件 > 导入"命令，弹出"导入"对话框。选择光盘中的"Ch15 > 素材 > 制作 MP3 包装 > 02"文件，单击"导入"按钮。在页面中单击导入的图形，并调整其大小。按 Ctrl+G 组合键将其群组，效果如图 15-25 所示。

（6）选择"文件 > 导入"命令，弹出"导入"对话框。选择光盘中的"Ch15 > 素材 > 制作 MP3 包装 > 03"文件，单击"导入"按钮。在页面中单击导入的图片，调整其位置和大小，效果如图 15-26 所示。

图 15-25

图 15-26

（7）选择"选择"工具，按数字键盘上的+键复制一个手机图形。单击属性栏中的"垂直镜像"按钮，垂直翻转图形，并将图形垂直向下拖曳到适当的位置，效果如图 15-27 所示。

（8）选择"透明度"工具，鼠标的光标变为图标，在图形上从上至下拖曳光标，为图形添加透明效果。在属性栏中进行设置，如图 15-28 所示。按 Enter 键，效果如图 15-29 所示。

图 15-27

图 15-28

图 15-29

（9）选择"文本"工具，输入需要的文字。选择"选择"工具，在属性栏中选择合适的字体并设置文字大小。选择"形状"工具，向左拖曳文字下方的图标，调整文字间距，效果如图 15-30 所示。

（10）在"CMYK 调色板"中的"橘黄"色块上单击鼠标，填充文字。按 Ctrl+Q 组合键，将文字转换为曲线，效果如图 15-31 所示。选择"形状"工具，选取需要的节点，将其垂直向下拖曳到适当的位置，如图 15-32 所示。

图 15-30   图 15-31   图 15-32

（11）选择"文本"工具，输入需要的文字。选择"选择"工具，在属性栏中选择合适的字体并设置文字大小。选择"形状"工具，向右拖曳文字下方的图标，调整文字间距，效果如图 15-33 所示。用相同的方法输入需要的文字并适当调整文字间距，效果如图 15-34 所示。

图 15-33   图 15-34

3. 添加并编辑文字

（1）选择"文件 > 导入"命令，弹出"导入"对话框。选择光盘中的"Ch15 > 素材 > 制作 MP3 包装 > 04"文件，单击"导入"按钮。在页面中单击导入的图片，调整图片的大小，效果如图 15-35 所示。

（2）选择"文本"工具，输入需要的文字。选择"选择"工具，在属性栏中选择合适的字体并设置文字大小。选择"形状"工具，向右拖曳文字下方的图标，调整文字间距，效果如图 15-36 所示。

图 15-35   图 15-36

（3）选择"选择"工具，选取黑色 MP3 图片，按住鼠标左键向左拖曳图形，并在适当的位置上单击鼠标右键，复制一个图形，并调整其大小，效果如图 15-37 所示。用相同的方法输入需要的文字，效果如图 15-38 所示。

（4）选择"文本"工具，输入需要的文字。选择"选择"工具，在属性栏中选择合适的字体并设置文字大小，效果如图 15-39 所示。在"CMYK 调色板"中的"橘黄"色块上单击鼠标，填充文字，效果如图 15-40 所示。用相同的方法添加其他文字，效果如图 15-41 所示。

图 15-37   图 15-38   图 15-39   图 15-40   图 15-41

（5）选择"矩形"工具 □，在属性栏中将"圆角半径"选项均设为 1mm，拖曳鼠标绘制一个圆角矩形，如图 15-42 所示。填充矩形为白色，并去除图形的轮廓线，效果如图 15-43 所示。

（6）选择"文本"工具 字，输入需要的文字。选择"选择"工具 ，在属性栏中选择合适的字体并设置文字大小，效果如图 15-44 所示。

图 15-42　　　　　　　　　　图 15-43　　　　　　　　　　图 15-44

（7）在"CMYK 调色板"中的"橘黄"色块上单击鼠标，填充文字，效果如图 15-45 所示。选择"文本"工具 字，输入需要的文字。选择"选择"工具 ，在属性栏中选择合适的字体并设置文字大小，效果如图 15-46 所示。

（8）选择"形状"工具 ，向右拖曳文字下方的 图标，适当调整文字间距，并在"CMYK调色板"中的"橘黄"色块上单击鼠标，填充文字，效果如图 15-47 所示。

图 15-45　　　　　　　　　　图 15-46　　　　　　　　　　图 15-47

（9）选择"选择"工具 ，用圈选的方法将圆角矩形和文字同时选取，按 Ctrl+G 组合键将其群组，如图 15-48 所示。按住鼠标左键水平向右拖曳群组图形，并在适当的位置上单击鼠标右键，复制图形，效果如图 15-49 所示。

图 15-48　　　　　　　　　　　　　图 15-49

（10）选择"文本"工具 字，输入需要的文字。选择"选择"工具 ，在属性栏中选择合适的字体并设置文字大小。选择"形状"工具 ，向左拖曳文字下方的 图标，调整文字间距，效果如图 15-50 所示。

（11）在"CMYK 调色板"中的"蓝"色块上单击鼠标，填充文字，效果如图 15-51 所示。用相同的方法输入其他文字，效果如图 15-52 所示。

图 15-50　　　　　　　图 15-51　　　　　　　图 15-52

4．导出文件并制作展示效果图

（1）MP3 包装盒平面图制作完成，效果如图 15-53 所示。选择"文件 > 导出"命令，弹出"导出"对话框。将"文件名"设置为"MP3 包装平面图"，文件格式设置为 PSD 格式，单击"确定"按钮，弹出"转换为位图"对话框，选项的设置如图 15-54 所示。单击"确定"按钮，导出文件。

（2）使用 Photoshop 软件，打开刚导出的文件，制作 MP3 包装的立体效果，效果如图 15-55 所示。MP3 包装展示效果制作完成。

图 15-53　　　　　　　图 15-54　　　　　　　图 15-55

15.3 制作婴儿奶粉包装

15.3.1 案例分析

营养米粉是母乳或婴儿配方食品不能满足婴儿营养需要以及婴儿断奶期间时，为补充婴幼儿营养而制作的辅助食品。本案例是为食品公司设计制作的营养米粉包装，主要针对的消费者是关注宝宝健康、注意营养均衡的家长们。在包装设计上要体现出营养健康的概念。

在设计制作过程中，通过白色的背景给人干净整洁的印象。添加健康的宝宝图片展示出希望宝宝健康成长的主题思想。心形的标志图形揭示出公司用细心制作产品、用爱心呵护宝宝成长的经营理念。蓝色的宣传文字在宣传产品特色的同时，易使人产生信赖感，达到宣传的目的。最后通过添加明暗变化的灰色渐变，使包装更具真实感。整体设计简单大方，易使人产生购买的欲望。

本案例将使用矩形工具、贝塞尔工具、网状填充工具、2 点线工具和调和工具制作包装结构图；使用贝塞尔工具、文本工具、形状工具和阴影工具制作装饰图形和文字；使用渐变填充工具和矩形工具制作文字效果；使用渐变填充工具、椭圆形工具和透明度工具制作包装展示图。

15.3.2　案例设计

本案例设计流程如图 15-56 所示。

绘制结构图　　　　添加文字内容　　　　包装平面图　　　　最终效果

图 15-56

15.3.3　案例制作

1．制作包装结构图

（1）按 Ctrl+N 组合键，新建一个页面，在属性栏的"页面度量"选项中分别设置宽度为 250mm、高度为 300mm，按 Enter 键，页面尺寸显示为设置的大小。

（2）选择"矩形"工具▢，绘制一个矩形，如图 15-57 所示。在属性栏中进行设置，如图 15-58 所示。按 Enter 键，效果如图 15-59 所示。

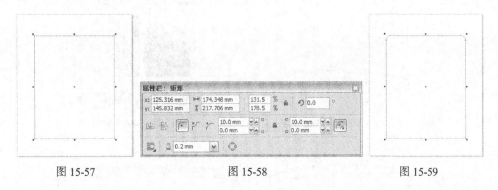

图 15-57　　　　　　　　　图 15-58　　　　　　　　图 15-59

（3）选择"椭圆形"工具◯，绘制一个椭圆形，如图 15-60 所示。选择"选择"工具▮，用圈选的方法将矩形和椭圆形同时选取，单击属性栏中的"合并"按钮▢，将两个图形合并为一个图形，效果如图 15-61 所示。

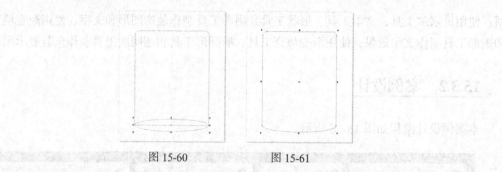

图 15-60   图 15-61

（4）选择"贝塞尔"工具，绘制一个图形，如图 15-62 所示。选择"网状填充"工具，在属性栏中进行设置，如图 15-63 所示。按 Enter 键，效果如图 15-64 所示。

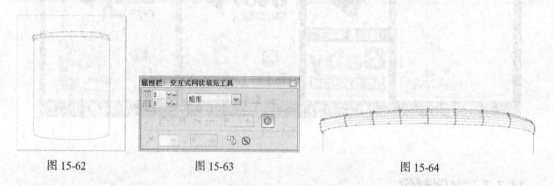

图 15-62   图 15-63   图 15-64

（5）选择"网状填充"工具，用圈选的方法选取需要的节点，如图 15-65 所示。选择"窗口 > 泊坞窗 > 彩色"命令，弹出"颜色"对话框，设置需要的颜色，如图 15-66 所示。单击"填充"按钮，效果如图 15-67 所示。用相同的方法选取其他节点，分别填充适当的颜色，并去除图形的轮廓线，效果如图 15-68 所示。

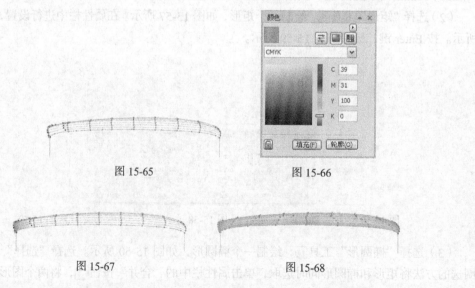

图 15-65   图 15-66

图 15-67   图 15-68

（6）选择"贝塞尔"工具，绘制一个图形，如图 15-69 所示。选择"网状填充"工具，用上述方法对图形进行网格填充，并去除图形的轮廓线，效果如图 15-70 所示。

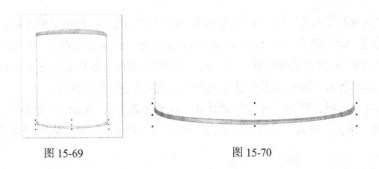

图 15-69　　　　　　　　　　　　　　图 15-70

2．制作背景效果

（1）选择"2 点线"工具 ，绘制一条直线，在属性栏中将"轮廓宽度" 0.2 mm 选项设为 0.1，按 Enter 键，效果如图 15-71 所示。选择"选择"工具 ，按数字键盘上的+键复制直线，并将其拖曳到适当的位置，如图 15-72 所示。

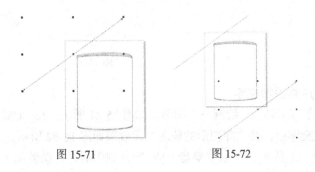

图 15-71　　　　　　　　　　　　　　图 15-72

（2）选择"调和"工具 ，在两条直线之间拖曳鼠标应用调和。在属性栏中的设置，如图 15-73 所示。按 Enter 键，效果如图 15-74 所示。

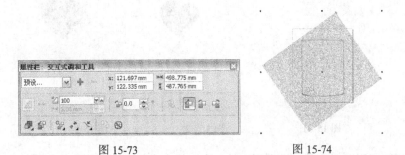

图 15-73　　　　　　　　　　　　　　图 15-74

（3）选择"透明度"工具 ，在图形上从左向右拖曳光标，为图形添加透明度效果。在属性栏中进行设置，如图 15-75 所示。按 Enter 键，效果如图 15-76 所示。

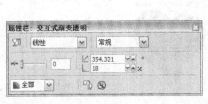
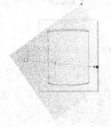

图 15-75　　　　　　　　　　　　　　图 15-76

（4）选择"选择"工具，在"CMYK 调色板"中"10%黑"色块上单击鼠标右键，填充调和直线，效果如图 15-77 所示。按 Shift+PageDown 组合键，将调和图形向后移到最底层。

（5）选择"效果 > 图框精确剪裁 > 放置在容器中"命令，鼠标光标变为黑色箭头，在瓶身上单击，如图 15-78 所示。将调和图形置入瓶身中，效果如图 15-79 所示。

（6）按 Ctrl+I 组合键，弹出"导入"对话框。选择光盘中的"Ch15 > 素材 > 制作婴儿奶粉包装 > 01"文件，单击"导入"按钮。在页面中单击导入的图片，将其拖曳到适当的位置，效果如图 15-80 所示。

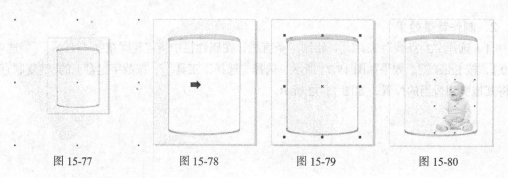

图 15-77　　　　　图 15-78　　　　　图 15-79　　　　　图 15-80

3．制作装饰图形并添加文字

（1）选择"贝塞尔"工具，绘制一个图形，如图 15-81 所示。在"CMYK 调色板"中"红"色块上单击鼠标，填充图形，并去除图形的轮廓线，效果如图 15-82 所示。

（2）选择"选择"工具，按数字键盘上的+键复制图形，并调整其大小，效果如图 15-83 所示。

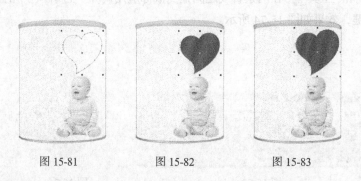

图 15-81　　　　　图 15-82　　　　　图 15-83

（3）选择"阴影"工具，在图形上从上向下拖曳光标，为图形添加阴影效果。在属性栏中进行设置，如图 15-84 所示。按 Enter 键，效果如图 15-85 所示。

（4）选择"选择"工具，在"CMYK 调色板"中"白"色块上单击鼠标，填充图形，效果如图 15-86 所示。按 Ctrl+PageDown 组合键，将图形向后移动一层，效果如图 15-87 所示。

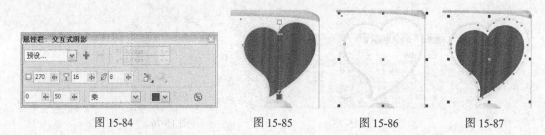

图 15-84　　　　　图 15-85　　　　　图 15-86　　　　　图 15-87

（5）选择"文本"工具 ⊞，输入需要的文字。选择"选择"工具 ⊠，在属性栏中选取适当的字体并设置文字大小，填充文字为白色，效果如图 15-88 所示。

（6）按 Ctrl+Q 组合键，将文字转换为曲线。选择"形状"工具，用圈选的方法选取需要的节点，如图 15-89 所示。水平向右拖曳到适当的位置，效果如图 15-90 所示。用相同的方法调整其他节点，文字效果如图 15-91 所示。

图 15-88　　　　　　　图 15-89　　　　　　　图 15-90　　　　　　　图 15-91

（7）选择"选择"工具 ⊠，选择红色心形图形。按数字键盘上的 + 键复制图形。按 Shift+PageUp 组合键，将复制的图形向前移动到最顶层，效果如图 15-92 所示。在"CMYK 调色板"中"黄"色块上单击鼠标，填充图形，并调整其位置和大小，效果如图 15-93 所示。用相同的方法制作其他心形图形，并填充为黄色，效果如图 15-94 所示。

图 15-92　　　　　　　　图 15-93　　　　　　　　图 15-94

（8）选择"文本"工具 ⊞，输入需要的文字。选择"选择"工具 ⊠，在属性栏中选取适当的字体并设置文字大小，效果如图 15-95 所示。选择"形状"工具 ⊠，文字的编辑状态如图 15-96 所示。向左拖曳文字下方的 ⊪ 图标调整字距，松开鼠标后，效果如图 15-97 所示。

图 15-95　　　　　　　　图 15-96　　　　　　　　图 15-97

（9）选择"渐变填充"工具 ▦，弹出"渐变填充"对话框，点选"自定义"单选钮，在"位置"选项中分别添加 0、58、100 几个位置点，单击右下角的"其它"按钮，分别设置几个位置点颜色的 CMYK 值为 0（100、100、0、0）、58（100、0、0、0）、100（100、100、0、0），其他选项的设置如图 15-98 所示。单击"确定"按钮，填充文字，效果如图 15-99 所示。

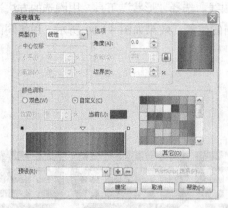

图 15-98　　　　　　　　　　　　图 15-99

（10）按 F12 键，弹出"轮廓笔"对话框，在"颜色"选项中设置轮廓线颜色为白色，其他选项的设置如图 15-100 所示。单击"确定"按钮，效果如图 15-101 所示。

图 15-100　　　　　　　　　　　图 15-101

（11）选择"阴影"工具，在文字上从上向下拖曳光标，为文字添加阴影效果。在属性栏中将"阴影颜色"选项的 CMYK 值设为 100、0、0、0，其他选项的设置如图 15-102 所示。按 Enter 键，效果如图 15-103 所示。

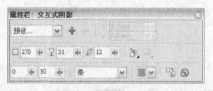

图 15-102　　　　　　　　　　　图 15-103

（12）选择"2 点线"工具，绘制一条直线，如图 15-104 所示。按 F12 键，弹出"轮廓笔"对话框，在"颜色"选项中设置轮廓线颜色的 CMYK 值为 0、40、60、20，其他选项的设置如图 15-105 所示。单击"确定"按钮，效果如图 15-106

图 15-104

所示。按 Ctrl+PageDown 组合键，将直线向下移动一层，效果如图 15-107 所示。

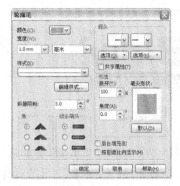

图 15-105	图 15-106	图 15-107

（13）选择"矩形"工具□，绘制一个矩形，如图 15-108 所示。选择"渐变填充"工具■，弹出"渐变填充"对话框，点选"自定义"单选钮，在"位置"选项中分别添加 0、50、100 几个位置点，单击右下角的"其它"按钮，分别设置几个位置点颜色的 CMYK 值为 0（100、100、0、0）、50（100、0、0、0）、100（100、100、0、0），其他选项的设置如图 15-109 所示。单击"确定"按钮，填充图形，并去除图形的轮廓线，效果如图 15-110 所示。

图 15-108	图 15-109	图 15-110

（14）选择"文本"工具字，输入需要的文字。选择"选择"工具◻，在属性栏中选取适当的字体并设置文字大小，效果如图 15-111 所示。选择"形状"工具◻，文字的编辑状态如图 15-112 所示。向左拖曳文字下方的╟图标调整字距，松开鼠标后，效果如图 15-113 所示。在"CMYK 调色板"中的"白"色块上单击鼠标，填充文字，效果如图 15-114 所示。

图 15-111	图 15-112	图 15-113	图 15-114

（15）选择"选择"工具◻，选择需要的图形，如图 15-115 所示。按数字键盘上的+键复制图形，水平向下拖曳图形到适当的位置，效果如图 15-116 所示。

（16）选择"文本"工具字，输入需要的文字。选择"选择"工具◻，在属性栏中选取适当的字体并设置文字大小，设置文字颜色的 CMYK 值为 100、0、0、0，填充文字，效果如图 15-117 所示。

图 15-115　　　　　　　　图 15-116　　　　　　　　图 15-117

（17）选择"星形"工具，在属性栏中进行设置，如图 15-118 所示。按住 Ctrl 键的同时，拖曳光标绘制图形，设置图形颜色的 CMYK 值为 100、0、0、0，填充图形，并去除图形的轮廓线，效果如图 15-119 所示。在属性栏中将"旋转角度" ↻0.0 选项设为 9，按 Enter 键，效果如图 15-120 所示。

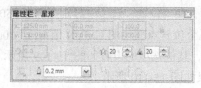

图 15-118　　　　　　　　图 15-119　　　　　　　　图 15-120

（18）选择"选择"工具，按数字键盘上的+键复制图形。设置图形颜色的 CMYK 值为 100、100、0、0，填充图形，效果如图 15-121 所示。在属性栏中将"旋转角度" ↻0.0 选项设为 0，按 Enter 键，效果如图 15-122 所示。

（19）选择"椭圆形"工具，按住 Ctrl 键的同时，在适当的位置拖曳光标绘制一个圆形，设置图形颜色的 CMYK 值为 0、0、100、0，填充图形，并去除图形的轮廓线，效果如图 15-123 所示。

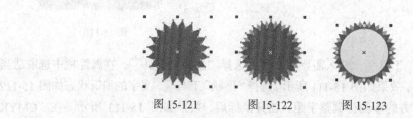

图 15-121　　　　　　　　图 15-122　　　　　　　　图 15-123

（20）选择"透明度"工具，在图形上从右上方向左下方拖曳光标，为图形添加透明度效果。在属性栏中进行设置，如图 15-124 所示。按 Enter 键，效果如图 15-125 所示。

图 15-124　　　　　　　　　　图 15-125

（21）选择"文本"工具，输入需要的文字。选择"选择"工具，在属性栏中选取适当的字体。选择"文本"工具，分别选取需要的文字，调整其大小，效果如图 15-226 所示。设置文字颜色的 CMYK 值为 0、0、100、0，填充文字，效果如图 15-227 所示。

（22）选择"形状"工具，文字的编辑状态如图 15-228 所示。向左拖曳文字下方的图标调整字距，松开鼠标后，效果如图 15-229 所示。

图 15-226　　　图 15-227　　　图 15-228　　　图 15-229

（23）选择"文本"工具，输入需要的文字。选择"选择"工具，在属性栏中选取适当的字体并设置文字大小，设置文字颜色的 CMYK 值为 100、0、0、0，填充文字，效果如图 15-230 所示。选择"形状"工具，文字的编辑状态如图 15-231 所示。向下拖曳文字下方的图标调整行距，松开鼠标后，效果如图 15-232 所示。

图 15-230　　　　　　图 15-231　　　　　　图 15-232

（24）选择"椭圆形"工具，按住 Ctrl 键的同时，在适当的位置拖曳光标绘制一个圆形，设置图形颜色的 CMYK 值为 100、100、0、0，填充图形，并去除图形的轮廓线，效果如图 15-233 所示。

（25）选择"文本 > 插入符号字符"命令，弹出"插入字符"对话框，按需要进行设置并选择需要的字符，如图 15-234 所示，单击"插入"按钮，插入字符。选择"选择"工具，拖曳字符到适当的位置并调整其大小，效果如图 15-235 所示。填充字符为白色，并去除图形的轮廓线，效果如图 15-236 所示。

（26）选择"选择"工具，用圈选的方法选取需要的图形，按 Ctrl+G 组合键将其群组。连续两次单击数字键盘上的+键复制图形，并分别垂直向下拖曳到适当的位置，效果如图 15-237 所示。

图 15-233　　　图 15-234　　　图 15-235　　　图 15-236　　　图 15-237

（27）选择"贝塞尔"工具，绘制一个图形，如图 15-238 所示。选择"渐变填充"工具，弹出"渐变填充"对话框，点选"自定义"单选钮，在"位置"选项中分别添加 0、54、100 几个位置点，单击右下角的"其它"按钮，分别设置几个位置点颜色的 CMYK 值为 0（100、0、0、0）、54（60、0、0、0）、100（100、0、0、0），其他选项的设置如图 15-239 所示。单击"确定"按钮，填充图形，效果如图 15-240 所示。多次按 Ctrl+PageDown 组合键，将图形向下移动到适当的位置，效果如图 15-241 所示。

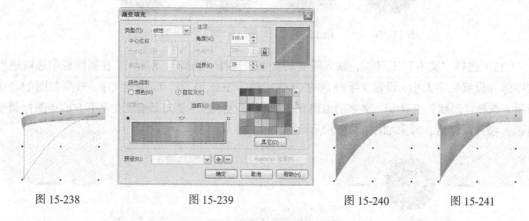

图 15-238　　　　　　图 15-239　　　　　　　图 15-240　　　　图 15-241

（28）选择"椭圆形"工具，按住 Ctrl 键的同时，在适当的位置拖曳光标绘制一个圆形，设置图形颜色的 CMYK 值为 100、0、0、0，填充图形，效果如图 15-242 所示。

（29）按 F12 键，弹出"轮廓笔"对话框，在"颜色"选项中设置轮廓线颜色为白色，其他选项的设置如图 15-243 所示。单击"确定"按钮，效果如图 15-244 所示。

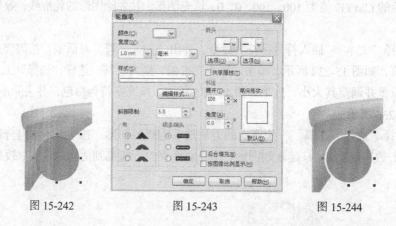

图 15-242　　　　　　　图 15-243　　　　　　　图 15-244

（30）选择"阴影"工具，在文字上从上向下拖曳光标，为图形添加阴影效果。在属性栏中将"阴影颜色"选项的 CMYK 值设为 0、0、100、0，其他选项的设置如图 15-245 所示。按 Enter 键，效果如图 15-246 所示。

（31）选择"文本"工具，分别输入需要的文字。选择"选择"工具，分别在属性栏中选取适当的字体并设置文字大小，填充文字为白色，效果如图 15-247 所示。用上述方法制作右下角的图形和文字，并填充适当的颜色，效果如图 15-248 所示。

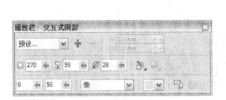

图 15-245　　　　　　　图 15-246　　　　图 15-247　　　　图 15-248

4．制作包装立体效果

（1）选择"选择"工具 ，选择需要的图形，如图 15-249 所示。在"CMYK 调色板"中的"无填充"按钮 上单击鼠标右键，去除图形的轮廓线，效果如图 15-250 所示。按数字键盘上的+键复制图形。按 Shift+PageUp 组合键，将图形向前移动到最顶层。

图 15-249　　　　　　　图 15-250

（2）选择"渐变填充"工具 ，弹出"渐变填充"对话框，点选"自定义"单选钮，在"位置"选项中分别添加 0、4、12、30、50、54、65、82、100 几个位置点，单击右下角的"其它"按钮，分别设置几个位置点颜色的 CMYK 值为 0（0、0、0、30）、4（0、0、0、10）、12（0、0、0、0）、30（0、0、0、0）、50（0、0、0、30）、54（0、0、0、30）、65（0、0、0、0）、82（0、0、0、0）、100（0、0、0、40），其他选项的设置如图 15-251 所示。单击"确定"按钮，填充图形，效果如图 15-252 所示。

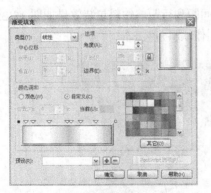

图 15-251　　　　　　　　图 15-252

（3）选择"透明度"工具 ，在属性栏中将"透明度类型"选项设为"标准"，其他选项的设置如图 15-253 所示。按 Enter 键，效果如图 15-254 所示。

（4）选择"选择"工具 ，选取需要的图形，如图 15-255 所示。按 Shift+PageUp 组合键，将图形向前移动到最顶层，效果如图 15-256 所示。

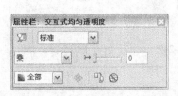

图 15-253   图 15-254   图 15-255   图 15-256

（5）选择"椭圆形"工具 ，绘制一个椭圆形，设置图形颜色的 CMYK 值为 0、0、0、20，填充图形，并去除图形的轮廓线，效果如图 15-257 所示。按 Shift+PageDown 组合键，将图形向下移动到最底层，效果如图 15-258 所示。婴儿奶粉包装制作完成。

图 15-257   图 15-258

课堂练习1——制作饮料包装

【练习知识要点】使用矩形工具和渐变填充工具制作包装盒；使用椭圆形工具、轮廓笔命令和透明度工具制作装饰圆形；使用标题形状工具绘制爆炸图形；使用文本工具和轮廓图工具制作标题文字；使用段落格式化面板调整文字间距和行距。饮料包装效果如图 15-259 所示。

【效果所在位置】光盘/Ch15/效果/制作饮料包装.cdr。

图 15-259

课堂练习 2——制作午后甜点包装

【练习知识要点】使用矩形工具、透明度工具、贝塞尔工具和高斯式模糊命令制作包装立体效果；使用网状填充工具制作包装封口线；使用文本工具添加文字；使用矩形工具、椭圆形工具、渐变填充工具制作装饰图形。午后甜点包装效果如图 15-260 所示。

【效果所在位置】光盘/Ch15/效果/制作午后甜点包装.cdr。

图 15-260

课后习题 1——制作牙膏包装

【习题知识要点】使用矩形工具包装平面展开结构图；使用文本工具、矩形工具和移除前面对象命令制作文字效果；使用矩形工具和透明度工具制作装饰图形；使用图框精确剪裁命令制作图片效果；使用形状工具调整文字的行距。牙膏包装效果如图 15-261 所示。

【效果所在位置】光盘/Ch15/效果/制作牙膏包装.cdr。

图 15-261

课后习题 2——制作茶叶包装

【习题知识要点】使用渐变工具制作包装背景图；使用转换为位图命令将图形转换为位图；使用添加杂点命令为背景渐变添加杂色；使用透明度工具制作图片的渐隐效果；使用艺术笔工具绘制茶杯热气；使用段落格式化命令调整段落行距。茶叶包装效果如图 15-262 所示。

【效果所在位置】光盘/Ch15/效果/制作茶叶包装.cdr。

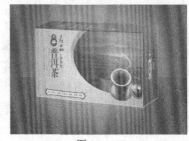

图 15-262

第16章

VI 设计

VI 是企业形象设计的整合，它通过具体的符号将企业理念、文化特质、企业规范等抽象概念充分进行表达，以标准化、系统化的方式，塑造企业形象和传播企业文化。本章以龙祥科技发展有限公司的 VI 设计为例，讲解基础系统和应用系统中各个项目的设计方法和制作技巧。

课堂学习目标

- 了解 VI 设计的概念
- 了解 VI 设计的功能
- 掌握 VI 设计的内容和分类
- 掌握整套 VI 的设计思路和过程
- 掌握整套 VI 的制作方法和技巧

16.1　VI 设计概述

在品牌营销的今天，VI 设计对现代企业非常重要。没有 VI 设计，就意味着企业的形象将淹没于商海之中，让人辨别不清；就意味着企业是一个缺少灵魂的赚钱机器；就意味着企业的产品与服务毫无个性，消费者对企业毫无眷恋；就意味着企业团队的涣散和士气的低落。VI 设计如图 16-1 所示。

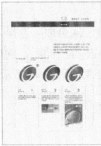
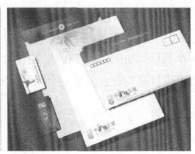

图 16-1

VI 设计一般包括基础和应用两大部分。

基本部分包括标志、标准字、标准色、标志和标准字的组合。

应用部分包括办公用品（信封、信纸、名片、请柬、文件夹等）、企业外部建筑环境（公共标识牌、路标指示牌等）、企业内部建筑环境（各部门标识牌、广告牌等）、交通工具（大巴士、货车等）、服装服饰（管理人员制服、员工制服、文化衫、工作帽、胸卡等）等。

16.2　标志设计

16.2.1　案例分析

本案例是为龙祥科技发展有限公司设计制作标志。龙祥科技发展有限公司是一家著名的电子信息高科技企业，因此在标志设计上要体现出企业的经营内容、企业文化和发展方向；在设计语言和手法上要以单纯、简洁、易识别的物象、图形和文字符号进行表达。

在设计制作过程中，通过龙头图形来显示企业的文化、精神和理念。通过对英文字母"e"的变形处理，展示企业的高科技和国际化。将龙头图形和英文字母"e"结合，形成一个完整的即将腾飞的巨龙。整个标志设计简洁明快，主题清晰明确、气势磅礴。

本案例将使用椭圆形工具、矩形工具和形状工具制作"e"图形；使用贝塞尔工具绘制龙头；使用文字工具添加公司名称。

16.2.2　案例设计

本案例设计流程如图 16-2 所示。

绘制"e"图形　　绘制龙图形　　　　　　　　最终效果

图 16-2

16.2.3　案例制作

1．制作标志中的"e"图形

（1）按 Ctrl+N 组合键，新建一个 A4 页面。选择"椭圆形"工具◯，按住 Ctrl 键的同时绘制一个圆形，如图 16-3 所示。按住 Shift 键的同时，向内拖曳圆形右上方的控制手柄，在适当的位置单击鼠标右键，复制一个圆形，效果如图 16-4 所示。

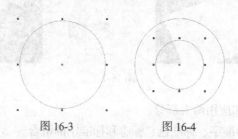

图 16-3　　　　　　　　图 16-4

（2）选择"选择"工具▨，用圈选的方法将图形同时选取，如图 16-5 所示。单击属性栏中的"移除前面对象"按钮▨，将两个图形剪切为一个图形。在"CMYK 调色板"中的"青"色块上单击鼠标，填充图形，并去除图形的轮廓线，效果如图 16-6 所示。

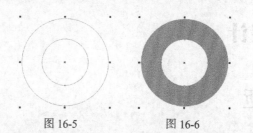

图 16-5　　　　　　　　图 16-6

（3）选择"矩形"工具▢，绘制一个矩形，如图 16-7 所示。选择"选择"工具▨，用圈选的方法将图形同时选取，如图 16-8 所示。单击属性栏中的"移除前面对象"按钮▨，将两个图形剪切为一个图形，效果如图 16-9 所示。

图 16-7　　　　　　　图 16-8　　　　　　　图 16-9

（4）选择"形状"工具▨，单击选取图形上需要的节点，如图 16-10 所示。按住 Ctrl 键的同时，水平向左拖曳节点到适当的位置，如图 16-11 所示。用相同的方法，选取其他节点并进行编辑，效果如图 16-12 所示。

图 16-10　　　　　　　图 16-11　　　　　　　图 16-12

（5）选择"形状"工具，选取需要的节点，将其拖曳到适当的位置，效果如图 16-13 所示。选取要删除的节点，如图 16-14 所示，按 Delete 键将其删除，效果如图 16-15 所示。

图 16-13　　　　　　　图 16-14　　　　　　　图 16-15

（6）选择"形状"工具，分别在需要的位置双击，添加两个节点，如图 16-16 所示。将添加的节点拖曳到适当的位置，再分别对需要的节点进行编辑，效果如图 16-17 所示。

图 16-16　　　　　　　　　图 16-17

2．绘制龙图形并添加文字

（1）选择"贝塞尔"工具，绘制一个图形，在"CMYK 调色板"中的"青"色块上单击鼠标，填充图形，并去除图形的轮廓线，效果如图 16-18 所示。选择"贝塞尔"工具，再绘制一个不规则图形，填充图形为"青"色，并去除图形的轮廓线，效果如图 16-19 所示。

（2）选择"文本"工具，分别输入需要的文字。选择"选择"工具，在属性栏中分别选择合适的字体并设置文字大小，适当调整文字间距。标志设计完成，如图 16-20 所示。

图 16-18　　　　　　　图 16-19　　　　　　　　　图 16-20

16.3 制作模板

16.3.1 案例分析

制作模板是 VI 设计基础部分中的一项内容。设计要求制作两个模板，要具有实用性，能将 VI 设计的基础部分和应用部分快速地分类总结。

在设计制作过程中，用 A 、B 和不同的颜色来区分模板，添加与模板相对应的文字。设计制作风格要简洁明快，符合企业需求。

本例将使用手绘工具绘制直线；使用矩形工具绘制图形；使用文本工具添加模板标题；使用矩形工具绘制装饰图形。

16.3.2 案例设计

本案例设计流程如图 16-21 所示。

| 制作模板A标题 | 模板A最终效果 | 制作模板B标题 | 模板B最终效果 |

图 16-21

16.3.3 案例制作

1．制作模板 A

（1）按 Ctrl+N 组合键，新建一个 A4 页面。双击"矩形"工具，绘制一个与页面大小相等的矩形。在"CMYK 调色板"中的"白"色块上单击鼠标，填充图形，并去除图形的轮廓线，效果如图 16-22 所示。

（2）选择"手绘"工具，按住 Ctrl 键的同时绘制一条直线，在"CMYK 调色板"中的"20%黑"色块上单击鼠标右键，填充直线。在属性栏中将"轮廓宽度" 0.2 mm 选项设置为 1，按 Enter 键，效果如图 16-23 所示。

（3）选择"选择"工具，按数字键盘上的+键复制一条直线，并将其调整到适当的位置，效果如图 16-24 所示。

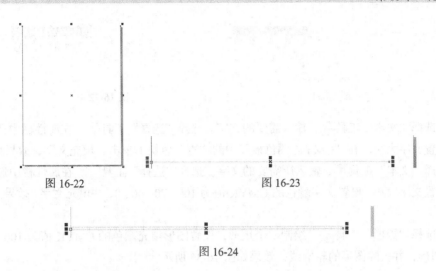

图 16-22　　　　　　　　　　　　　图 16-23

图 16-24

（4）选择"选择"工具，按住 Shift 键的同时，单击两条直线，将其同时选取，按 Ctrl+G
组合键将其编组。按住 Ctrl 键的同时，水平向下拖曳群组直线，并在适当的位置单击鼠标右键，
复制直线，如图 16-25 所示。按住 Ctrl 键，再连续点按 D 键，按需要再制出多条直线，效果如图
16-26 所示。

图 16-25　　　　　　　　　　　　　　图 16-26

（5）选择"文本"工具，在页面中输入需要的文字。选择"选择"工具，在属性栏中选
择合适的字体并设置文字大小，效果如图 16-27 所示。选择"文本"工具，选取所需要的文字，
如图 16-28 所示，设置填充色为无，在"CMYK 调色板"中的"30%黑"色块上单击鼠标右键，
填充文字的轮廓线，效果如图 16-29 所示。

（6）选择"文本"工具，再次选取文字"基础系统"，在"CMYK 调色板"中的"青"色
块上单击鼠标，填充文字，效果如图 16-30 所示。

图 16-27　　　　　　　　　　　　　　图 16-28

图 16-29　　　　　　　　　　　　　　图 16-30

（7）选择"矩形"工具，绘制一个矩形，设置图形填充颜色的 CMYK 值为 95、67、21、9，
填充图形，并去除图形的轮廓线，效果如图 16-31 所示。选择"文本"工具，输入需要的文字。
选择"选择"工具，在属性栏中选择合适的字体并设置文字大小，填充文字为白色，效果如图
16-32 所示。

图 16-31　　　　　　　　　　　　　　　　　　图 16-32

（8）选择"文本"工具，输入需要的文字。选择"选择"工具，在属性栏中选择合适的字体并设置文字大小。在"CMYK 调色板"中的"青"色块上单击，填充文字，效果如图 16-33 所示。选择"文本"工具，输入所需要的文字。选择"选择"工具，在属性栏中选择合适的字体并设置文字大小。设置文字颜色的 CMYK 值为 100、70、40、0，并填充文字，效果如图 16-34 所示。

（9）选择"矩形"工具，绘制一个矩形，设置图形填充颜色的 CMYK 值为 100、70、40、0，填充图形，并去除图形的轮廓线，效果如图 16-35 所示。

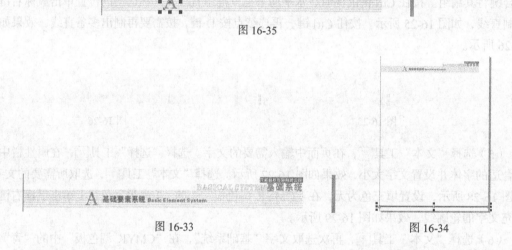

图 16-33　　　　　　　　　　　　　　　　　　图 16-34

（10）选择"选择"工具，按数字键盘上的+键复制一个图形，向内拖曳图形右边中间的控制手柄，缩小图形，在"CMYK 调色板"中的"青"色块上单击鼠标，填充图形，效果如图 16-36 所示。用相同的方法再复制一个矩形，并缩小图形，在"CMYK 调色板"中的"10%黑"色块上单击，填充图形，效果如图 16-37 所示。

图 16-36　　　　　　　　　　　　　　　　　　图 16-37

（11）选择"文本"工具，分别输入需要的文字。选择"选择"工具，在属性栏中分别选择合适的字体并设置文字大小，适当调整文字间距，效果如图 16-38 所示。设置文字颜色的 CMYK 值为 100、70、40、0，填充文字，效果如图 16-39 所示。模板 A 制作完成，效果如图 16-40 所示。模板 A 部分表示 VI 手册中的基础部分。

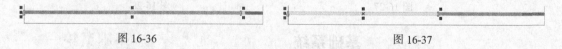

图 16-38

图 16-39

图 16-40

2．制作模板 B

（1）选择"文件 > 打开"命令，弹出"打开绘图"对话框。选择光盘中的"Ch16 > 效果 >
制作模板 A"文件，单击"打开"按钮，效果如图 16-41 所示。

（2）选择"文本"工具，选取需要更改的文字，如图 16-42 所示。输入新的文字，效果如
图 16-43 所示。选取文字"应用系统"，设置文字颜色的 CMYK 值为 0、45、100、0，填充文字，
并去除文字的轮廓线，效果如图 16-44 所示。

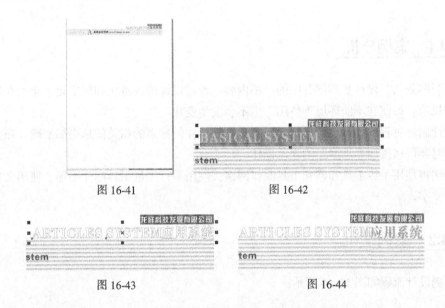

图 16-41

图 16-42

图 16-43

图 16-44

（3）用上述方法修改其他文字，并将文字拖曳到适当的位置，如图 16-45 所示。选择"选择"
工具，单击选取需要的矩形，设置矩形颜色的 CMYK 值为 0、100、100、33，填充图形，效果
如图 16-46 所示。分别选取页面下方的矩形，并填充适当的颜色，如图 16-47 所示。

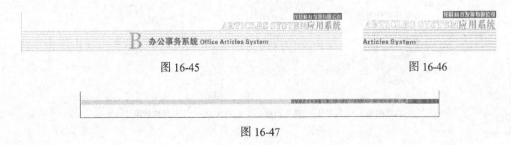

图 16-45

图 16-46

图 16-47

（4）选择"选择"工具 ，选择矩形上的文字，设置文字颜色的CMYK值为30、100、100、0，填充文字，如图16-48所示。模板B制作完成，效果如图16-49所示。模板B部分表示VI手册中的应用部分。

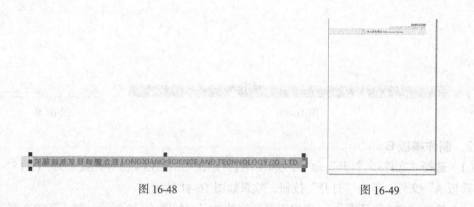

图16-48　　　　　　　　　　　　　　　　　　图16-49

16.4　标志制图

16.4.1　案例分析

标志制图是VI设计基础部分中的一项内容。通过设计的规范化和标准化，企业在应用标志时可更加规范，即使在不同环境下使用，也不会发生变化。

在设计制作过程中，通过网格规范标志，通过标注使标志的相关信息更加准确，在企业进行相关应用时要严格按照标志制图的规范操作。

本案例将使用手绘工具和调和工具制作网格；使用平行度量工具标注图形；使用文本工具输入介绍性文字。

16.4.2　案例设计

本案例设计流程如图16-50所示。

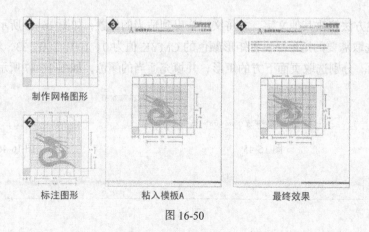

制作网格图形　　标注图形　　　粘入模板A　　　最终效果

图16-50

16.4.3　案例制作

1．制作网格图形

（1）按 Ctrl+N 组合键，新建一个 A4 页面。选择"手绘"工具，按住 Ctrl 键的同时绘制一条直线，在"CMYK 调色板"中的"80%黑"色块上单击鼠标右键，填充直线。按住 Ctrl 键的同时，垂直向下拖曳直线，并在适当的位置上单击鼠标右键，复制直线，效果如图 16-51 所示。

（2）选择"调和"工具，在两条直线之间应用调和，效果如图 16-52 所示。在属性栏中进行设置，如图 16-53 所示。按 Enter 键，效果如图 16-54 所示。

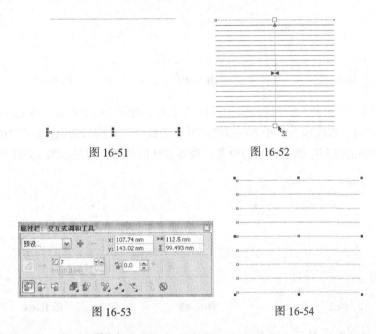

图 16-51　　　　　　　图 16-52

图 16-53　　　　　　　图 16-54

（3）选择"选择"工具，选择"排列 > 变换 > 旋转"命令，弹出"转换"面板，选项的设置如图 16-55 所示。单击"应用"按钮，效果如图 16-56 所示。

（4）选择"选择"工具，用圈选的方法将两个图形同时选取，单击属性栏中的"对齐和分布"按钮，弹出"对齐与分布"对话框，设置如图 16-57 所示。单击"应用"按钮，效果如图 16-58 所示。

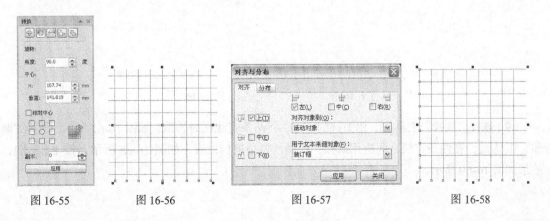

图 16-55　　　　图 16-56　　　　　　图 16-57　　　　　　图 16-58

（5）选择"选择"工具 ，分别调整两组调和图形的长度到适当的位置，效果如图 16-59 所示。单击选取其中一组调和图形，按 Ctrl+K 组合键，将图形进行拆分，再按 Ctrl+U 组合键，取消图形的组合。用相同的方法，选取另一组调和图形，拆分并解组图形。

（6）选择"选择"工具 ，按住 Shift 键的同时，单击垂直方向右侧的两条直线，将其同时选取，如图 16-60 所示。按住 Ctrl 键的同时，水平向右拖曳直线，并在适当的位置上单击鼠标右键，复制直线，效果如图 16-61 所示。

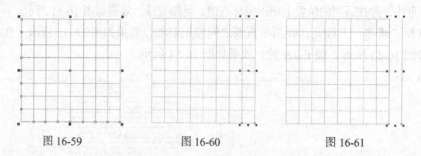

图 16-59   图 16-60   图 16-61

（7）选择"选择"工具 ，选取再制出的一条直线，如图 16-62 所示，按 Delete 键将其删除。按住 Shift 键的同时，依次单击水平方向需要的几条直线，将其同时选取，如图 16-63 所示。向右拖曳直线左侧中间的控制手柄到适当的位置，调整直线的长度，效果如图 16-64 所示。

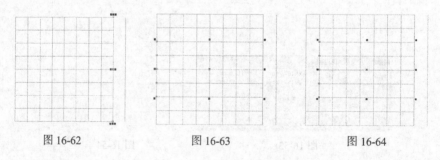

图 16-62   图 16-63   图 16-64

（8）选择"选择"工具 ，按住 Shift 键的同时，单击水平方向需要的几条直线，将其同时选取，如图 16-65 所示。向右拖曳直线右侧中间的控制手柄到适当的位置，调整直线的长度，如图 16-66 所示。

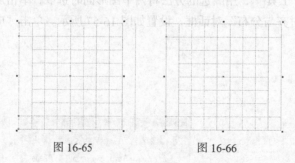

图 16-65   图 16-66

（9）选择"选择"工具 ，用圈选的方法，将两条直线同时选取，如图 16-67 所示。选择"调和"工具 ，在两条直线之间应用调和，在属性栏中进行设置，如图 16-68 所示。按 Enter 键，效果如图 16-69 所示。

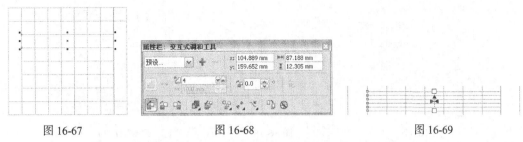

图 16-67　　　　　　　　图 16-68　　　　　　　　图 16-69

（10）选择"选择"工具 ，按住 Ctrl 键的同时，垂直向下拖曳图形，并在适当的位置上单击鼠标右键，复制一个图形。按住 Ctrl 键，再连续点按 D 键，按需要再复制出多个图形，效果如图 16-70 所示。在属性栏中将"旋转角度" 选项设为 90，按 Enter 键，效果如图 16-71 所示。

（11）选择"选择"工具 ，按住 Shift 键的同时，单击水平方向最上方的调和图形，将其同时选取，如图 16-72 所示。按 T 键，再按 L 键，使图形顶部对齐和左对齐，效果如图 16-73 所示。

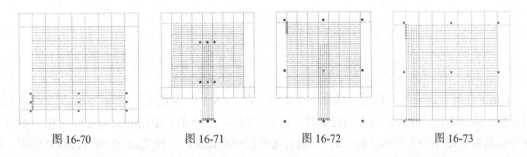

图 16-70　　　　　　图 16-71　　　　　　图 16-72　　　　　　图 16-73

（12）选择"选择"工具 ，选取垂直方向左侧的调和图形，向上拖曳图形下方中间的控制手柄，缩小图形，效果如图 16-74 所示。按住 Ctrl 键的同时，水平向右拖曳图形，并在适当的位置单击鼠标右键，复制一个图形。按住 Ctrl 键，再连续点按 D 键，按需要再复制出多个图形，效果如图 16-75 所示。

（13）选择"选择"工具 ，分别选取图形，按 Ctrl+K 组合键将图形拆分，再按 Ctrl+U 组合键将图形解组。在制作网格过程中，部分直线有重叠现象，分别选取水平方向重叠的直线，按 Delete 键将其删除，效果如图 16-76 所示。

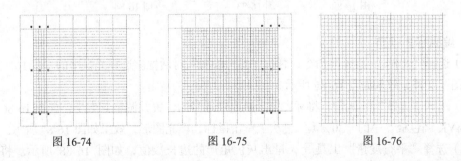

图 16-74　　　　　　　图 16-75　　　　　　　图 16-76

（14）选择"选择"工具 ，选取垂直方向的一条直线，如图 16-77 所示。按 Shift+PageDown 组合键将其置后。再次选取需要删除的直线，如图 16-78 所示，按 Delete 键删除直线。用相同的方法，分别选取垂直方向重叠的直线并将其删除，效果如图 16-79 所示。

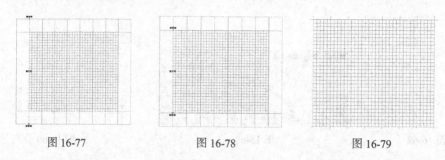

图 16-77   图 16-78   图 16-79

（15）选择"选择"工具 ，用圈选的方法将直线同时选取，如图 16-80 所示。在"CMYK 调色板"中的"30%黑"色块上单击鼠标右键，填充直线，按 Esc 键取消选取状态，如图 16-81 所示。

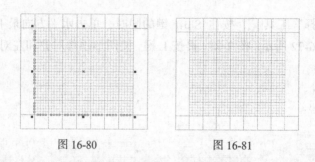

图 16-80   图 16-81

（16）选择"矩形"工具 ，绘制一个矩形，在"CMYK 调色板"中的"10%黑"色块上单击鼠标，填充图形，并去除图形的轮廓线，效果如图 16-82 所示。按 Shift+PageDown 组合键将其置后，效果如图 16-83 所示。按 Ctrl+A 组合键将图形全部选取，按 Ctrl+G 组合键将其群组，效果如图 16-84 所示。

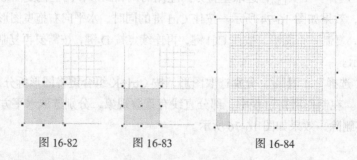

图 16-82   图 16-83   图 16-84

2．编辑标志规范

（1）选择"文件 > 打开"命令，弹出"打开绘图"对话框。选择光盘中的"Ch16 > 效果 > 标志制图"文件，效果如图 16-85 所示。

（2）选择"选择"工具 ，将标志图形拖曳到适当的位置并调整其大小，如图 16-86 所示。在"CMYK 调色板"中的"30%黑"色块上单击鼠标，填充图形，效果如图 16-87 所示。

（3）选择"平行度量"工具 ，量出灰色矩形的边长数值，如图 16-88 所示。将该数值设为 x，再量出所需要标注的数值，算出比例进行标注，如图 16-89 所示。选择"选择"工具 ，用圈选的方法将图形和文字同时选取，按 Ctrl+G 组合键将其群组。

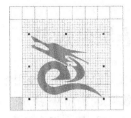

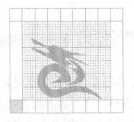

图 16-85　　　　　　　　　　图 16-86　　　　　　　　　　图 16-87

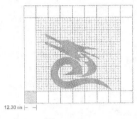

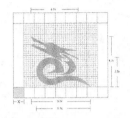

图 16-88　　　　　　　　　　图 16-89

（4）选择"选择"工具，将群组图形粘贴到模板 A 中，将群组图形拖曳到适当的位置，并调整其大小，如图 16-90 所示。选择"文本"工具，输入需要的文字。选择"选择"工具，在属性栏中选择合适的字体并设置文字大小，效果如图 16-91 所示。

（5）选择"文本"工具，拖曳出一个文本框，输入需要的文字。选择"选择"工具，在属性栏中选择合适的字体并设置文字大小。选择"形状"工具，适当调整文字的间距和行距，取消文字的选取状态，效果如图 16-92 所示。

图 16-90　　　　　　　图 16-91　　　　　　　　　　　　图 16-92

（6）选择"矩形"工具，在文字前方绘制一个矩形，在"CMYK 调色板"中的"30%黑"色块上单击鼠标，填充图形，并去除图形的轮廓线，效果如图 16-93 所示。标志制图制作完成，效果如图 16-94 所示。

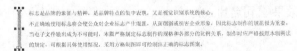

图 16-93　　　　　　　　　　　　　　　　　图 16-94

课堂练习1——标志组合规范

【练习知识要点】使用文本工具添加文字；使用形状工具调整文字间距；使用平行度量工具对图形进行标注。标志组合规范效果如图16-95所示。

【效果所在位置】光盘/Ch16/效果/标志组合规范.cdr。

图16-95

课堂练习2——标准色

【练习知识要点】使用文本工具输入文字；使用文本工具对矩形的颜色值进行标注。标准色效果如图16-96所示。

【效果所在位置】光盘/Ch16/效果/标准色.cdr。

图16-96

课后习题1——公司名片

【习题知识要点】使用对齐命令制作两个矩形的对齐效果；使用图框精确剪裁命令将标志图形置入到矩形中；使用文本工具添加文字。公司名片效果如图16-97所示。

【效果所在位置】光盘/Ch16/效果/公司名片.cdr。

图 16-97

课后习题 2——信封

【习题知识要点】使用形状工具对矩形的节点进行编辑；使用分割曲线命令断开图形的节点；使用轮廓笔工具对矩形应用轮廓；使用文本和手绘工具对信封图形进行标注。信封效果如图 16-98 所示。

【效果所在位置】光盘/Ch16/效果/信封.cdr。

图 16-98

课后习题 3——纸杯

【习题知识要点】使用形状工具对图形的节点进行调整；使用图框精确剪裁命令将图形置入到容器中；使用编辑内容命令对置入的图形进行编辑。纸杯效果如图 16-99 所示。

【效果所在位置】光盘/Ch16/效果/纸杯.cdr。

图 16-99

课后习题 4——文件夹

【习题知识要点】使用对齐命令对两个矩形应用顶部对齐效果；使用轮廓转换为对象命令将圆形轮廓转换为图形；使用轮廓图工具对圆角矩形应用轮廓；使用添加透视命令调整图形的透视效果。文件夹效果如图 16-100 所示。

【效果所在位置】光盘/Ch16/效果/文件夹.cdr。

图 16-100